Baswaraj Bhede
Balasaheb Bhosle Dayanand More

Gestão de pragas na couve-flor

Baswaraj Bhede
Balasaheb Bhosle Dayanand More

Gestão de pragas na couve-flor

ScienciaScripts

Imprint
Any brand names and product names mentioned in this book are subject to trademark, brand or patent protection and are trademarks or registered trademarks of their respective holders. The use of brand names, product names, common names, trade names, product descriptions etc. even without a particular marking in this work is in no way to be construed to mean that such names may be regarded as unrestricted in respect of trademark and brand protection legislation and could thus be used by anyone.

Cover image: www.ingimage.com

This book is a translation from the original published under ISBN 978-620-2-06593-1.

Publisher:
Sciencia Scripts
is a trademark of
Dodo Books Indian Ocean Ltd. and OmniScriptum S.R.L publishing group

120 High Road, East Finchley, London, N2 9ED, United Kingdom
Str. Armeneasca 28/1, office 1, Chisinau MD-2012, Republic of Moldova, Europe
Printed at: see last page
ISBN: 978-620-7-86876-6

ÍNDICE

RECONHECIMENTO

As emoções não podem ser adequadamente expressas em palavras, porque então as emoções são transformadas em formalidades. Os meus agradecimentos são muitas vezes mais do que aquilo que estou a expressar aqui.

Aproveito esta oportunidade para reconhecer a minha sincera e humilde dívida e o meu sincero sentido de gratidão para com o meu honrado orientador, o Dr. B. B. Bhosle, Diretor de Educação de Extensão, VNMKV, Parbhani, cuja visão, crítica construtiva, orientação escolar, versátil e inspiradora e paciência infinita foram uma mais-valia ao longo do curso da investigação. As palavras são inadequadas para lhe agradecer o esforço meticuloso que desenvolveu durante o trabalho de investigação e a elaboração final da tese.

Gostaria de manifestar a minha gratidão aos membros do meu comité consultivo, Dr. P. R. Zanwar, Dr. M. B. Patil, Dr. R. S. Borade e Dr. D. G. More, pela sua valiosa orientação e cooperação durante o trabalho de investigação.

Gostaria também de exprimir os meus sinceros agradecimentos ao Dr. B. Venkateshwaralu, Hon. Vice-Chanceler, VNMKV Parbhani, ao Dr. A. S. Dhawan, Diretor de Instrução e Reitor, Faculdade de Agricultura, ao Dr. D. N. Gokhale, Reitor Associado e Diretor, Faculdade de Agricultura, Parbhani, VNMKV, Parbhani, por terem proporcionado as instalações necessárias durante o inquérito.

B. S. Kadam, Dr. D. R. Kadam, Prof. M. M. Sonkamble, Prof. N. E. Jayewar, Dr. C. B. Latpate, Dr. A. G. Badgujar, Dr. D. P. Kuldhar, Shri. Vikas Khobe e todo o restante pessoal não docente do Departamento de Entomologia Agrícola, Faculdade de Agricultura, VNMKV, Parbhani, pela sua amável cooperação durante todo o curso do estudo.

É com orgulho que tenho o privilégio de dizer que esta dissertação e, por conseguinte, a minha formação no curso de doutoramento ficarão incompletas se eu não estiver grato aos meus pais, à minha filha Shloka, à minha mulher, às minhas irmãs, aos meus irmãos e a todos os outros membros da família, bem como ao Dr. D. S. Suryawanshi pelo seu afeto e encorajamento de várias formas, sem os quais provavelmente não teria chegado a esta fase.

Por último, mas não menos importante, exprimo os meus sinceros agradecimentos aos meus colegas de doutoramento Masal, Nikam e Survase e a todos os meus amigos que estiveram direta ou indiretamente ligados à realização deste projeto de investigação.

Local : Parbhani   **(B. V. Bhede)**

Data : / /2017

ABREVIATURAS

%	:	Per cent
@	:	at the rate
/	:	per
µg	:	Microgram (s)
m	:	meter (s)
cm	:	Centimetre (s)
mm	:	Millimetre (s)
ml	:	millilitre (s)
mg	:	milligram (s)
kg	:	Kilogram (s)
L	:	litre (s)
m^2	:	metre square
MT	:	Metric tonne
kmph	:	kilometre per hour
ppm	:	parts per million
q	:	Quintal (s)
^0C	:	Degree centigrade
etc.	:	etceteras
i.e.	:	that is
viz.	:	namely
Fig.	:	Figure
MW	:	Meteorological week
SW	:	Standard week
NS	:	Non-significant
N	:	North
DAS	:	Days after spraying
RH	:	Relative humidity
Max.	:	Maximum
a.i.	:	Active ingredient
et al.	:	And associates
SP	:	Soluble powder
SL	:	Soluble powder
SC	:	Suspension concentrate
SG	:	Soluble granules
WG / WDG	:	Water dispersible granules
WP	:	Wettable powder
DC	:	Dispersible concentrate
EC	:	Emulsifiable concentrate
ME	:	Microencapsulated pesticide
OD	:	Oil dispersion
RR	:	Resistance ratio
RF	:	Resistance factor
DBM	:	Diamondback moth
Bt	:	*Bacillus thuringiensis*
NSKE	:	Neem seed kernel extract

CAPÍTULO I

INTRODUÇÃO

Na Índia, as condições agro-climáticas variadas tornaram possível o cultivo de uma grande variedade de culturas hortícolas durante todo o ano numa ou noutra parte do país. Os produtos hortícolas são as culturas potenciais para melhorar a nutrição e garantir a segurança alimentar. Os produtos hortícolas desempenham um papel importante numa nutrição equilibrada, pois são uma fonte valiosa de hidratos de carbono, proteínas, vitaminas e minerais. Com o advento das tecnologias modernas, como as variedades melhoradas, a produção de híbridos, a gestão integrada das pragas e o cultivo protegido, o cenário da produção de produtos hortícolas na Índia está a mudar rapidamente. É um facto estabelecido que qualquer tentativa de melhorar a produção agrícola através da utilização de novas cultivares com o pacote recomendado de práticas agronómicas tem invariavelmente resultado no aumento da atividade e dos danos causados por insectos nocivos, doenças, ácaros e nemátodos. Os novos híbridos e variedades de elevado rendimento revelaram-se geralmente susceptíveis a pragas já conhecidas, mas, além disso, algumas pragas menores tornaram-se as principais pragas.

A couve-flor (*Brassica oleracea* var. *botrytis*) é um dos legumes populares e é conhecida como "*Phool gobi*". Pertence à família Cruciferae. É um dos legumes mais atractivos devido à sua importância nutricional e é amplamente cultivado na Índia. Introduzida na Índia durante o período Moghul, requer um clima frio e húmido e é menos resistente do que a couve. A parte comestível é a massa branca, semelhante a um caracol, composta por um conjunto de flores, que se desenvolve nos ramos grossos das inflorescências. É consumida como legume em caril, sopas e pickles. É rica em minerais, nomeadamente ferro, magnésio, fósforo, potássio e sódio, sendo também uma boa fonte de vitamina A e B_1 (Srivastava e Butani, 2009).

A Índia produz 4,694 milhões de toneladas de couve-flor por ano a partir de uma área de 0,256 milhões de hectares, com uma produtividade média de cerca de 18,3 MT/ha. Os principais estados produtores de couve-flor são Bihar, Uttar Pradesh, Orissa, Bengala Ocidental, Assam, Haryana e Maharashtra. Em Maharashtra, a área cultivada com couve-flor é de 57.000 ha com uma produção total de 1,670 milhões de MT e uma produtividade média de 29,3 MT/ha (Annonymous, 2017).

Mas existem certos factores limitantes para a sua produção quantitativa e qualitativa. Ecologicamente, os insectos desempenham muitos papéis diferentes como pragas, predadores e parasitas, polinizadores, decompositores e necrófagos, etc. Neste contexto, Bhati e Srivastava (2016) efectuaram estudos para documentar a entomo-fauna associada à cultura da couve-flor na região. Foi utilizada uma rede de gaiola de conceção indígena para a recolha. No total, foram recolhidos da cultura 71 insectos pertencentes a 6 ordens e 32 famílias, dos quais, com base na densidade, 6 eram dominantes, 53 eram frequentes e 12 eram formas raras. A densidade máxima, bem como a diversidade, foi encontrada no mês de novembro, enquanto a mínima foi encontrada no mês de abril de 2013.

Entre os factores que limitam o rendimento, as pragas de insectos são os principais e, por vezes, causam o fracasso total da cultura. As pragas de insectos, nomeadamente o pulgão (*Brevicoryne brassicae* Linn. e *Lipaphis erysimi* Kalt.), a traça-das-crucíferas (*Platella xylostella* Linn.), a broca da couve (*Hellala andalis* Fab.), a lagarta-da-couve (*Trichoplusia ni* Hub.), a cochonilha (*Crocidolomia binotalis* Zeli.), o percevejo pintado (*Bagrada cruciferarum* Kirk.), a borboleta da couve (*Pieris brassicae* Linn.) e a lagarta do tabaco (*Spodoptera litura* Fab.) são mais importantes na couve-flor e na couve, afectando o seu rendimento e qualidade em todo o país (Yadav e Malik, 2014).

O pulgão da couve, *Brevicoryne brassicae,* é uma das pragas graves das culturas crucíferas. Os adultos e as ninfas alimentam-se sugando o sumo das plantas, provocando o amarelecimento e o enrolamento das folhas, bem como a murchidão e o atrofiamento das plantas. Em caso de infestação grave, o rendimento pode diminuir até 80% (Atwal, 1976). Quando se desenvolvem grandes colónias, as folhas ficam branqueadas e distorcidas e as plantas não conseguem desenvolver uma cabeça comercializável. Os afídeos podem ter até quarenta e cinco gerações por ano. Devido à sua elevada capacidade reprodutiva e à aplicação extensiva de insecticidas, os afídeos desenvolveram resistência a certos insecticidas (Ahmad e Akhtar, 2013; Garg *et al.*, 1987; Sweeden e McLeod 1997), o que obrigou os investigadores a procurar insecticidas novos e eficazes para o seu melhor controlo.

Na Índia, a traça-das-crucíferas foi registada pela primeira vez em 1914 (Fletcher, 1914) em produtos hortícolas crucíferos e uma leitura da literatura revela que esta espécie se encontra distribuída por toda a Índia, onde quer que se cultivem crucíferas. A traça-das-crucíferas é uma das pragas mais devastadoras das culturas de colza nas regiões de Punjab, Haryana, Himachal Pradesh, Uttar Pradesh, Bihar, Maharashtra, Tamil Nadu e Karnataka. Tem um estatuto de praga de importância nacional. As despesas anuais com a gestão desta praga foram estimadas em mil milhões de dólares americanos (Talekar e Shelton, 1993). A perda de rendimento causada por esta praga varia entre 31 e 100%

(Lingappa *et al.*, 2006). Estima-se que 53-80 % da perda de rendimento comercializável se deve apenas ao ataque da podridão cinzenta e a perda pode ser maior se o ataque for grave (Chelliah e Srinivasan, 1986). A lagarta-do-cartucho tornou-se a primeira praga agrícola do mundo a desenvolver resistência ao DDT (Ankersmit, 1953; Jhonson, 1953) e, atualmente, em muitos países, a lagarta-do-cartucho desenvolveu resistência a muitos insecticidas sintéticos utilizados no campo (Talekar *et al.*, 1990). Na Índia, o primeiro relatório sobre o desenvolvimento de resistência a insecticidas na lagarta-do-cartucho-do-mangue surgiu em 1966, em Ludhiana, Punjab, contra o DDT e o paratião (Verma e Sandhu, 1968).

No entanto, a lagarta da cabeça da couve, *Crocidolomia binotalis* (Zeller) (Lepidoptera: Pyralidae), que é a praga secundária da couve-flor, pode tornar-se grave durante a estação seca. Também causa perdas de rendimento consideráveis em culturas crucíferas como a couve-flor, a couve, o rabanete e a mostarda (Kannan *et al.*, 2011). Uma densidade larvar de 2-3 por planta pode destruir os tecidos primordiais da couve-flor e impedir o estabelecimento de plantas jovens (Nagarkatti e Jayanth 1982). A lagarta da couve, *Trichoplusia ni* (Hubner) (Lepidoptera : Noctuidae), é uma praga generalista e tem mais de 160 espécies de plantas hospedeiras (Sutherland e Green, 1984). *A Spodoptera litura* é uma importante praga polífaga distribuída em zonas tropicais e subtropicais do mundo, incluindo a China, o Japão, o Sudeste Asiático e a Índia. É uma praga grave que se alimenta de 112 culturas cultivadas em todo o mundo (Moussa *et al.*, 1960), tais como couve, couve-flor, algodão, amendoim, malagueta, tabaco, rícino, quiabo e leguminosas, etc. (Armes *et al.*, 1997; Niranjankumar e Regupathy, 2001). *H. undalis* é uma praga destrutiva do repolho e da couve-flor (Rawat *et al.*, 1968). A sua distribuição é mundial e em toda a Índia (Ayyar, 1940). É geralmente registada em couve, couve-flor, nabo, rabanete e mostarda (Fletcher, 1914).

A informação básica sobre as espécies de insectos de um agro-ecossistema e as suas densidades populacionais durante o ciclo da cultura é indispensável para planear medidas oportunas de controlo de insectos fitófagos e minimizar as perdas económicas para o produtor (Diaz *et al.*, 2004). Estes estudos podem explorar a sincronização do aparecimento de pragas e predadores e sugerir formas de melhor implementar estratégias de controlo biológico. O conhecimento da incidência sazonal de pragas de insectos em diferentes fases de crescimento da cultura da couve-flor será útil para desenvolver um programa de gestão adequado. O controlo das pragas da couve-flor pelos pequenos agricultores continua a depender fortemente dos insecticidas químicos, embora a sua utilização esteja associada a muitas consequências indesejáveis e, por vezes, letais. A utilização inadequada e generalizada de insecticidas químicos pode causar poluição das águas subterrâneas e superficiais. A utilização excessiva de insecticidas também induz o desenvolvimento de resistência nas pragas visadas, bem como a morte de organismos benéficos como os polinizadores (especialmente as abelhas) e os inimigos naturais (parasitóides e predadores de insectos) (Pedigo e Rice, 2006). Os estudos sobre a dinâmica populacional fornecem estimativas fiáveis das densidades populacionais de pragas no terreno, que são a principal necessidade na gestão das pragas. Também dão uma ideia dos padrões populacionais e das actividades sazonais.

Os agricultores recorrem sobretudo a insecticidas sintéticos para a gestão das pragas. A resistência das pragas aos pesticidas é um problema crescente porque os pesticidas são parte integrante da agricultura de produção de alto rendimento. Quando há poucos produtos rotulados para uma determinada praga num determinado sistema de culturas, as opções de controlo químico são limitadas. Por conseguinte, o(s) mesmo(s) produto(s) é(são) utilizado(s) repetidamente e é exercida uma pressão de seleção contínua sobre a praga-alvo. O desenvolvimento de populações resistentes tem custos financeiros e ambientais.

Existem vários relatórios sobre a eficácia dos insecticidas contra os parasitas da couve-flor. No entanto, a cultura contínua de crucíferas em certas localidades de Maharashtra aumentou a gravidade da praga. A fim de assegurar um controlo eficaz, considerou-se necessário estudar a eficácia relativa dos novos insecticidas contra os parasitas da couve-flor. Devido à elevada pressão dos parasitas na couve-flor, os agricultores recorrem a aplicações frequentes de insecticidas. A utilização indiscriminada de insecticidas leva ao desenvolvimento de resistência nos insectos.

Assim, tendo em conta os pontos acima referidos, as presentes investigações foram levadas a cabo com os seguintes objectivos

1.	Estudar a incidência sazonal dos principais insectos pragas da couve-flor.

2.	Estudar a correlação e a regressão das principais pragas de insectos da couve-flor com os parâmetros meteorológicos.

3.	Gestão dos principais insectos pragas da couve-flor com os novos insecticidas.

4.	Efeito dos novos insecticidas nos inimigos naturais dos principais insectos pragas da couve-flor.

5.	Monitorização da resistência a insecticidas em afídeos da couve-flor.

CAPÍTULO II

REVISÃO DA LITERATURA

As presentes investigações foram realizadas para estudar a incidência sazonal de pragas e dos seus inimigos naturais; a eficácia de diferentes insecticidas contra as principais pragas e a monitorização do desenvolvimento da resistência aos insecticidas no pulgão da couve-flor. A literatura foi revista relativamente a estes aspectos e apresentada nos seguintes pontos.

2.1 Estudo da incidência sazonal dos principais insectos pragas da couve-flor

2.1.1 Pulgão *Brevicoryne brassicae*

2.1.2 Traça-das-crucíferas *Plutella xylostella*

2.1.3 *Crocidolomia binotalis*

2.1.4 Lagarta comedora de folhas de tabaco *Spodoptera litura*

2.1.5 Semilobo verde *Trichopulsia ni*

2.1.6 Broca da cabeça *Hellula undalis*

2.2 Ocorrência sazonal de inimigos naturais dos principais insectos pragas da couve-flor

2.2.1 Mosca syrphid

2.2.2 Coccinellidbeetle

2.2.3 Parasitóides de afídeos

2.2.4 Parasitóides de insectos lepidópteros pragas

2.3 Gestão dos principais insectos pragas da couve-flor com os novos insecticidas

2.3.1 Pulgão

2.3.2 Pragas de insectos lepidópteros

2.4 Efeito de diferentes insecticidas nos inimigos naturais dos principais insectos pragas da couve-flor

2.5 Economia da gestão dos principais insectos pragas da couve-flor

2.6 Monitorização da resistência aos insecticidas no afídeo *B. brassicae* da couve-flor

2.1 Estudo da incidência sazonal dos principais insectos pragas da couve-flor

2.1.1 *PulgãoBrevicorynebrassicae*

Mohmad *et al.,* (2004) efectuaram estudos sobre a dinâmica populacional da borboleta da couve e dos pulgões da couve em diferentes cultivares de couve-flor, nomeadamente

Snowball, Snowdrift, Tropical, Pioneer e Meigettsal, na quinta de investigação da secção de entomologia, Instituto de Investigação Agrícola, Tarnab, Peshawar. A borboleta da couve (*Pieris brassicae*) e os afídeos (*Brevicoryne brassicae*) foram registados como as principais pragas de insectos da cultura da couve-flor no ARI, Tarnab, Peshawar. Nenhuma das 5 cultivares foi considerada completamente resistente à infestação da borboleta da couve e dos afídeos. Durante o estudo, a densidade populacional de pulgões em cultivares de couve-flor variou de 0,00 a 31,76 pulgões/cm² área foliar. A menor e a maior população média de pulgões registada nas cultivares Snowdrift e Meigettsal, respetivamente. A cultivar Snowdrift foi considerada a menos preferida pelos pulgões durante toda a estação. Durante o estudo, a cultivar Meigettsal provou ser a melhor contra a borboleta da couve, mas mostrou um fraco desempenho contra os afídeos. A cultivar Snowdrift mostrou um bom desempenho contra afídeos e a mosca da couve.

Wagle *et al.*, (2005) estudaram a incidência sazonal de pulgão, *B. brassicae* e os seus inimigos naturais em relação aos parâmetros meteorológicos na couve durante 2004-05 em Allahabad, U.P. e referiram que a incidência de pulgão começou 22 dias após a sementeira, ou seja, na segunda quinzena de janeiro (3rd semana padrão) e atingiu o seu pico durante a primeira quinzena de março (10th semana padrão). Depois disso, observou-se uma tendência decrescente. A população de afídeos apresentou uma correlação positiva não significativa com a temperatura máxima e mínima e as horas de sol, enquanto que a correlação negativa com a velocidade do vento.

Badjena e Mandal (2005) referiram que os afídeos apareceram na segunda semana de novembro, aumentaram gradualmente em número e atingiram o pico (216,3 afídeos/ 3 folhas) na quarta semana de janeiro.

Mandal e Patnaik (2008) observaram que, entre as três espécies de pulgões que danificaram a cultura da couve, *Myzas persicae* (Sulz.) constituía 45,30% da população total, seguida por *Brevicoryne brassicae* (L.) (33,88%) e *Lipaphis erysimi* (Kalt.) (20,82%). *M. persicae* foi predominante durante toda a época de cultivo, mas foi mais ativo durante dezembro e janeiro (159,83239,90 ninfas e adultos / 3 folhas). *L. erysimi* esteve ativa durante a primeira parte da época de cultivo, com um pico de atividade em novembro e na primeira quinzena de dezembro (118,82-136,09 ninfas e adultos/3 folhas). *A B. brassicae teve* um início de atividade tardio, iniciando a sua atividade a partir de meados de dezembro e permanecendo na cultura até à colheita, no final de março. O seu pico de incidência foi observado durante janeiro e fevereiro (119,69-263,18 ninfas e adultos / 3 folhas).

Singh *et al.,* (2010) observaram o pulgão durante 2nd semanas padrão com uma intensidade de 4,59 pulgões por folha na couve-flor e 4,49 pulgões por folha na couve, quando a temperatura máxima e mínima era de 22,57 e 9,47° C com humidade relativa (manhã e noite) 94,0 e 56,42 por cento. A população de pulgões atingiu o seu pico de 78,87 pulgões por folha na couve-flor e de 80,96 pulgões por folha na couve durante 5th semanas-padrão, quando as temperaturas máxima e mínima foram de 24,32 e 7,96 °C e a humidade relativa (de manhã e à noite) foi de 89,0 e 40,14%, respetivamente. A análise do coeficiente de correlação da população de pulgões na couve-flor e no repolho com as condições ambientais prevalecentes indicou uma relação negativa com a temperatura máxima, mínima e média da noite e a humidade relativa média, a velocidade do vento, a evaporação e a idade da cultura foram conducentes a uma correlação positiva significativa.

Ali e Rana (2012) efectuaram um inquérito exaustivo nos campos de couve-flor dos agricultores em três distritos (Mathura, Agra e Firozabad) de Uttar Pradesh nos anos experimentais de 2009-10 e 2010-11. Verificou-se que o pulgão *Lipaphis erysimi* (Kalt.) atacava os campos de couve-flor em todos os locais experimentais. A população mais alta de *L. erysimi* foi registada como 368, 388 e 310 pulgões/planta em Farah, Mathura e Chhatikaran no distrito de Mathura no mês de março do ano 2010, respetivamente. No ano experimental sucessivo (2010-11), a diversidade na população de pulgões foi registrada como 377, 298 e 318 pulgões/planta nos locais experimentais acima, respetivamente.

Pal e Singh (2012) realizaram o estudo para registar a história sazonal de *Brevicoryne brassicae* (Linn.) na couve em Gorakhpur, a parte nordeste de Uttar Pradesh, de modo a desenvolver um programa de gestão de pragas sólido para a praga na área. A incidência de *B. brassicae* foi registada pela primeira vez (8,1 pulgões/folha: 2,1 ápteros, 6,0 ninfas) durante a segunda semana de fevereiro, a uma temperatura máxima média de 20,9° C, temperatura mínima de 12,6° C, humidade relativa máxima de 86,4% e humidade relativa mínima de 69,9%. Depois disso, a população de pulgões da couve aumenta e atinge um pico durante a segunda semana de março (187,0 pulgões/folha: 25,8 apterae, 4,6 alatae, 156,6 ninfas) à temperatura máxima média correspondente de 27,2OC, temperatura mínima 14,4oc, humidade relativa máxima 77,6% e humidade relativa mínima 46,0%. Com a maturidade da cultura, a população de pulgões diminui de forma que atingiu 36 pulgões/folha na última semana de abril com temperatura máxima média de 36,90C, temperatura mínima 23,2OC, umidade relativa máxima 86,7% e umidade relativa mínima

37,0%. A precipitação durante este período foi limitada e foi inferior a 4 mm. O aumento da população de *B. brassicae* foi positivamente correlacionado com a temperatura máxima (r=0,336), temperatura mínima (r=0,374) e negativamente correlacionado com a humidade relativa (r=0,107) e precipitação total (r=0,086). No entanto, a correlação positiva significativa (P<0,05) existiu apenas entre a temperatura mínima e o aumento da população do pulgão.

Patra *et al.*, (2013) observaram que o pulgão da couve atingiu seu pico em 9th fevereiro (14,17 pulgões/inch^2 folha) e 16th fevereiro (11,03 pulgões/inch^2 folha) de 2011-12 e 2012-13, respetivamente. A população de pulgões foi aumentada pela temperatura máxima.

Shah *et al.*, (2013) registaram a dinâmica sazonal das pragas de insectos e dos seus inimigos naturais em ecossistemas de couve e couve-flor no Baluchistão (Paquistão). *Myzus persicae* e *B. brassicae* em couve tiveram um pico no final de julho e outubro, respetivamente.

Aggrawal *et al.*, (2014) observaram que a incidência do pulgão da couve variou de 20 a 410/3 folhas/planta. A incidência foi mais elevada durante 12th SW. Estes insectos apresentaram uma correlação negativa significativa com a humidade relativa máxima, enquanto se observou uma correlação positiva não significativa com a temperatura máxima e mínima.

Raja *et al.*, (2014) revelaram que a população de *B. brassicae* foi influenciada positivamente pela temperatura (máxima e mínima) e pela humidade relativa e negativamente pela precipitação e pela velocidade do vento em Theni. A temperatura máxima e mínima e a velocidade do vento foram influenciadas positivamente nas populações de *B. brassicae* em Hosur. A população foi influenciada positivamente pela temperatura máxima e mínima, pela precipitação e pela velocidade do vento em Ooty.

Mishra e Singh (2015) realizaram estudos sobre a incidência sazonal de algumas pragas de insectos associadas à couve durante o período de dezembro de 2010 a abril de 2011. Estas culturas são severamente atacadas por diferentes pragas de insectos, principalmente o pulgão da couve, *Brevicoryne brassicae* (L.), a traça-das-crucíferas, *Plutella xylostella* e os seus inimigos naturais. O pulgão da couve, *Brevicoryne brassicae* (L.), apareceu na segunda quinzena de janeiro e aumentou gradualmente, atingindo um nível máximo de 41,82 pulgões por folha durante a primeira quinzena de março. Verificou-se que a população de afídeos aumentava com o aumento da temperatura máxima e mínima, da humidade relativa, da precipitação e das horas de sol, mas diminuía com o aumento da velocidade do vento, enquanto os predadores eram muito sazonais e a sua abundância numérica coincidia com a da praga.

Patel *et al.*, (2015) realizaram uma experiência para descobrir o aparecimento sazonal da traça das costas de diamante (DBM) e do pulgão nos brócolos. A incidência de afídeos nos brócolos começou no início de dezembro e atingiu o seu pico no final de fevereiro. A temperatura (máx.) de cerca de 30⁰ C e a humidade relativa (máx.) de 90 a 95 % favoreceram a sua multiplicação.

Dewanda e Khan (2016) realizaram estudos sobre a incidência e a dinâmica populacional dos principais insectos-praga e dos seus inimigos naturais na couve-flor durante agosto de 2014 - novembro de 2014 e janeiro de 2015 - abril de 2015. Verificou-se que a gravidade da incidência de pulgões era mais elevada na estação do inverno do que na estação das monções.

Shalini *et al.*, (2016) relataram que a população máxima de *Brevicoryne brassicae* foi registrada 348 pulgões / planta em 47th SW do ano 201314, quando a faixa de temperatura foi de 10,7-25,1º C e RH 38-78% e 332 pulgões / planta em 9th SW no ano 2014-15, quando a temperatura variou e RH observou 10,1-25,8º C e RH 40-80%, respetivamente. A população de *B. brassicae* teve uma influência positiva significativa da temperatura máxima, da temperatura mínima e da velocidade do vento, enquanto que a RH da manhã e a RH da noite mostraram uma influência negativa sobre elas. A precipitação não mostrou qualquer influência nas populações de pulgões durante as duas estações observadas 2013-2015.

2.1.2 Traça-das-costas-de-diamante *Plutella Xylostella*

Sachan e Srivastava (1972) estudaram a incidência sazonal de insectos no repolho, *nomeadamente*, a broca do repolho, *H. andalis*, a lagarta do repolho, *T. ni* e a traça-das-crucíferas, *P. Xylostella,* de 1967 a 1970, e observaram que a incidência da traça-das-crucíferas começava em setembro, atingia o seu pico em fevereiro, permanecia elevada até meados de março e diminuía depois disso.

Lee (1986) investigou a incidência sazonal de 9 insectos pragas da couve no sul de Taiwan em 1982-84. O yponomeutideo *Platella Xylostella* foi abundante em dezembro-março, com um pico populacional em fevereiro.

Devi e Raj (1991) referiram que *P. Xylostella* estava presente em números crescentes a partir de março, com um pico no final de março e início de abril. O pico populacional coincide com as fases de crescimento vegetativo ativo, floração e crescimento tardio da couve-flor. As condições mais favoráveis para *Platella* foram temperaturas máximas e mínimas entre 17,9 e 22,8 e 10 e 11,9⁰ C, respetivamente.

Chandramohan (1994) referiu que a população de larvas da traça-das-crucíferas *Platella Xylostella* L. nas couves era maior de dezembro a maio, com o pico de atividade em abril em Nilgiris.

Malakrong *et al.*, (1994) estudaram a dinâmica populacional da larva da traça-das-crucíferas no campo da Estação de Investigação Agrícola de Khao Khor High-land durante agosto-outubro de 1993 e fevereiro-abril de 1994. O padrão de distribuição das larvas da traça-das-crucíferas era aglomerado quando a população era baixa e passava a ser aleatório quando a população era alta. O número máximo e mínimo de traça-das-crucíferas no campo foi de 71.203 e 2.732 larvas/rai durante março e setembro. A temperatura, a precipitação e a idade da couve foram ligeiramente relacionadas com o número de larvas (r=-0,2891, p=0,30; r=-0,2816, p=0,31 e r=0,2931, p=0,29, respetivamente), mas a humidade relativa não teve qualquer efeito no número de larvas.

Bhatia e Verma (1995) registaram a população larvar da traça-das-crucíferas de 125 a 870 por 100 plantas, com o pico de contagem de larvas de 6,79 e 8,70 por planta no final de julho de 1984 e na primeira semana de agosto de 1983.

Oduor *et al.*, (1996) monitorizaram a dinâmica populacional das principais pragas de *Brassica* e a ocorrência dos seus inimigos naturais semanalmente durante um período de 9 meses em couve (var. Copenhagen Market) numa parcela de uma estação de investigação (sem aplicação de pesticidas) e num campo de um agricultor (aplicação semanal de Permetrina 10 EC ou Dimetoato 40 EC) no Quénia Central. As infestações de pragas ocorreram no prazo de 14 dias após as plântulas terem sido transplantadas e persistiram depois disso. A traça-das-crucíferas (DBM) (*Platella xylostella*) e o pulgão da couve (*Brevicoryne brassicae*) foram as principais pragas nos dois locais.

More e Mundhe (2003) relataram que a população de traça-das-crucíferas flutuou de 0,8 em 1st semana meteorológica para 4,6 por planta em 7th semana meteorológica. No entanto, foi positivamente correlacionada com a temperatura máxima e mínima.

De acordo com Palande *et al.* (2004), o pico da população de *P. xylostella,* com 7,50 larvas por planta, foi registado em 11th a 12th semanas meteorológicas, respetivamente. No entanto, a população foi positivamente correlacionada com a temperatura máxima e mínima e as horas de sol brilhante e negativamente correlacionada com a humidade relativa matinal e vespertina e a precipitação.

Shukla e Kumar (2004) relataram que o pico populacional da traça-das-crucíferas foi observado em 4th semanas meteorológicas durante 2000-01 e 2001-02. A sua população foi negativamente correlacionada com a temperatura média durante ambos os anos, enquanto foi positivamente correlacionada com a humidade relativa média durante 2001-02.

Badjena e Mandal (2005) observaram que *Plutella xylostella* apareceu na quarta semana de novembro, aumentou gradualmente em número e atingiu o pico (56,0 larvas/ 10 plantas) na primeira semana de fevereiro.

Goud *et al.*, (2006) observaram que a maior incidência de larvas foi observada durante a última semana de janeiro de 2004 (4th semana padrão), ou seja, aos 85 dias após o transplante, com 4,85 larvas por planta. Na correlação simples, foi encontrada uma correlação negativa significativa (r=-0,4855) entre a temperatura máxima e a população de larvas da traça-das-crucíferas. A temperatura mínima também exerceu uma ação negativa não significativa (r=-0,0504). A RH I e a RH II foram positivamente correlacionadas com o número de larvas por planta, mas não foram significativas com valores de coeficiente de correlação de 0,2707 e 0,0884, respetivamente. A precipitação e as horas de sol foram negativamente correlacionadas. Os resultados da regressão linear múltipla da população de *P. xylostella* e dos parâmetros meteorológicos seleccionados mostraram que a população de larvas estava negativamente correlacionada com a temperatura máxima, a RH II e as horas de sol, ao passo que a população de larvas estava positivamente correlacionada com a temperatura mínima, a RH I e a precipitação. O efeito cumulativo dos parâmetros meteorológicos na formação da população da traça-das-crucíferas revelou que estes afectam 28,11% (R^2 = 0,2811).

Patait *et al.*, (2008) relataram que a população de *Plutella xylostella* (Linnaeus) em repolho variou de 1,0 a 5,0, 1,0 a 1,6 larvas/quadrado durante as estações chuvosa e de inverno 2006-07, respetivamente. Durante a estação das chuvas, a população de *P. xylostella* foi influenciada positivamente pela humidade relativa da manhã e negativamente pela temperatura mínima. Durante a estação de inverno, a população de *P. xylostella* foi afetada positivamente pela ação da humidade relativa da tarde e da temperatura máxima e negativamente pela ação da humidade relativa da manhã e da temperatura mínima.

Dalve *et al.*, (2009) revelaram que a população da praga *Platella xylostella* (Linnaeus) na couve apareceu a partir da terceira semana de dezembro, tendo aumentado gradualmente e atingido um pico de 8,9 larvas por planta durante a quarta semana de janeiro. A praga foi mais ativa durante o mês de janeiro. Mais tarde, a população da praga diminuiu gradualmente em direção à maturidade da cultura. Entre os diferentes parâmetros meteorológicos, a humidade relativa nocturna apresentou uma correlação negativa altamente significativa (r=-0,6852) com *P. xylostella*. Os restantes parâmetros meteorológicos não apresentaram correlação significativa com *P. xylostella*.

Ahmad e Ansari (2010) efectuaram estudos sobre a abundância sazonal da traça-das-crucíferas *Platella xylostella* em dois anos, 2004-2005 e 20052006. Os dados da pesquisa de três localidades do distrito de Aligarh mostraram que a infestação inicial por *P. xylostella* ocorreu quando os agricultores começaram o transplante de mudas de couve-flor, a densidade de *P. xylostella* variou entre 0,90 a 2,38 e 0,27 a 5,84 larvas e pupas/planta na primeira semana de julho de 2004 e 2005, respetivamente, e a taxa de parasitização foi bastante baixa. A temperatura e a humidade registaram o máximo e o mínimo, isto é, 24,15º a 32,91º C e 68,60 a 91,30 por cento, respetivamente. O aumento da população é normalmente observado na II a IV semana de setembro. A precipitação afectou negativamente a população de DBM em 20042005 e 2005-2006.

Singh *et al.,* (2010) observaram que a incidência de MCF na couve-flor e no repolho começou na semana padrão 3rd com 0,20 e 0,10 larvas por cabeça, respetivamente, quando as temperaturas máxima e mínima eram de 24,31 e 10,3Cº C e a humidade relativa (manhã e noite) 89,0 e 46,0 por cento. A sua população aumentou gradualmente nas respectivas culturas até 5,67 e 7,67 larvas por cabeça no final de fevereiro e teve uma correlação positiva significativa com a temperatura máxima, a temperatura média, a velocidade do vento, a taxa de evaporação e a idade da cultura, enquanto teve uma correlação negativa significativa com a humidade relativa.

Venkateswarlu *et al.,* (2011) relataram que a incidência da traça-das-crucíferas mostrou uma correlação positiva significativa com a temperatura máxima (r=+0,490), a temperatura mínima (r=+513), as horas de sol (r=+0,654) e a evaporação (r=+0,372), enquanto foi detectada uma correlação negativa significativa com a humidade relativa da manhã e da noite e também se verificou que influencia os afídeos e a traça-das-crucíferas em ambos os anos. A pluviosidade (r=+0,779), as horas de sol (r=+0,342) e o vento (r=+0,291) tiveram uma influência positiva significativa nas larvas de DBM.

Bana *et al.,* (2012) verificaram que a cultura da couve foi infestada pela principal praga, a traça-das-crucíferas (*P. xylostella*). A infestação começou a partir da terceira semana de novembro e atingiu o seu pico na primeira semana de janeiro. As temperaturas máxima e mínima mostraram uma correlação negativa significativa com a população larvar da traça-das-crucíferas, ao passo que a humidade relativa e as horas de sol mostraram uma correlação não significativa.

Patra *et al.,* (2013) estudaram a dinâmica populacional dos principais insectos-praga e dos seus inimigos naturais na couve em Bidhan Chandra Krishi Viswavidyalaya (BCKV), Kalyani, Bengala Ocidental (Índia) durante a estação *rabi* de 2011-12 e 201213. A experiência foi organizada em blocos aleatórios com três repetições. As mudas de repolho (cv Rareball) foram transplantadas na parcela de 9 m² área com espaçamento de 45cm x 45cm. A observação foi registada semanalmente em cinco plantas/parcela seleccionadas ao acaso. O pico da população da traça-das-crucíferas (DBM) foi registado em 1st de março e 23rd de fevereiro com 13,60 e 14,33 larvas/planta durante 2011-12 e 2012-13, respetivamente. Tanto a temperatura máxima como a mínima tiveram um papel importante na formação da população da traça-das-crucíferas.

Shah *et al.,* (2013) registaram a dinâmica sazonal de pragas de insectos e dos seus inimigos naturais em ecossistemas de couve e couve-flor no Baluchistão (Paquistão). A infestação de *Platella xylostela* na couve começou logo após o transplante e atingiu o número mais elevado de 16,1 ± 1,6 larvas por planta em novembro. Em Loralai, a infestação de *Platella xylostela* na couve-flor teve um pico de densidade de 3,9 ± 0,6 larvas/planta no início de julho.

Raja *et al.,* (2014) revelaram que a população de *P. xylostella* foi afetada positivamente pela ação da temperatura máxima, da humidade relativa e da velocidade do vento em Theni, da temperatura máxima, da humidade relativa (manhã e noite) e da velocidade do vento em Hosur, da temperatura máxima, da humidade relativa (manhã e noite) e da velocidade do vento em Ooty e negativamente pela temperatura mínima e pela precipitação.

Bashir *et al.,* (2015) realizaram estudos para determinar a dinâmica populacional de *Platella xylostella* (Lepidoptera: Plutellidae) em couve-flor, *Brassica oleracea* L. var. *botrytis* e sua correlação com parâmetros climáticos de junho a novembro, durante 2012 e 2013 em Peshawar, Paquistão. A população média mais elevada de larvas e pupas (4,75±2,14 e 6,7±1,71) por planta foi registada em setembro, enquanto a mais baixa (0,2±0,41 e 0,4±0,71) foi registada em julho, 2012 e 2013, respetivamente. Foi registada uma correlação negativa não significativa (r = -0,31 e -0,18) com a temperatura máxima, enquanto que com a temperatura mínima a associação (r = 0,02 e 0,06) foi positivamente não significativa. A percentagem de humidade relativa mostrou uma relação positivamente significativa (r = 0,79 e 0,67) com a dinâmica populacional, ao passo que foi registada uma correlação negativa (r = -0,98 e -0,46) com a precipitação total, mas foi estatisticamente significativa em 2012 e não significativa em 2013. Os modelos de regressão múltipla mostraram uma interação de 90-98% (R^2) entre a população de *P.*

xylostella e os parâmetros meteorológicos.

Mishra e Singh (2015) realizaram estudos sobre a incidência sazonal de algumas pragas de insectos associadas à couve durante o período de dezembro de 2010 a abril de 2011. Estas culturas são severamente atacadas por diferentes pragas de insectos, principalmente o pulgão da couve, *Brevicoryne brassicae* (L.), a traça-das-crucíferas, *Platella xylostella* e os seus inimigos naturais. A incidência da traça-das-crucíferas, *Platella xylostella,* começou a partir da segunda quinzena de fevereiro e aumentou gradualmente, atingindo o nível máximo de 5,96 larvas por planta durante a segunda quinzena de março.

Patel *et al.,* (2015) realizaram uma experiência para descobrir o aparecimento sazonal da traça das costas de diamante (DBM) e do afídeo nos brócolos. A DBM causou muito mais danos do que os pulgões em todas as fases de crescimento da cultura, com dois picos de aparecimento durante a 3rd semana de novembro e a 1.ª semana de março. A temperatura máxima de 26,02 a 32,72⁰ C, a temperatura mínima de 9,08 a 17,12⁰ C e um período de sol de 7,6 a 9,18 horas podem ser favoráveis à sua multiplicação.

Cesar e Luis (2016) relataram que as graves perdas econômicas causadas por *Plutella xylostella* L., em diversas regiões do mundo, tem motivado a procura por estratégias alternativas de manejo. Neste contexto, a compreensão dos principais fatores que regem a dinâmica populacional da praga é importante para o desenvolvimento de estratégias de manejo. Este estudo teve como objetivo identificar os parasitóides larvais associados a *P. xylostella* e investigar os fatores bióticos (subespécie da cultura, idade da planta e parasitismo) e abióticos (temperaturas mínima e máxima, precipitação pluviométrica, umidade relativa e época de plantio) que afetam a dinâmica populacional da praga em cultivos orgânicos localizados no sul do Estado do Paraná, Brasil. Apesar da disponibilidade contínua e abundante de plantas hospedeiras ao longo do ano, *P. xylostella* ocorreu entre junho e novembro, sendo que os maiores picos de abundância foram observados entre agosto e setembro, quando foram registradas baixas temperaturas e precipitações pluviométricas. De acordo com a análise de regressão stepwise, *P. xylostella* foi mais abundante nos brócolos durante o inverno. Nem a temperatura, nem a precipitação influenciaram significativamente a abundância da praga.

Dewanda e Khan (2016) realizaram estudos sobre a incidência e a dinâmica populacional das principais pragas de insectos e dos seus inimigos naturais na couve-flor durante agosto de 2014 - novembro de 2014 e janeiro de 2015 - abril de 2015. Na safra de agosto a novembro, a população larval de *Plutella xylostella*, DBM variou de 0 a 17,60 larvas / planta e DBM foi notado pela primeira vez no campo em 5th setembro de 2014 (2,76 larvas

/ planta) com aumento gradual em sua população e atingiu seu pico em 7th novembro de 2014 (17,90 larvas / planta). Considerando que, em Jan.-

Na safra de abril de 2015, a população de larvas de DBM variou de 0 larvas por planta a 22,30 larvas por planta.

Nale *et al.*, (2016) observaram que o pico de atividade da traça-das-crucíferas (2,60 larvas/plantas) no repolho durante a primeira semana de março (10th MW) quando os parâmetros climáticos prevalecentes viz. temperatura máxima, temperatura mínima, umidade relativa da manhã, umidade relativa da noite, horas de sol brilhante e precipitação foram 27,8º C, 16,3º C, 91 por cento, 53 por cento, 6,6 h e 70,7 mm, respetivamente. Foi observada uma correlação negativa significativa com as horas de sol brilhante (r = -0,269) entre a população de larvas da traça-das-crucíferas. O coeficiente de determinação (R^2) indicou que os parâmetros meteorológicos contribuíram para 73,33% da variação total da população de traça-das-crucíferas na couve.

Shalini *et al.*, (2016) registaram a população máxima de *Platella xylostella* no ano 2013-14 (10,80/planta) em 5th SW onde a gama de temperatura e RH foram 10,1-24º C e 52-92%, enquanto no ano 2014-15 foi observado um ligeiro aumento na população, *ou seja*, 11,40/planta em 6th SW onde a gama de temperatura foi 11,8-27,4º C e RH 53-91%. A população de *P. xylostella* teve uma correlação positiva significativa com as temperaturas máximas e mínimas durante ambos os anos; RH manhã e RH noite tiveram correlação negativa significativa, enquanto a precipitação e a velocidade do vento tiveram correlação positiva não significativa.

Stanikzi e Thakur (2016) relataram que a ocorrência da traça-das-crucíferas (*Platella xylostella*) na estação *rabi de* 2015-2016 começou a partir de 6th semana padrão (segunda semana de fevereiro) com uma média de 0,25 larvas/planta. A população da traça-das-costas aumentou e gradualmente atingiu o nível máximo de 3,40 larvas/planta em 13th semana padrão (última semana de março). Depois disso, foi observada uma tendência de declínio.

1.1.3 *Crocidolomia binotalis*

Lee (1986) investigou a incidência sazonal de 9 insectos pragas da couve no sul de Taiwan em 1982-84. *A Crocidolomia binotalis* ocorreu durante quase todo o ano, mas foi numerosa de maio a dezembro, com um pico em novembro.

Narsimhamurthy *et al.,* (1998) que efectuaram estudos sobre a incidência sazonal de *C. binotalis* na couve-flor, indicaram que havia uma relação significativa e não significativa (negativa) da população larvar com as temperaturas máxima e mínima, respetivamente.

No entanto, a relação entre a humidade relativa matinal e a incidência foi positivamente não significativa. Também relataram que as pragas se multiplicaram no mês de dezembro, com uma densidade máxima de 15,2 larvas por planta.

Chaudhari *et al.,* (2001) observaram o nível máximo da população de *C. binotalis* na cultura de primavera da couve na primeira e na última semana de março, respetivamente. No entanto, a sua população apresentou uma correlação positiva com a temperatura média, a humidade relativa e a precipitação. No entanto, a sua população apresentou uma correlação positiva com a temperatura média, a humidade relativa e a precipitação, enquanto a correlação foi negativa com a média de horas de sol por dia.

De acordo com Palande *et al.,* (2004) o pico da população de *C. binotalis, com* 7,24 larvas por planta, foi registado em 16th a 17th semanas meteorológicas, respetivamente. No entanto, a população estava positivamente correlacionada com a temperatura máxima e mínima e as horas de sol brilhante e negativamente correlacionada com a humidade relativa matinal e vespertina e a precipitação.

Badjena e Mandal (2005) referiram que a incidência de *Crocidolomia binotalis* foi observada entre a terceira semana de novembro e a terceira semana de fevereiro. O inseto atingiu o pico (25,6 larvas/ 10 plantas) durante a terceira semana de janeiro.

Patait *et al.,* (2008) relataram que a população de *Crocidolomia billotalis* (Zeller) em repolho variou de 3,8 a 44,0 e de 1,0 a 6,2 larvas/quadrat durante as estações chuvosa e de inverno de 2006-07. Durante a estação das chuvas, a população de *C. billotalis* foi influenciada positivamente pela humidade relativa da manhã e negativamente pela temperatura mínima. Durante a estação de inverno, a população de *C. billotalis* foi afetada positivamente pela ação da humidade relativa da tarde e da temperatura máxima e negativamente pela ação da humidade relativa da manhã e da temperatura mínima.

1.1.4 Lagarta comedora de folhas de tabaco *Spodoptera Htura*

Lee (1986) investigou a incidência sazonal de 9 insectos pragas da couve no sul de Taiwan em 1982-84. O noctuídeo *Spodoptera litara* ocorreu nos meses mais quentes de setembro a dezembro, com picos em novembro ou dezembro.

Estudos realizados por Narasimhamurthy *et al.,* (1998) sobre a incidência sazonal de *S. litara* na couve-flor indicaram que havia uma relação significativa e não significativa (negativa) da população larvar com as temperaturas máxima e mínima, respetivamente. No entanto, a relação entre a humidade relativa matinal e a incidência foi positivamente não significativa. Também relataram que a praga se multiplicou no mês de dezembro, com seu pico de densidade de 21,4 larvas por planta.

Badjena e Mandal (2005) indicaram que a incidência de *Spodoptera litara* foi registada entre a quarta semana de novembro e a terceira semana de fevereiro. O pico de incidência (21,3 larvas/10 plantas) foi observado durante a segunda semana de janeiro.

Patait *et al.,* (2008) revelaram que a população de *Spodoptera litara* (Fabricius) na couve variou de 1,6 a 20,4 e de 0,2 a 1,0 larvas/quadrat durante as estações chuvosa e de inverno de 2006-07, respetivamente. Durante a estação chuvosa, a população de *S. litara* foi afetada positivamente pela ação da temperatura mínima e dos dias de chuva e negativamente pela humidade relativa da manhã e pela precipitação. Durante a estação de inverno, a população de *S. litara* foi influenciada positivamente pela humidade relativa da manhã e negativamente pela temperatura mínima e pela humidade relativa da tarde.

Raja *et al.,* (2014) revelaram que a população de *S. litara* foi influenciada positivamente pela humidade relativa (manhã e noite) e pela precipitação e negativamente pela temperatura (máxima e mínima) e pela velocidade do vento em Theni, influenciada positivamente pela temperatura máxima, pela humidade relativa (manhã e noite) e pela precipitação em Hosur e influenciada positivamente pela temperatura máxima, pela humidade relativa (manhã e noite) e pela precipitação em Ooty.

Dewanda e Khan (2016) realizaram estudos sobre a incidência e a dinâmica populacional dos principais insectos-praga e dos seus inimigos naturais na couve-flor durante agosto de 2014 - novembro de 2014 e janeiro de 2015 - abril de 2015. A larva *Spodoptera* foi detectada pela primeira vez em 29th de agosto de 2014 (2,0 larvas/planta) com um aumento gradual da sua população e atingiu o seu pico no final de setembro (8,60 larvas/planta).

Sumaira *et al.,* (2016) seleccionaram cinco grandes localidades produtoras de couve-flor, nomeadamente, Faisalabad, Chiniot, Sargodha, Sheikhupura e Gujranwala do Punjab para verificar a flutuação da população de larvas de *S. Htara* através de intervalos regulares de dez dias na cultura da couve-flor durante 2013-14. Os dados foram registados em horários fixos do Período I (22 a 31 de agosto), Período II (1 a 10 de setembro), Período III (11 a 20 de setembro), Período IV (21 a 30 de setembro) e Período V (1 a 10 de outubro). Em 2013, a população larvar máxima foi registada em Sargodha durante o período de observação de 4th e a população mínima foi observada em Gujranwala durante *o* primeiro período de observação, *ou seja,* 4,55±0,117 e 1,96±0,105 larvas/planta, respetivamente. Em 2014, a população mínima foi registada em Gujranwala (1,05±0,024 larvas/planta) durante o período de observação de 2nd e a população máxima foi observada em Sargodha durante o período de observação de 1st , *ou seja,* 4,37±0,086 larvas/planta, respetivamente. A humidade relativa e a precipitação foram negativamente correlacionadas com a população de larvas, enquanto a temperatura foi significativa e positivamente correlacionada com a população de larvas.

1.1.5 Semilobo verde *Trichoplusia ni*

Sachan e Srivastava (1972) estudaram a incidência sazonal de insectos no repolho, *nomeadamente a* broca do repolho, *H. andalis*, a lagarta do repolho, *T. ni* e a traça-das-crucíferas, *P. xylostella,* de 1967 a 1970, e referiram que a população de lagarta do repolho apareceu no início de agosto, atingiu o seu pico no início de setembro e depois diminuiu até fevereiro.

Lee (1986) investigou a incidência sazonal de 9 insectos pragas da couve no sul de Taiwan em 1982-84. *Trichoplusia ni* ocorreu frequentemente nos meses mais quentes, mas sem período de pico; as populações eram muito baixas.

Bhatia e Verma (1995) referem que, em 1983, observaram o aparecimento de semilopa de couve no mês de agosto até meados de setembro. Em 1984, apareceu na segunda semana de julho e desapareceu imediatamente a seguir. A sua densidade variava de 100 a 300 larvas por 100 plantas.

Ojha *et al.* (2004) referiram que a população mais baixa e mais alta de *T. ni*, o semilouco da couve, era de 0,33 e 1,33 larvas por ensaio durante a primeira semana de dezembro.

Patait *et al.,* (2008) observaram que a população de *Trichoplusia ni* (Hubner) variou de 0,6 a 6,0 larvas/quadrat durante a estação das chuvas de 2006. Durante a estação das chuvas, a população de *Trichoplusia ni* foi influenciada positivamente pela humidade relativa da manhã e negativamente pela temperatura mínima.

Sarfraz e Cervantes (2011) relataram que a cigarrinha da couve, *Trichoplusia ni* (Hübner) (Lepidoptera: Noctuidae), é uma praga importante de várias culturas de campo e de estufa no oeste do Canadá. Todos os anos, na primavera e no início do verão, os adultos migram do sul da Califórnia para o norte do Canadá, mas o seu sucesso durante o inverno no Canadá ocidental é incerto. Neste estudo, as populações de traça da couve foram monitorizadas dentro e fora de três estufas comerciais na Colúmbia Britânica durante um ano inteiro. As capturas de traças foram mais elevadas em junho, outubro e novembro nas estufas de pimento, tomate-1 e tomate-2, respetivamente. Durante a limpeza de inverno, não foram capturadas traças dentro das estufas não aquecidas, mas assim que o aquecimento foi restabelecido para a nova estação de crescimento, foram capturados adultos. De dezembro a março, nenhuma traça foi capturada em armadilhas com feromonas fora de qualquer estufa. Estes resultados são importantes para compreender as mudanças temporais nas infestações por loopers da couve e a sua gestão eficaz.

Nale *et al.*, (2016) observaram que o pico de atividade de semilopa (0,5 larvas/planta) no repolho durante a primeira semana de março (10th MW) quando os parâmetros climáticos prevalecentes viz. temperatura máxima, temperatura mínima, umidade relativa da manhã, umidade relativa da noite, horas de sol brilhante e precipitação foram 27,8º C, 16,3º C, 91 por cento, 53 por cento, 6,6 h e 70,7 mm, respetivamente. A correlação da população de semiloucos com a humidade relativa da manhã (r = -0,217) e com o brilho do sol (r = -0,159) mostrou uma influência significativamente negativa. O coeficiente de determinação (R²) indicou que os parâmetros meteorológicos contribuíram para 94,28 por cento da variação total da população de semiloucas na couve.

1.1.6 Broca da cabeça *Hellula undalis*

Sachan e Srivastava (1972) estudaram a incidência sazonal de insectos no repolho, *nomeadamente*, a broca do repolho, *H. undalis*, a lagarta do repolho, *T. ni* e a traça-das-crucíferas, *P. xylostella,* de 1967 a 1970, e observaram que a broca do repolho apareceu no início de agosto, atingiu o seu pico em meados de agosto e permaneceu elevada até meados de setembro.

De acordo com Yamada (1981), as larvas de *H. undalis* foram encontradas principalmente nas plantas jovens no verão e nas plantas mais velhas depois do fim do outono. No entanto, a sua incidência foi notada primeiro na couve em julho, com um rápido aumento da população de agosto a outubro, tendo depois diminuído devido à descida da temperatura.

Lee (1986) investigou a incidência sazonal de 9 insectos pragas da couve no sul de Taiwan em 1982-84. *A Hellula undalis* ocorreu de abril a outubro, mas as populações foram muito baixas.

Ojha *et al.* (2004) referiram que a população mais baixa e mais alta da broca da cabeça, *H. undalis, era* de 0,33 e 8,66 larvas por ensaio durante a primeira a última semana de outubro.

Patait *et al.,* (2008) revelaram que a população de *Hellula undalis* (Fabricius), em couve, variou de 0,6 a 1,6 e de 0,6 a 3,2 larvas/quadrado durante as estações chuvosa e de inverno de 2006-07, respetivamente. Durante a estação das chuvas, a população de *H. undalis* foi afetada positivamente pela ação da temperatura mínima e dos dias de chuva e negativamente pela humidade relativa do dia anterior e pela precipitação. Durante o inverno, a humidade relativa do dia anterior e a temperatura máxima tiveram um efeito positivo e negativo na população de *H. undalis*, respetivamente.

2.2 Ocorrência sazonal de inimigos naturais dos principais insectos pragas da couve-flor

Senior e Healey (2011) referiram que a aplicação de insecticidas para o controlo de pragas do início da estação em culturas de brássicas pode perturbar o complexo endémico de inimigos naturais, essencial para a supressão de *Plutella xylostella* (L.) numa fase posterior da estação. É necessária uma melhor compreensão dos inimigos naturais presentes nas brássicas do início da estação e do seu potencial para controlar as pragas do início da estação. Pensa-se que os predadores generalistas são importantes em sistemas de culturas efémeras, responsáveis por uma proporção substancial da mortalidade de pragas, mas têm recebido comparativamente pouca atenção em comparação com os inimigos naturais especializados. Como primeiro passo para clarificar o papel dos predadores nas plantações de início de estação, foi efectuada uma amostragem numa série de culturas e locais em Lockyer Valley (Sudeste de Queensland, Austrália), com o objetivo de identificar os taxa predadores mais abundantes. Foram utilizadas inspecções visuais das plantas, armadilhas adesivas e armadilhas de queda para monitorizar as populações de predadores desde a transplantação das plântulas até à colheita em culturas comerciais e não pulverizadas de brócolos, couve, couve-flor e couve chinesa. Os predadores incluíram espécies de Araneae (Theridiidae, Clubionidae, Miturgidae, Lycosidae, Salticidae, Oxyopidae, Araneidae, Tetragnathidae, Thomisidae), Coleoptera (Coccinellidae, Carabidae, Staphylinidae), Diptera (Syrphidae), Neuroptera (Hemerobiidae), Hemiptera (Miridae, Anthocoridae, Lygaeidae, Reduviidae, Nabidae), Dermaptera (Labiduridae) e Hymenoptera (Formicidae). As aranhas foram os predadores mais abundantes, tendo sido encontradas de forma consistente em todos os locais de amostragem a partir da transplantação. Em comparação, as populações de insectos predadores variaram entre os locais de amostragem, e os insectos predadores que vivem na folhagem estiveram geralmente ausentes das plantas durante as primeiras duas semanas após a transplantação.

Mishra e Singh (2015) realizaram estudos sobre a incidência sazonal de algumas pragas de insectos associadas à couve durante o período de dezembro de 2010 a abril de 2011. Estas culturas são severamente atacadas por diferentes pragas de insectos, principalmente o pulgão da couve, *Brevicoryne brassicae* (L.), a traça-das-crucíferas, *Platella xylostella* e os seus inimigos naturais. Os predadores eram muito sazonais e a sua abundância numérica coincide com a da praga.

2.2.1 Mosca syrphid

Badjena e Mandal (2005) observaram duas espécies de moscas syrphid, *a saber, Ischiodon scatellaris* e *Eameras albifrons,* nos campos de couve-flor da primeira semana de dezembro à segunda semana de fevereiro. O pico da população (18,3 larvas/10 plantas) foi registado na segunda semana de janeiro.

Wagle *et al.* (2005) estudaram a incidência sazonal de pulgão, *B. brassicae* e seus inimigos naturais em relação aos parâmetros climáticos em repolho durante 2004-05 em Allahabad, U.P. e relataram que o predador afidófago como *Syrphas spp.* apareceu mais ou menos com a população de pulgões (4th semana padrão). Os syrphids permaneceram activos até março (13th semana padrão). À medida que as populações de pragas diminuíram, a população de inimigos naturais também diminuiu.

Mandal e Patnaik (2008) relataram que, das duas espécies de predadores de syrphid, *Ischiodon scatellaris* (Fab.) era esmagadoramente mais numeroso (80,06%) do que *Eamerfas albifrons* Walker (19,94%). Enquanto *I. scatellaris* apareceu no início de novembro, *E. albifrons* apareceu no início de dezembro. O pico de atividade de *I. scatellaris* foi observado durante janeiro e a primeira quinzena de fevereiro (8,64-11,45 larvas / 10 plantas), enquanto que o de *E. albifrons* durante a segunda quinzena de janeiro e a primeira quinzena de fevereiro (2,79 - 4,06 larvas / 10 plantas).

Pal e Singh (2012) observaram que o grau de incidência de moscas varejeiras (*Episyrphas balteatas, Ischiodon scutellaris*) era muito limitado.

Shah *et al.,* (2013) registaram a dinâmica sazonal das pragas de insectos e dos seus inimigos naturais em ecossistemas de couve e couve-flor no Baluchistão (Paquistão). As larvas da mosca Syrphid na couve apareceram pela primeira vez em junho.

2.2.2 Besouro coccinelídeo

Chandra e Kushwaha (1987) relataram que *C. septempanctata* apareceu dentro de duas a três semanas após o transplante de repolho e atingiu seu pico em março (34-54 por 100 plantas). A população de *C. septempanctata* foi considerada positivamente correlacionada com a população de pulgão, *L. erysimi.*

Bhaskar e Virakatamath (2002) investigaram a diversidade e a abundância de coccinelídeos afidófagos em campos de couve. Verificou-se que três espécies de coccinelídeos predavam pulgões, *isto é, Coccinella transversalis, Menochilas sexmacalatas* e *Harmonia octomacalata,* que representavam 52, 41 e 7% da população total de coccinelídeos, respetivamente. Apenas *H. octomacalata* mostrou uma correlação positiva significativa com a população de afídeos, enquanto as outras espécies flutuaram consideravelmente.

Badjena e Mandai (2005) relataram que a incidência de predadores coccinelídeos começou na terceira semana de novembro. A população atingiu o pico (20,6 larvas e adultos/10 plantas) na primeira semana de fevereiro.

Wagle *et al.*, (2005) estudaram a incidência sazonal do afídeo *B. brassicae* e dos seus inimigos naturais em relação aos parâmetros meteorológicos na couve durante 2004-05 em Allahabad, U.P. e referiram que os predadores afidófagos como *Coccinella septempunctata, Coccinella transversalis* apareceram mais ou menos com a população de afídeos (4th semana padrão). Os coccinelídeos permaneceram activos até fevereiro (9th semana padrão). À medida que as populações de pragas diminuíram, a população de inimigos naturais também diminuiu.

Mandal e Patnaik (2008) observaram que, das quatro espécies de predadores coccinelídeos, *Coccinella transversalis* F. foi a espécie dominante, constituindo 55,08 % da população total, seguida por *Cheilomenes sexmacalata* (Fab.) (27,73 %), *Micraspis discolor* (Fab.) (12,05%) e *Coccinella septempunctata* L. (5,14%). *C. transversalis* e *C. sexmaculata* apareceram em meados de novembro e atingiram o seu pico populacional em janeiro e fevereiro (7,27-10,94 e 4,26-5,08 larvas e adultos / 10 plantas, respetivamente). *M. discolor* e *C. septempunctata* apareceram em meados de dezembro e meados de janeiro, respetivamente. Atingiram o pico populacional em fevereiro (2,44-3,34 e 1,29-1,83 larvas e adultos / 10 plantas).

Ali e Rana (2012) efectuaram um inquérito exaustivo nos campos de couve-flor dos agricultores em três distritos (Mathura, Agra e Firozabad) de Uttar Pradesh nos anos experimentais de 2009-10 e 2010-11. Verificou-se que três espécies de joaninhas, nomeadamente *Coccinella septempunctata* Linnaeus, *Coccinella transversalis* Fabricius e *Menochilus Sexmaculatus* Fabricius, estavam associadas a colónias de afídeos. As populações de coccinelídeos foram sincronizadas com os habitantes de afídeos. O número máximo de joaninhas (*C. Septempunctata, C. transversalis* e *M. Sexmaculatus*) foi obtido como 5,00, 3,00 e 3,50; 7,00, 3,50 e 4,00; 9,00, 4,00 e 3,00 em março de 2010; e 5,00, 3,50 e 2,50; 5,00, 4,00 e 3,00; 8,00, 5,00 e 3,50 durante março de 2011, respetivamente. Desvios semelhantes na população de pulgões e joaninhas também foram registados nos distritos de Agra e Firozabad durante os anos experimentais de 2009-10 e 2010-11. Também foi interessante notar que *C. septempunctata* foi considerada a espécie dominante em todos os locais experimentais, em comparação com outras espécies de joaninhas.

Bana *et al.*, (2012) relataram que o escaravelho coccinelídeo, *Coccinella septempunctata* L. foi registado como um importante predador de pulgão na couve, que foi máximo na segunda e terceira semana de janeiro durante 2008-09 e 2009-10, respetivamente.

Pal e Singh (2012) referiram que a população de inimigos naturais era muito fraca até à segunda semana de março. Só atingem picos durante a primeira semana de abril, em especial os coccinelídeos (*Cheilomenes sexmaculata, Coccinella septempunctata, Coccinella transversalis, Scymnus (Pullus) xerampelinus)*, tanto as larvas como os adultos.

Patra *et al.*, (2013) observaram o máximo de coccinelídeos em 23rd fevereiro das colheitas de 2011-12 e 2012-13 com 11,67 e 9,67 coccinelídeos/ 5 plantas, respetivamente. Tanto a temperatura máxima como a mínima tiveram um papel importante na formação da população do escaravelho coccinelídeo.

Gore *et al.*, (2014) relataram que a população de *Coccinella Septumpunctata* estava positivamente correlacionada com a temperatura e as horas de sol e a correlação negativa observada com R.H. e precipitação.

2.2.3 Parasitóides dos afídeos

Boyd e Lentz (1994) recolheram amostras de afídeos e dos seus parasitóides em sete e oito campos comerciais de colza em 1990 e 1991, respetivamente. A amostragem de plantas inteiras foi utilizada para pulgões durante a fase de brotamento das plantas. A amostragem com rede de varredura foi utilizada para pulgões e seus parasitóides durante as fases de floração e maturação das plantas. Foram recolhidas três espécies de afídeos, o pulgão do nabo, *Lipaphis erysimi* (Kaltenbach); o pulgão verde do pêssego, *Myzus persicae* (Sulzer); e o pulgão da couve, *Brevicoryne brassicae* (L.). O pulgão do nabo foi a espécie mais abundante recolhida em 1990 e 1991, 99,9 e 86,8%, respetivamente. As populações de pulgões do nabo atingiram o seu pico (80%) mais frequentemente durante a fase de floração, e as observações visuais dos danos causados pela alimentação revelaram um crescimento atrofiado, uma formação reduzida de vagens e uma maturidade irregular do povoamento. Os pulgões do nabo foram parasitados pela vespa parasitoide, *Diaeretiella rapae* (Mlntosh) (Hymenoptera: Aphidiidae). Em 1990, a densidade total de *D. rapae* foi de 883 vespas por 50 varrimentos, 24 vezes superior à densidade total de 1991, que foi de 37 vespas por 50 varrimentos. Observou-se que as infestações de afídeos causaram danos substanciais nos povoamentos de colza em 1990. No entanto, a falta de dados quantitativos sobre as perdas de rendimento impede a integração eficaz de estratégias de controlo natural e químico da colza.

Oduor *et al.*, (1996) relataram que a taxa média de parasitismo do pulgão por *Diaeretiella rapae* foi de cerca de 1,2%. *B. brassicae* também foi o pulgão mais comum, com infestação e parasitismo médios de cerca de 26 e 0,8%, respetivamente, nas duas estações.

Vaz *et al.,* (2004) recolheram o afídeo mumificado *B. brassicae* do campo e estudaram a emergência de diferentes parasitóides. Verificou-se que os parasitas pertencentes a Hymenoptera emergiram em frequências distintas de *D. rapae* (93,2%) e *Aphidias colemani* (4,5% foi obtido de *B.brassicae.*

Laisvune e Laimutis (2008) estudaram a ocorrência do pulgão-da-couve (*Brevicoryne brassicae* L.) e do seu principal parasita *Diaeretiella rapae* (Mlntosh) em couve branca de crescimento ecológico, em parcelas fertilizadas e não fertilizadas com estrume, em 2003-2004. Durante as observações, foram contados os pulgões e as múmias que ocorriam naturalmente. *D. rapae* reduziu as populações de pulgões da couve em 23,9-26,2% durante os dois anos experimentais. A abundância de pulgões e parasitas foi maior (p = 0,05) na couve fertilizada. A parasitagem mais elevada foi observada nos períodos em que o número de pulgões nas plantas era mais baixo, no final de julho (2003) e no início de agosto (2004), no final da sua ocorrência nas plantas.

Sable *etal.,* (2008) efectuaram experiências de campo durante dois anos consecutivos (2002-03 e 2003-04) para estudar os parasitóides associados ao pulgão da couve e o seu grau de parasitismo na região de Marathwada. Os parasitóides importantes registados foram *Aphidias* spp. de pulgões da couve com uma parasitação máxima de 76,43 e 82,33 por cento em 2002-03 e 2003-04, respetivamente.

Pal e Singh (2012) observaram que o grau de incidência do parasitoide (*Diaeretiella rapae*) era muito limitado.

Shah *et al.,* (2013) registaram a dinâmica sazonal de pragas de insectos e dos seus inimigos naturais em ecossistemas de couve e couve-flor no Baluchistão (Paquistão). No final de novembro, verificou-se uma elevada taxa de parasitismo de *Myzas persicae* por *Aphidias colemani* (90,2 ± 5,6%) e de *Brevicoryne brassicae* por *Diaeretiella rapae* (80,5 ± 6,8%).

Nematollahi *et al.,* (2014) quantificaram a dinâmica populacional do pulgão-da-couve, *Brevicoryne brassicae* (L.), seu parasitoide, *Diaeretiella rapae* McIntosh, e hiperparasitoides, *Pachynearon* spp. em condições de campo durante 2011-2013, examinando a sincronização, a relação parasitoide: pulgão, o possível efeito da densidade na taxa finita de aumento e a coincidência espacial. As taxas de parasitismo e hiperparasitismo foram baseadas na criação de múmias coletadas no campo e pulgões parasitados vivos, e a densidade do pulgão foi estimada usando técnicas de extração de calor e subamostragem. Apenas um parasitoide, *D. rapae* (80% em média), e duas espécies de hiperparasitóides do género *Pachynearon* (6,5% em média), nomeadamente *Pachynearon aphidis* (Bouché) e *Pachynearon groenlandicam* (Holmgren), foram criados a partir das múmias de afídeos. As correlações significativas de Pearson com o tempo para a percentagem de parasitismo versus a densidade de pulgões e para a percentagem de hiperparasitismo versus a densidade de múmias indicaram que foram necessárias 2-3 semanas para que *D. rapae* e *Pachynearon* spp. mostrassem impacto na população do seu respetivo hospedeiro. No início da primavera, o rácio parasitoide: pulgão foi baixo (0,11 em média) enquanto a densidade de pulgões estava a aumentar. Com base na lei de potência de Taylor, *D. rapae* e *Pachynearon* spp. bem como *B. brassicae*, tiveram uma distribuição agregada entre as plantas de canola. Além disso, foi encontrado um alto grau de sobreposição espacial entre *D. rapae* e *B. brassicae* e entre *Pachynearon* spp. e *D. rapae*. Em geral, o parasitoide teve uma boa coincidência espacial com o seu hospedeiro afídeo, mas devido à falta de sincronização parasitoide-hospedeiro e à baixa relação parasitoide: afídeo, o impacto na população hospedeira foi baixo.

Shabistana e Parvez (2015) revelaram que os meios bio-intensivos ou não químicos de gestão de pragas através de bioagentes naturalmente disponíveis e multiplicados em massa devem ser focados para a proteção das culturas e a sustentabilidade ambiental. Para reduzir a dependência de pesticidas sintéticos para a proteção das culturas e a contaminação da vida terrestre e aquática, é pertinente explorar a eficácia de *Diaeretiella rapae* (MTntosh), um bioagente eficiente contra espécies devastadoras de pulgões especialistas (*Lipaphis erysimi* Kaltenbach), (*Brevicoryne brassicae* Linn.) e generalistas (*Myzas persicae* Sulzer) que infestam as culturas de *Brassica* (couve, couve-flor e mostarda). As respectivas espécies de afídeos colonizados em plantas de couve, couve-flor e mostarda foram colhidas no campo e mantidas em cultura no laboratório à temperatura ambiente (25-27² C, 60-80% HR). Os corpos de pulgões mumificados das respectivas culturas foram recolhidos aleatoriamente e levados para o laboratório para recolher os parasitóides. Foram recolhidos pares de machos e fêmeas (*Diaeretiella rapae*), que foram libertados com o aspirador para permitir o acasalamento. Foram seleccionados 20 afídeos de cada espécie para libertar em cada parasitoide capturado, repetidos dez vezes e deixados parasitar nos afídeos até à sua sobrevivência. Os pulgões parasitados foram identificados com base no facto de mostrarem uma ação de sacudidela juntamente com o aparecimento de áreas perfuradas sem cera nas extremidades abdominais formadas pelo ovipositor do parasitoide. A parasitização (%) e o potencial de emergência

(%) foram calculados contando o número de pulgões submetidos à mumificação. Os resultados revelaram que a parasitagem significativamente mais alta (F = 83,95, p < 0,0001) foi obtida na couve-flor (68,0 ± 1,13%), enquanto o menor potencial (48,67 ± 1,04%) foi observado quando a mostarda foi fornecida como planta hospedeira. O potencial de emergência foi estatisticamente semelhante (F = 2,41, P = 0,09) nas três culturas. Significativamente (F = 12,08, P < 0,0001), a maior parasitização (64,0 ± 1,89) e o maior potencial de emergência (92,89 ± 0,49) do parasitoide *D. rapae* foram registados em *Lipaphis erysimi*, enquanto que *B. brassicae* (59,83 ± 1,91%) e *M. persicae* (56,33 ± 1,84%) receberam uma parasitização menor em condições de laboratório.

Singh (2015) referiu que *Diaeretiella rapae* (McIntosh) (Hymenoptera: Braconidae, Aphidiinae) foi descrita como *Aphidias rapae* por McIntosh em 1855. Em 1960, Stary descreveu um novo género *Diaeretiella* e incluiu a espécie no mesmo. São aqui enumeradas várias sinonímias de *D. rapae*. *D. rapae* é um parasitoide polifágico e exclusivo de afídeos. Parasita cerca de 98 espécies de afídeos que infestam mais de 180 espécies de plantas pertencentes a 43 famílias de plantas distribuídas em 87 países em todo o mundo. No entanto, os principais hospedeiros são *Brevicoryne brassicae* (Linn.), *Myzas persicae* (Sulzer), *Lipaphis erysimi* (Kalt.) e *Diaraphis noxia* (Kurdjumov). As plantas de alimentação incluem principalmente brássicas oleíferas e hortícolas e culturas de cereais. O parasitoide tem sido utilizado como agente de biocontrolo contra *D. noxia* que infesta as culturas de cereais.

2.2.4 Parasitóides de insectos lepidópteros pragas

Chandramohan (1994) referiu que *Diadegma semiclaasm* (Horstmann) e *Cotesia platellae* (Kurdjumov) eram parasitóides larvares amplamente estabelecidos.

A atividade de *D. semiclasm* foi maior em setembro. O nível de parasitismo por *D. semiclaasm* não foi muito influenciado pelos elementos climáticos e pela densidade de hospedeiros. O parasitismo por *C. platellae* foi maior no período de tempo quente e a atividade do parasitoide foi influenciada pela densidade de hospedeiros. A temperatura máxima e a humidade relativa da manhã tiveram uma influência positiva, enquanto que a humidade relativa da tarde teve uma influência negativa no parasitismo de *C. platellae.*

Oduor *et al.*, (1996) relataram que na estação, a população média de DBM encontrada era principalmente de parasitóides larva-pupal, incluindo *Diadegma* sp. e *Oomyzas Sokolowskii*, cujo parasitismo combinado raramente excedia 20% em qualquer altura. O parasitismo combinado médio para as três estações de crescimento foi de cerca de 7%, sendo *Diadegma* sp. mais dominante (60,5%). No campo do agricultor, a população média de larvas e pupas de DBM por planta foi de 1,12 e 1,2, respetivamente. Os inimigos naturais encontrados incluíam *Diadegma* sp., *O. sokolowskii*, bactérias e entomopatogénios, cujo parasitismo médio combinado para as duas estações foi de cerca de 7%.

Sable *et al.*, (2008) realizaram experiências de campo durante dois anos consecutivos (2002-03 e 2003-04) para estudar os parasitóides associados à traça-das-crucíferas e o seu grau de parsitização na região de Marathwada. Os parasitóides da *P. xylostella* incluem um parasita larvar *Cotesia platellae* e um parasita larvar e pupal *Oomyzas sokolowskii*. O grau de parasitismo das larvas e das pupas foi de 10,80% e 26,83% em 2002-2003, enquanto foi de 11,33% e 28,38% em 2003-2004, respetivamente.

Ahmad e Ansari (2010) registraram que *Cotesia platellae* foi considerado um parasitoide larval dominante, enquanto *Oomyzas sokolowskii* parasitou relativamente poucas pupas de *P. xylostella*. 34,77° C aumentou significativamente (p < 0,01) a população de DBM também em 8th setembro, 8th outubro, 2004 e 26th janeiro, 2005.

Afiunizadeh *et al.*, (2011) investigaram o parasitismo natural de *P. xylostella* em campos de couve e couve-flor do centro do Irão. Para este efeito, foram realizados estudos de campo para identificar parasitóides de *P. xylostella* e para avaliar a percentagem de parasitismo de *P. xylostella* utilizando o método de recrutamento nas principais áreas de cultivo de couve da província de Isfahan em 2009. Neste estudo, foram determinadas sete espécies de vespas parasitóides (cinco parasitóides larvais e dois parasitóides pupais) e duas espécies de vespas hiperparasitóides. Os parasitóides incluíam os braconídeos *Cotesia platellae* (Kurdjumov), *Bracon hebetor* Say e *Apanteles* sp., o icneumonídeo *Diadegma semiclaasam* (Hellen) e o eulófago *Oomyzas sokolowskii* (Kurdjumov) como parasitóides larvais, e os icneumonídeos *Diadromas collaris* (Gravenhorst) e *Diadromas sabtilicornis* (Gravenhorst) como parasitóides pupais. Além disso, os pteromalídeos *Mokrzeckia obscara* Graham e *Pteromalas* sp. foram identificados como hiperparasitóides, que por sua vez, parasitam *C. platellae*. As espécies mais predominantes foram *C. platellae* e *D. semiclaasam* com a abundância proporcional de 0,43 e 0,42, respetivamente. As espécies *M. obscara*, *D. collaris* e *Apanteles* sp. são novos registos do Irão. A percentagem de parasitismo variou significativamente entre plantas hospedeiras, mas não entre áreas; a proporção parasitada de larvas de *P. xylostella* alimentadas em couve comum foi significativamente maior do que em couve-flor (0,42 vs. 0,34). A percentagem média de parasitismo variou entre 14,5 e 68,4 nos diferentes campos, e representou em média 37,4% da população de *P. xylostella*. O maior parasitismo foi alcançado por *C. plutellae, D.*

Semiclausum e *O. Sokolowskii,* com um parasitismo de 21,0, 12,9 e 3,5% das populações de *P. xylostella nos campos,* respetivamente. Estes resultados ilustram o papel importante dos parasitóides para a gestão sustentável da traça-das-crucíferas.

Cobblah *et al.,* (2012) efectuaram um estudo no local da Weija Irrigation Company em Weija, na região da Grande Acra do Gana, para determinar a abundância sazonal dos principais parasitóides das populações de *Plutella xylostella* (L.) na couve, *Brassica oleracea* var. *capitata* (L.) durante as estações das chuvas e da seca. Os resultados indicaram que *Cotesia plutellae* (Kurdjumov) foi o parasitoide mais abundante e importante de *P. xylostella* na couve. Representou cerca de 92% dos parasitóides, e ocorreu em todas as três épocas de plantio. O restante era composto por quatro hiperparasitóides facultativos: *Oomyzus sokolowskii, Aphanogmus reticulatus, Elasmus* sp. e um *Trichomalopsis* sp., e dois parasitóides primários, *Pediobius* sp. e *Hockeria* sp. Uma taxa significativamente maior de parasitismo (68,6 ± 12,9%, P < 0,05) de *P. xylostella* por *C. plutellae* ocorreu durante a estação chuvosa maior e a menor (9,9 ± 7,1) na estação chuvosa menor. *A Cotesia plutellae* actuou de forma dependente da densidade, e o seu número aumentou com o do hospedeiro nas três estações. O coeficiente de correlação foi mais elevado na estação chuvosa principal (r = 0,97) com um coeficiente de determinação de 0,97. Na estação chuvosa menor, r = 0,55, e na estação seca r = 0,66. O coeficiente de correlação anual foi de r = 0,51 e o coeficiente de determinação = 0,262. Assim, numa produção anual de couve, 26,2% da variação do parasitismo deveu-se à variação do número de *P. xylostella.* Os resultados indicam, portanto, que *C. platellae* pode ser utilizada no desenvolvimento de um programa de gestão integrada de pragas (IPMP) contra *P. xylostella* no Gana.

Patra *et al.,* (2013) revelaram que as larvas mais parasitadas da traça-das-crucíferas por *Cotesia platellae* foram encontradas em 15th e 8th março com 10,42 e 10,50% de parasitação larvar durante ambas as estações, respetivamente. Tanto a temperatura máxima como a mínima tiveram um papel importante na formação da população de *C. platellae.*

Ruth (2013) investigou as incidências sazonais de *Platella xylostella,* traça-das-crucíferas (DBM) e os seus inimigos naturais associados em duas zonas agro-ecológicas das principais áreas de cultivo de crucíferas do Quénia em 2005 e 2006. As larvas e pupas da traça-das-crucíferas foram colhidas nas culturas de couve e repolho cultivadas nos campos dos agricultores e mantidas em laboratório para o aparecimento de parasitóides ou da traça-das-crucíferas. Foram registadas quatro espécies de parasitóides larvares, uma larva-pupa e uma pupa da lagarta da couve. Os parasitóides recuperados foram *Diadegma semiclaasam, Diadegma mollipla, Itoplectis* spp, *Cotesia platellae, Apanteles* spp, *Oomyzas sokolowskii* e espécies de *Brachymeria*. *D. semiclaasam* foi a espécie mais dominante em todo o território, com taxas de parasitismo mais elevadas, superiores a 70%, registadas nas terras altas. *C. platellae, Apanteles* e *Brachymeria* foram recuperadas em áreas semi-áridas de altitude média. Em geral, o parasitismo foi significativamente maior em *Brassica oleracea* var. *capitata*. *D. semiclaasam* deslocou os parasitóides indígenas de *B. oleracea* var. *capitata*.

Shah *et al.,* (2013) registaram a dinâmica sazonal das pragas de insectos e dos seus inimigos naturais em ecossistemas de couve e couve-flor no Baluchistão (Paquistão). O parasitismo de *Plutella xylostela* por *Diadegma* sp. não excedeu 8,1 ± 0,9% durante toda a estação em couve.

Cesar e Luis (2016) identificaram quatro espécies de parasitoides larvais associados à MCP, dos quais *Diadegma leontiniae* (Brethes) (Hymenoptera: Ichneumonidae), *Apanteles piceotrichosus* Blanchard (Hymenoptera: Braconidae) e *Siphona* sp. Meigen (Diptera: Tachinidae) foram abundantes, enquanto *Oomyzus sokolowskii* (Kurdjumov) (Hymenoptera: Eulophidae) foi raramente encontrado. O parasitismo foi o principal fator que influenciou a dinâmica populacional de *P. xylostella*, contribuindo para 48% da variação na abundância da praga. Estes resultados mostram a importância do complexo de parasitóides larvares na regulação da população de *P. xylostella* e que a temperatura e a precipitação registadas durante as experiências de campo não influenciaram a abundância da praga.

Dewanda e Khan (2016) realizaram estudos sobre a incidência e a dinâmica populacional dos principais insetos-praga e seus inimigos naturais na couve-flor durante agosto de 2014 - novembro de 2014 e janeiro de 2015 - abril de 2015. A maior parasitização larval por *Cotesia plutellae* foi registada em 14th Nov. (9,66%) para o ano de 2014 e em 05th abril (14,16%) para o ano de 2015.

2.3 Gestão dos principais insectos pragas da couve-flor com os novos insecticidas
2.3.1 Pulgão

Muthukumar *et al.,* (2007) realizaram estudos de campo em Nova Deli, Índia, durante as estações *rabi* 2005/06 e 2006/07, para determinar a eficácia de pesticidas botânicos e novos insecticidas contra as principais pragas de insectos e o seu efeito sobre os inimigos naturais da couve-flor. Foi registada uma maior redução média por cento em relação ao controlo (PROC) contra pulgões (78,8 e 61,6 para imidaclopride a 20 g ai/ha), 80,8 e 58,5 (tiametoxame a 75 g ai/ha) e 77,8 e 51,8 (cloridrato de cartap a 250 g ai/ha) após a primeira e segunda pulverização, respetivamente, durante 2005 /06 e 80.8 e 68,2 para imidaclopride a 20 g ai/ha, 79,8 e 61,2 (tiametoxame a 75 g ai/ha) e 78,5 e 50,9 (cloridrato de cartap a 250 g ai/ha) após a primeira e segunda pulverização, respetivamente, durante 2006/07.

Khedkar *et al.,* (2012) avaliaram a eficácia dos insecticidas químicos contra o pulgão *Lipaphis erysimi* (Kaltenbach) que infestava a mostarda na Universidade Agrícola de Anand, Anand (Gujarat), em 2010-11. Entre os diferentes insecticidas sintéticos avaliados quanto à sua bioeficácia contra *L. erysimi*, o imidaclopride 17,8 SL (0,008%), o acetamipride 20 SP (0,01%) e o tiametoxame 25 WG (0,0125%) revelaram-se mais eficazes, seguidos do acefato (0,075%), do dimetoato (0,03%) e do tiaclopride (0,024%). A clotianidina (0,025%), a flonicamida (0,015%) e o fosfamidão (0,03%) revelaram-se menos eficazes.

Chandi e Kaur (2016) avaliaram alguns inseticidas mais seguros, nomeadamente flonicamid 50 WG @ 150,175 e 200 g/ha, imidacloprid 200 SL @ 75,100 e 125 ml/ha, thiamethoxam 25 WG @ 75,100 e 125 g/ha e acetamiprid 20 SP @ 37,5, 50 e 62,5 g/ha quanto à sua eficácia contra pulgões na planta de aipo (*Apium graveolens*). A população de pulgões por inflorescência antes da pulverização variou de 12,30 a 16,97. No terceiro e sétimo dias após a pulverização (DAS) flonicamid @ 175 e 200 g/ha, imidacloprid @ 100 e 125 ml/ha, thiamethoxam @ 100 e 125 g/ha, acetamiprid @ 62,5 g/ha foram estatisticamente melhores na redução da população de pulgões do que outros tratamentos. No décimo DAS, 100% de mortalidade foi observada em Aonicamid @ 200 g/ha, imidacloprid @ 100 e 125 ml/ha, thiamethoxam @ 100 e 125 g/ha e acetamiprid @ 62,5 g/ha e estes foram estatisticamente iguais ao acetamiprid @ 50 g/ha e Aonicamid @ 175 g/ha. Em verificações padrão malathion 50 EC @ 1000 ml/ha apenas 55,50% de mortalidade foi observada.

Srivastava *et al.,* (2016) realizaram a experiência com seis tratamentos diferentes no Centro de Investigação Vegetal da Universidade G.B. Pant de Agricultura e Tecnologia de Pantnagar, U.S. Nagar, Uttarakhand durante abril de 2014-15. Os dados da primeira pulverização indicaram que, a redução percentual do pulgão no tratamento T4- acetamipride 20%SP @150g^a mostrou o melhor controlo (83,05%) seguido por T3- acetamipride 20%SP @100g^a (81,04%) seguido por T2- acetamipride 20%SP @75g^a (77,97%), T5- Dhanpreet 20%SP (77,91%) e o menor controlo foi encontrado em T1- acetamipride 20%SP @50g^a. Mas os resultados da segunda pulverização são ligeiramente diferentes e foram encontrados resultados quase semelhantes em T4 (79,87%), T3 (79,71%), T5 (79,28%), T2 (78,28%) e o menor controlo foi encontrado em T1 (64,87%) devido ao efeito residual da primeira pulverização.

Dotasara *et al.*, (2017) realizaram um experimento de campo em couve-flor var. *Pusa Snowball-16* durante a temporada *Rabi* do ano 2014-15 em CSAUA & T, Kanpur. Entre os vários inseticidas avaliados contra o pulgão da mostarda, *Lipaphis erysimi* Kalt, o imidaclopride 17,8 SL @ 0,2 g/litro apresentou maior redução. Imidaclopride 17,8 SL @ 0,2 g/litro reduz a incidência de 87,53% do pulgão da mostarda seguido por fipronil 5 SC @ 1,0 ml/litro 83,56% de redução aos 7 dias após 1st pulverização, respetivamente. Da mesma forma, a mesma tendência foi observada após 15 dias de pulverização em que ambos os produtos químicos registaram 83,86% e 78,90%. O experimento foi repetido após 15 dias para verificar a população de pulgões e foi observado que o imidaclopride 17,8 SL @ 0,2 g/litro foi encontrado melhor seguido por fipronil 5 SC @ 1,0 ml/litro e óleo de neem 2% @2,0 ml/litro, quando os dados foram registrados após 7 e 15 DAS.

Umeda e Fredman (2017) demonstraram que os insecticidas experimentais CGA-215944 (Ciba), piriproxifeno (S-71639, Valent) e RH-7988 (Rohm and Haas) tiveram uma eficácia muito boa na redução da população de afídeos na couve. O fipronil (Rhone-Poulenc) não foi tão eficaz no controlo dos afídeos em relação aos outros tratamentos. O acefato (Orthene), o clorpirifos (Lorsban) e o nalede (Dibrom) foram altamente eficazes em relação ao controlo não tratado.

2.3.2 Lepidópteros pragas de insectos

Leibeeetn/.,(1995) avaliaram o benzoato de emamectina, utilizado sozinho e alternado com *BaciHus thuringiensis* (Berliner) spp. *aizawai* (*Bta*) sozinho, e *B. thuringiensis* spp. *Hurstaki* (*Btk*) sozinho, para controlo da traça-das-crucíferas, *P/ute///a xy/osteHa* (L.) em couves-repolho em três locais na Florida. Tratamentos adicionais exclusivos para cada local também foram avaliados. O benzoato de emamectina sozinho, o *Bta* sozinho, o benzoato de emamectina alternado com o *Bta* e o mevinphos mostraram-se eficazes. *O Btk* foi menos eficaz do que o *Bta* em dois locais.

David e Tonny (1999) avaliaram insecticidas comerciais e experimentais quanto à sua capacidade de controlar a traça-das-crucíferas (DBM) em couve verde em Yuma, AZ. No início e a meio da cabeça, todos os insecticidas avaliados pareciam oferecer um controlo semelhante. No entanto, em couves grandes e de tamanho normal, o Asana (esfenvalerato), o Alert (clorfenapir), o Lannate (metomil), o Success (espinosade) e o S-1812 ofereceram o melhor controlo da traça-das-crucíferas, enquanto o Lorsban (clorpirifos), o Proclaim (benzoato de emamectina) e o Intrepid (metoxifenozida) pareceram fracos. Ao contrário de outras zonas dos Estados Unidos, a lagarta-do-cartucho em Yuma parece ser ainda muito sensível a uma vasta gama de produtos químicos insecticidas.

Joseph *et al.*, (2002) compararam a toxicidade de quatro classes de insecticidas, o benzoato de emamectina (avermectina), o clorfenapir (pirrol), o fipronil (fenilpirazol) e a tebufenozida (benzoil hidrazida), utilizando um ensaio de dieta artificial e um ensaio de eficácia residual contra várias espécies de Lepidoptera. O benzoato de emamectina foi consistentemente o inseticida mais tóxico; foi 20 a 64.240 vezes mais tóxico do que os outros compostos testados. Os valores LC90 para o benzoato de emamectina variaram de 0,0050 a 0,0218 ug/ml para seis espécies de Lepidoptera. Da mesma forma, o clorfenapir apresentou toxicidade consistente para todas as espécies, com valores LC90 variando de 1,9 a 4,6ug/ml. As toxicidades do fipronil e da tebufenozida variaram entre as espécies testadas. Os valores LC90 do fipronil variaram 501 vezes (intervalo, 0,64 a 321,3 ug/ml), enquanto a toxicidade da tebufenozida variou 113 vezes (intervalo, 0,24 a 27,1 ug/ml) entre as espécies testadas. Em testes de eficácia residual conduzidos em estufa, todos os compostos foram eficazes (ou seja,> 90% de mortalidade) no controle de *Heliothis virescens* no feijão garbanzo nas taxas de campo projetadas e em 1/10 das taxas de campo projetadas com fipronil e benzoato de emamectina. O benzoato de emamectina, o clorfenapir e a tebufenozida foram eficazes no controlo de *Spodoptera exigaa* na beterraba sacarina às taxas de campo projectadas. No entanto, a mortalidade com fipronil foi reduzida para 20% ou menos aos 7 a 14 dias após o tratamento. Todos os compostos às taxas projectadas para utilização no terreno foram eficazes contra *Trichoplusia ni* em couves, embora a tebufenozida tenha sido o único composto eficaz a 1/10 da taxa projectada para utilização no terreno durante 14 dias após o tratamento. No entanto, a tebufenozida foi ineficaz contra *Plutella xylostella* nas taxas projectadas de utilização no campo em couve, enquanto o benzoato de emamectina, o clorfenapir e o fipronil foram eficazes.

Liu *et al.*, (2002) realizaram dois ensaios em condições de campo que mostraram que o indoxacarb a uma taxa de 0,072 g (AI) /ha foi eficaz contra *T. ni* na couve, proporcionando couve comercializável com três aplicações por estação. Além disso, o indoxacarbe foi tão eficaz como o espinosade e o clorfenapir e significativamente mais eficaz do que a tebufenozida e o benzoato de emamectina.

Arora *et al.*, (2003) estudaram a toxicidade de alguns insecticidas recentemente introduzidos e de alguns insecticidas vulgarmente utilizados contra larvas de 3rd instares de *P. xylostella* recolhidas em campos de couve-flor. Os resultados revelaram que o clorantraniliprole 18,5 SC @ 25 g a.i/ha foi o mais eficaz entre os insecticidas recentemente introduzidos e os vulgarmente utilizados.

Pramanik e Chatterjee (2003) estudaram a eficácia de alguns novos insecticidas na gestão da traça-das-crucíferas, *P. xylostella,* na couve e concluíram que o spinosad (0,005%) foi o mais eficaz com base na população de pragas por planta e no aumento do rendimento em relação ao controlo não tratado. A análise dos dados médios mostrou que a ordem de eficácia dos diferentes insecticidas era espinosade > Bt > abamectina > cloridrato de cartape > acetamipride > novalurão.

Sannaveerappanavar *et al.,* (2003) estudaram a eficácia de cinco novos insecticidas químicos contra a traça-das-crucíferas na couve. Foram efectuadas cinco pulverizações com um intervalo de dez dias. O novalurão, o flufenoxurão e o indoxacarbe tiveram uma população significativamente baixa em comparação com os outros. Da segunda à quarta pulverização, o NSKE, o novalurão e o indoxacarbe tiveram melhor desempenho do que o fipronil. No final da quinta pulverização, o NSKE e o indoxacarbe foram superiores, seguidos do novalurão e do flufenoxurão. Foi recomendado que o novaluron pode ser eficazmente utilizado em rotação com o NSKE para a gestão da traça-das-crucíferas.

Sharma e Misra (2003) conduziram um experimento de campo em Bhubaneswar, Orissa, Índia, durante o inverno 2002-03 para investigar a eficácia de 8 inseticidas, ou seja, flufenoxuron (Cascade 10 DC) a 25 g/ha, alfa-cipermetrina (Guru 10 EC) a 25 g/ha, cloridrato de cartap (Padan 50 SP) a 500 g/ha, *Bacillus thuringiensis* subsp. *kurstaki* (Fighter 107-108 CFU) a 500 g/ha, azadiractina (Multineem 300 ppm) a 0,75 g/ha, clorfenapir (Rampage 10% SC) a 100 g/ha, clorpirifós (Class 20 EC) a 200 g/ha e cipermetrina (Superkiller 25 EC) a 100 g/ha, contra a broca das crucíferas *C. binotalis* infestando a couve. Os insecticidas foram pulverizados aos 30 e 41 dias após o transplante. As observações sobre a população de larvas de crucíferas foram registadas um dia antes, e 1, 5 e 10 dias após cada pulverização. A percentagem de danos na cabeça causados pelo inseto foi registada duas semanas após a segunda pulverização. Todos os insecticidas se revelaram significativamente superiores na redução da população de larvas (92,32-100,00%) da broca-das-folhas, em comparação com a testemunha não tratada, até 10 dias após a primeira pulverização, enquanto a população de larvas foi controlada a cem por cento (100%) após 10 dias da segunda pulverização. A incidência de danos na cabeça devido à broca das folhas foi de 0,00-1,36% com os insecticidas, em comparação com a testemunha (4,14%).

Mohite e Patil (2005) avaliaram a eficácia de spinosad 2.5 SC a 12.5, 15.0, 17.5 e 20.0 g a.i./ha, em comparação com chlorpyrifos, quinalphos, cypermethrin, chlorantraniliprole e *B. thuringiensis* (*Bt*), contra DBM infestando couve-flor no campo do agricultor. Revelou que o spinosad 2.5 SC a 15 g a.i./ha e o Chlorantraniliprole 18.5 SC @ 50 g /ha resultaram num controlo significativamente melhor das larvas de DBM durante um período de uma semana.

Deivendran *et al,* (2007) avaliaram a eficácia de novos insecticidas contra *P. xylostella* em couve-flor, revelando que indoxacarb a 90 g a.i. ha^{-1} deu a maior mortalidade larvar média (67,0%), seguido de spinosad a 75 g a.i. ha^{-1} (62,0%), fipronil a 75 g a.i. ha^{-1} (65.0%), thiodicarb a 750 g a.i. ha^{-1} (57.0%), dichlorvos a 115 g a.i. ha^{-1} (44.0%), endosulfan a 350 g a.i. ha^{-1} , Nimbecidine a 75 g a.i. ha^{-1} (37.0%) e Bt a 1000 g ha^{-1} (14.0%) um dia após a pulverização e todos foram significativamente melhores que o controlo. A ordem geral de eficácia registada foi: Indoxacarb > spinosad > fipronil > thiodicarb > Bt > dichlorvos > endosulfan > nimbecidine.

Matthew (2007) testou insecticidas disponíveis no mercado contra populações de campo de traça-das-crucíferas, utilizando os seguintes insecticidas: clorantraniliprole, benzoato de emamectina, flubendiamida, indoxacarbe, metaflumizona e piridalil. Os insecticidas foram aplicados em couves-repolho. Os resultados após dois tratamentos mostraram que o clorantraniliprole foi o mais eficaz, enquanto o benzoato de emamectina foi o menos eficaz. Após quatro tratamentos, o clorantraniliprole, o piridalil e a flumendiamida reduziram a densidade da traça-das-crucíferas, mas não apresentaram diferenças significativas em relação ao benzoato de emamectina.

Muthukumar *et al.,* (2007) realizaram estudos de campo em Nova Deli, Índia, durante as estações *rabi* 2005/06 e 2006/07, para determinar a eficácia de pesticidas botânicos e novos insecticidas contra as principais pragas de insectos e o seu efeito sobre os inimigos naturais da couve-flor. A média de PROC registada contra a traça-das-crucíferas (*Plutella xylostella*) foi de 76,4 e 67,3 (spinosad 75 g ai/ha), 80,3 e 78,8, (benzoato de emamectina a 10 g ai/ha), 66.8 e 63,9 (cloridrato de cartap a 250 g ai/ha) e 70,8 e 70,9 (indoxacarb a 75 g ai/ha) após a primeira e segunda pulverização, respetivamente, durante 2006/07.

Sable *et al.,* (2007) realizaram uma experiência de campo com 12 tratamentos *viz, Bacillus thuringiensis* @ 500 g a.i./ha, endosulfan @350 g a.i./ha, cipermetrina @ 60 g a.i./ha, spinosad @ 96.4 g a.i./ha, flufenoxuron @ 80, g a.i./ha, (imidaclopride + spinosad) @ 26.70 + 18.75 g a.i./ha, thiodicarb@350 g a.i./ha, cartap hydrocloride @ 375 g a.i./ha, indoxacarb

@ 73 g a.i./ha, NSKE.5 % e quinalfos @ 150 g a.i./ha com um controle, replicado três vezes por dois anos para estudar a eficácia desses inseticidas contra *Plutella xylostella* Linn. Os dados agrupados revelaram que imidaclopride 17,8 SL + spinosad 2,5 SC @ 26,70 + 18,75 g a.i./ha foi registrada a menor população de *P. xylostella* 2,33 larvas/10 plantas, 4,74 larvas /10 plantas, 10,26 larvas/10 plantas e 17.94 larvas/10 plantas em 3, 7,10 e 14 dias após a pulverização, que foi seguida por spinosad 45 SC @ 96,4 g a.i./ha (2,55, 5,00,12,05 e 19.96 larvas/10 plantas) e indoxacarb 14,5 SC @ 73 g a.i./ha (2,73, 5,13,13,45 e 22,51 larvas/10 plantas) em 3, 7,10 e 14 dias após a pulverização.

Seal (2008) realizou vários estudos em 2007 e 2008 para controlar a traça-das-crucíferas utilizando *Bacillus thuringiensis*, azadirachin e novos inseticidas. O produto *à base de B. thuringiensis*, VBC 60129, não reduziu as populações da traça-das-crucíferas. *Bacillus thuringiensis*, subsp. *kurstaki*, cepa ABTS-351 (DiPel) em 0,5 e 1,5 lb / acre controlou significativamente a mariposa diamante quando aplicada semanalmente ou quinzenalmente. A aplicação de *B. thuringiensis* em intervalos semanais proporcionou melhor controle da mariposa diamante do que a aplicação dos mesmos produtos em intervalos de 2 semanas. A azadiractina 1,2% ME (Ecozin® plus, 8,0 oz/acre) reduziu significativamente as larvas da traça-das-crucíferas. Os produtos pré-misturados, clorantraniliprole + tiametoxam (Voliam Flexi) e clorantraniliprole + lambda-cialotrina (Voliam Xpress) em todas as taxas experimentais reduziram significativamente as populações de traça-das-crucíferas. Os produtos à base de azadiractina também foram eficazes na redução da traça-das-crucíferas

Shivalingaswamy *et al.*, (2008) realizaram experiências de campo para descobrir a bioeficácia do benzoato de emamaectina 5 SG contra a broca do rebento e do fruto do brinjal, *Leucinodes orbonalis*, a traça-das-crucíferas da couve, *Plutella xylostella* e a broca do fruto do quiabo, *Earias vittella*. Foram aplicadas duas pulverizações de cada tratamento após o início da infestação. Com base na população de larvas e nos danos após o tratamento, verificou-se que o benzoato de emamectina foi o mais eficaz contra todos os insectos testados. Nas três dosagens de benzoato de emamectina testadas, não se observaram diferenças significativas no nível de infestação ou danos causados pelos três insectos. O benzoato de emamectina foi eficaz contra todos os três insectos, mesmo na dose mais baixa, ou seja, 7,50 g a.i./ha contra a broca do brinjal e a broca do fruto e a traça diamante e a 5,00 g a.i./ ha contra a broca do fruto do quiabo.

Bhushan *et al.*, (2010) referiram que o lufenurão era altamente eficaz contra *S. litura* na batata, seguido do novalurão e do clorfenapir.

Mandal e Mandal (2009) revelaram que o cartap 50 SP @ 500 g a.i./ha provou ser o tratamento mais eficaz contra a DBM e estava a par com

triazofos 40 CE, Carbosulfan 25 CE ambos a 300 g a.i./ha e profenofos 50 CE a 100 g a.i./ha.

Kannan *et al.*, (2011) estudaram a suscetibilidade da lagarta da couve, *Crocidolomia binotalis* (Zeller), a insecticidas de novas moléculas em condições laboratoriais na couve-flor. Com base nos valores LC50, a ordem de toxicidade foi benzoato de emamectina > espinosade > indoxacarbe > azadiractina > quinalfos, sendo os valores LC50 correspondentes de 0,0221, 0,0323, 0,0763, 0,1791 e 1,6955 ppm, respetivamente.

Uthamasamy *et al.*, (2011) relataram que o uso de novos insecticidas, reguladores de crescimento e botânicos viz, indaxocarb (29 g a.i./ha), abamectina (15 g a.i./ha), emamectina @ 10 g a.i./ha, tiodicarbe (1,25 kg / ha), cartaphydrochloride (1 kg/ha), spinosad 2,5 SC @ 15-25 g a.i./ha, spinosad (15 g a.i./ha), benzoato de emamectina (5% SG) 150-200 g/ha, novaluron (0,0075% ou 0,75 ml/l), lufenuron (0,012 %), óleo de neem 2 % e NSKE 5 % foram eficazes no controlo da população de larvas DBM.

Walker *et al.*, (2012) avaliaram a suscetibilidade das populações de campo da traça-das-crucíferas (DBM), *Platella xylostella*, à lambda-cialotrina, metamidofos, spinosade e indoxacarbe, recolhidas nas quatro principais regiões de cultivo de brássicas, aproximadamente de dois em dois anos, de 1997 a 2008. Os resultados recentes indicam que as populações de todas as regiões aumentaram a sua resistência à lambda-cialotrina, mas há pouca ou nenhuma resistência ao espinosade e ao indoxacarbe e uma resistência reduzida ao metamidofos. Esta atenuação da resistência na magnesite calcinada é atribuída, em especial, a uma adesão regional de uma década, por parte da indústria hortícola, à rotação do espinosade com o indoxacarbe, numa estratégia de rotação de duas janelas por ano. A estratégia original de rotação da gestão da resistência aos insecticidas teve de ser actualizada para incorporar o clorantraniliprole, registado como pulverização foliar, e, recentemente, uma mistura de clorantraniliprole e tiametoxame como pulverização em plântulas. Os encharcamentos de plântulas foram retirados da estratégia de duas janelas utilizada para pulverizações foliares, estando agora os encharcamentos alinhados com os períodos que visam a maior pressão de pragas, permitindo períodos sem modo de ação (MoA) e a rotação de diferentes insecticidas MoA para mitigar qualquer acumulação de resistência na DBM.

Yadav *et al.*, (2012) realizaram experiências de campo para avaliar a eficácia do ciantraniliprole em comparação com os insecticidas recomendados contra o escaravelho da pulga, *Scelodonta Strigicollis* e lagarta, *Spodoptera litara* em uvas de mesa durante duas estações. Quando avaliado contra *S. litara*, o ciantraniliprole na taxa de 0,5, 0,6 e 0,7 ml/L de água resultou em 100% de mortalidade 72 horas após a exposição durante bioensaios de laboratório. Em experimentos de campo, o ciantraniliprole na taxa de 70 e 80 g a.i/ha foi mais eficaz e a par com o espinosade na redução da população de *S. litara*.

Seal e Sabine (2013) realizaram um estudo sobre a eficácia de insecticidas biológicos no controlo da traça-das-crucíferas (Lepidoptera: Plutellidae) em couves na Universidade da Florida e relataram que o número médio de larvas por planta foi de 2, 4, 5 e 4 em plantas tratadas com flubendiamida (Synapse 24 WG), *Bacillas thariengiensis* (Xentari), novaluron (Rimon 10 EC) e pyridalil (Tesoro 4 SC), respetivamente. Não foram registadas larvas de qualquer estádio de desenvolvimento nas plantas tratadas com espinoteram (Radiant), indoxacarbe (Avaunt 30WG) ou clorantraniliprole (Coragen).

Chauhan *et al*, (2014) realizaram um estudo na Fazenda de Pesquisa Vegetal do Instituto de Ciências Agrícolas, Universidade Banaras Hindu, Varanasi, sobre a bioeficácia de novos inseticidas, ou seja Spinosad 2.5 SC@ 25 g a.i/ha, Alphamethrin 10 SC @ 50 g a.i/ha, Cypermethrin + Chlorpyrephos 55 EC @ 1100 g a.i./ha, Cypermethrin 25 EC@ 75 g a.i/ha, Indoxacarb14.5 SC@ 350 g a.i/ha, Endosulphan 35 EC@ 450 g a.i/ha, Cartaphydrochloride 50 SP @ 400 g a.i/ha, e NSKE 5% @ 3250 g a.i/ha contra a traça-das-crucíferas (*Platella xylostella* L.) na cultura da couve-flor durante 2008-09 revelou que todos os tratamentos insecticidas foram significativamente superiores ao controlo em termos de menor infestação da traça-das-crucíferas. No entanto, entre os tratamentos inseticidas, o controle comparativo mais alto da traça-das-crucíferas foi registrado em tratamentos como Spinosad 2.5 SC @ 25 g a.i/ha seguido por Indoxacarb 14.5 SC @ 350 g a.i/ha, Cypermethrin + Chlorpyrephos 55 EC @ 1100 g a.i. /ha, NSKE 5% @ 3250 g a.i/ha, Cipermetrina 25 EC @ 75 g a.i/ha, Alphamethrin 10 SC @ 50 g a.i./ha,, Cartaphydrochloride 50 SP @ 400 g a.i/ha e Endosulphan 35 EC @ 450 g a.i/ha.

Gadhiya *et al.*, (2014) realizaram uma experiência na Universidade Agrícola de Anand, Anand, durante o verão de 2011, para estudar a avaliação de insecticidas para a gestão de *Helicoverpa armigera* (Hubner) Hardwick e *Spodoptera litara* (Fabricius) que infestam o amendoim. Os insecticidas utilizados na experiência foram o benzoato de emamectina 5 WG @ 0,002%, Thiodicarb 75 WP @ 0,075%, Indoxacarb 14,5 SC @ 0,007%, Spinosad 45 SC @ 0.018%, Novaluron 10 EC @ 0,01%, Lufeneuron 5 EC @ 0,005%, Flubendiamide 480 SC @ 0,014%, Chlorantraniliprole 20 SC @ 0,006% e Metaflumizone 22 SC @ 0,044%. Foram aplicadas duas pulverizações dos respectivos insecticidas com um intervalo de 15 dias. Entre os nove insecticidas, o clorantraniliprole (0,006%), o spinosad (0,018%) e o benzoato de emamectina (0,002%) foram considerados mais eficazes e estatisticamente iguais entre si na proteção da cultura do amendoim contra a infestação de ambas as pragas. A metaflumizona (0,044%) e o lufeneuron (0,005%) foram pouco eficazes no controlo da incidência de *H. armigera* e *5. litara.*

Nikam *et al.* (2014) referiram que o tratamento com espinosade foi o mais eficaz entre os insecticidas testados, com base na contagem de larvas e na produção de cabeças de couve comercializáveis, seguido de benzoato de emamectina, clorantriniliprole, flubendiamida, lufenurão e novalurão em condições de campo. A contagem de larvas por planta nos diferentes tratamentos variou entre 0,27 e 0,89, contra 9,16 no controlo não tratado. O espinosade registou um menor número de larvas (0,27 larvas/planta). Todos os tratamentos, exceto o novaluron, foram eficazes no controlo da população da traça-das-crucíferas (DBM) e todos os tratamentos também foram significativamente superiores ao controlo.

Reddy *et al.,* (2014) avaliaram a eficácia de sete insecticidas *viz*, benzoato de emamectina 5 SG a 11 g a.i.ha^1 , benzoato de emamectina 5 SG a 22 g a.i.ha^1 , profenofós 50 EC a 500 g a.i.ha^1 , profenofós 50 EC a 1000 g a.i.ha^1 , spinosad 45 SC a 100 g a.i.ha^1 , bifenthrin 10 EC a 100 g a.i.ha^1 e *Bacillas tharingiensis* a 5 WP a 25 g a.i.ha^1 durante a *Kharif,* 2012 contra *Platella xylostella* em repolho. Entre todos os insecticidas, profenofos (1000 g a.i.ha^1) foi considerado o mais eficaz com uma redução máxima na população de *Platella xylostella* (70,20%), seguido por bifentrina 10 EC a 100 g a.i.ha^1 (68,18%).

Yadav e Malik (2014) realizaram a experiência sobre a eficácia de alguns novos insecticidas, tais como fipronil 5 SC (0,01%), spinosad 45 SC (0,009%), acetamipride 20 SP (0,004%), dimetoato 30 EC (0.03%), clotianidina 50 WDG (0,01%), *Bt* (Biolep) (1%), imidaclopride 17,8 SL (0,004%), endosulfan 35 EC (0,07%), tiametoxame 25 WG (0,005%) contra a lagarta-do-cartucho (*P. xylostella*) da couve-flor e do repolho. Entre os insecticidas, o spinosad @ 0,009% e o *Bt* @ 1% mostraram-se muito eficazes contra *P. xytlostella* após 7 dias de 1st pulverização em couve-flor e repolho, o que proporcionou 79,17 e 76,39 e 78,98 e 77,53, por cento de redução em relação ao controlo, respetivamente. Após 15 dias de 1st pulverização em couve-flor e repolho, spinosad @ 0,009% e fipronil @ 0,01% foram eficazes como 72,77 e 71,72 e 73,03 e 70,22 por cento de redução em larvas de DBM. Durante a segunda pulverização em couve-flor e repolho, a pulverização de spinosad @ 0,009%, *Bt* @ 1% e fipronil @ 0,01% deu 73,19, 71,06 e 70,63 e 73,89, 73,45 e 72,56 por cento de redução na população larval de DBM, respetivamente. Após 15 dias, se a segunda pulverização em couve-flor e repolho, spinosad @ 0,009%, *Bt* @ 1% e fipronil @ 0,01% foram tratamentos eficazes com 71,0, 69,51 e 68,77 e 70,57, 70,13 e 69,02 por cento de redução sobre a redução, respetivamente.

Khan *et al.*, (2015) mostraram que a aplicação de fipronil, spinosad, acetamaprid e indoxacarb contra a lagarta comedora de folhas do tabaco foi superior ao controlo, tendo 2,52, 2,87, 3,10 e 3,52 larvas por 10 plantas após 5 dias após 1st pulverização. A aplicação de achook também foi eficaz contra *5. litara* e 5,14 larvas por 10 plantas com 54,79% de redução na população de larvas foi registada. O tiametoxame e o biolep também foram considerados melhores para controlar a praga, mas não diferiram significativamente, tendo sido observadas 5,87 e 6,03 larvas por 10 plantas, em comparação com 11,37 no controlo, o que mostra uma redução de 48,37% na população de larvas. Fipronil, spinosad e acetamaprid foram igualmente eficazes contra a população larvar de *5. litura* após a segunda pulverização. A aplicação de indoxacarb, thiamethoxam e azadirchtin também foi considerada eficaz em comparação com o controlo.

Patel *et al.*, (2015) realizaram uma experiência para descobrir opções de gestão química da traça-das-crucíferas (DBM) e do pulgão nos brócolos. A eficácia inseticida significativamente ao par contra a LMD foi observada para o spinosad 2,5 SC, novaluron 10 EC e cloridrato de cartap 50 SP com uma percentagem de mortalidade respectiva de 60,67, 60,61 e 57,54 após 5 dias de três pulverizações combinadas. Foi estatisticamente mais alta (75,95%) no spinosad, seguida pelo novaluron (69,69%) após 10 dias. A melhor mortalidade significativa de pulgões (78,62%) foi observada no imidaclopride 17,8 SL aos 10 dias após duas pulverizações combinadas.

Nukala *et al.*, (2015) investigaram a bioeficácia de nove insecticidas modernos em condições de campo contra *5. litura* no amendoim e revelaram que o benzoato de emamectina 0,005 por cento, o clorpirifos 0,05 por cento, a cipermetrina 0,016 por cento e o clorantraniliprole 0,006 por cento foram os mais eficazes. Por outro lado, indoxacarbe 0,008 por cento e espinosade 0,009 por cento foram considerados os menos eficazes. Tendo em conta a eficácia de todos os insecticidas, o benzoato de emamectina 0,005 por cento, o clorpirifos 0,05 por cento, a cipermetrina 0,016 por cento e o clorantraniliprole 0,006 por cento podem ser sugeridos aos agricultores para a gestão de *5. litura* no amendoim.

Sunitha e Mohite (2016) revelaram que, entre as várias moléculas mais recentes de insecticidas testadas quanto à sua toxicidade contra vários instares larvares, o rynaxypyr

1,67 SC foi considerado significativamente mais eficaz, seguido do benzoato de emamectina 20 SC e do clorfenapir 10 SC, fipronil 5 SC. Os valores LC50 registados para o rynaxypyr foram 0,005, 0,005, 0,006 e 0,008, benzoato de emamectina 0,055, 0,057, 0,070 e 0,095, clorfenapir 0,089, 0,104, 0.111 e 0,136 e fipronil 0,117, 0,120 0,136 e 0,156 µg/L, respetivamente contra larvas de primeiro, segundo, terceiro e quarto instar de *P. xylostella*.

Rabari *et al.,* (2016) realizaram uma experiência na estação Rabi durante 2013-14 para descobrir a eficácia de novas moléculas contra *Spodoptera litara* Fabricius no repolho. Com base na primeira e segunda pulverização, os resultados indicaram claramente que o spinosad 45 SC @ 0,025% (0,19 larva/ planta) provou ser o tratamento mais eficaz no controle dessa praga em condições de campo, seguido pelo benzoato de emamectina 5 SG @ 0,025% (0,40 larva/planta) contra *S. litara*. No entanto, o benzoato de emamectina 5 SG estava a par com indoxacarb 14,5 SC (0,60 larva/planta), profenofos 40% + cipermetrina 4% (0,71 larva/planta), rynaxypyr 20 SC (0,73 lrva/planta) e thiodicarb 75 WP (0,80 larva/planta), que foram registados como segundo grupo eficaz contra *S. litara*.

Stanikzi *et al.,* (2016) revelaram que a percentagem máxima de redução da traça-das-crucíferas na couve foi registada em spinosad 45 SC (49,4%), que foi significativamente superior ao controlo, seguido de indoxacarb 14,5 SC (45,3%), cipermetrina 5 EC (44,2%), benzoato de emamectina 5 SG (42,7%), profenofos 50 EC (40,9%), NSKE (39,1%), óleo de Neem (39,7%) foi menos eficaz entre todos os tratamentos.

2.4 Efeito de diferentes insecticidas nos inimigos naturais dos principais insectos pragas da couve-flor

Muthukumar *et al.* (2007) realizaram estudos de campo em Nova Deli, na Índia, durante as estações rabi de 2005/06 e 2006/07, para determinar a eficácia dos pesticidas botânicos e dos novos insecticidas contra as principais pragas de insectos e o seu efeito nos inimigos naturais da couve-flor. O espinosade, o biolep, o benzoato de emamectina e o óleo de neem revelaram-se mais seguros para os inimigos naturais no ecossistema da couve-flor.

Chayopas *et al.,* (2011) testaram a toxicidade de alguns insecticidas seleccionados contra o parasitoide larvar, *Cotesia plutellae,* em laboratório. Verificou-se que a flubendiamida (Takumi 20% WDG) à taxa de 6 g/20 litros de água e o Bt (Xentari WDG) à taxa de 4 g/litro de água eram inofensivos para os adultos de *C. plutellae* com 6,7 e 10% de mortalidade, respetivamente; no entanto, o tolfenpyrad (Hachi Hachi 16% EC) à taxa de 1,5 ml/litro de água foi ligeiramente prejudicial, registando 60% de mortalidade.

Kikuchi *et al.*, (2013) pesquisaram os efeitos de catorze pesticidas em *P. xylostella*, recolhidos em campos de couve nas prefeituras de Miyagi e Kyoto, em laboratório. Onze pesticidas foram eficazes (benzoato de emamectina, cartap, tolfenpirade, fipronil, piridalil, clorfluazurão, teflubenzurão, *BT-kurstaki*, *BTaizawai*, clorantraniliprole e flubendiamida: 85,7 a 100% letal), enquanto três (permetrina, acetamipride e clotianidina) foram ineficazes (6,7 a 36,7%). Nove pesticidas foram inofensivos contra o parasitoide nativo *Cotesia vestalis* (acetamipride, benzoato de emamectina, piridalil, clorfluazurão, teflubenzurão, *BTkurstaki*, *BT-aizawai*, clorantraniliprole e flubendiamida: 0 a 20%), enquanto cinco foram nocivos (permetrina, clotianidina, cartape, tolfenpirade e fipronil: 53,3 a 100%).

Chandi e Kaur (2016) avaliaram alguns inseticidas mais seguros, nomeadamente flonicamid 50 WG @ 150,175 e 200 g/ha, imidacloprid 200 SL @ 75,100 e 125 ml/ha, thiamethoxam 25 WG @ 75,100 e 125 g/ha e acetamiprid 20 SP @ 37,5, 50 e 62,5 g/ha quanto à sua eficácia contra pulgões na planta de aipo (*Apium graveolens*). A população mais elevada de inimigos naturais, principalmente coccinelídeos, foi registada nas parcelas pulverizadas com flonicamida.

Srivastava *et al.* (2016) realizaram uma experiência com seis tratamentos diferentes no Centro de Investigação Vegetal da Universidade G.B. Pant de Agricultura e Tecnologia de Pantnagar, U.S. Nagar, Uttarakhand, durante o mês de abril de 2014-15, e referiram que, apesar de se ter observado um maior controlo no tratamento T4 acetamipride 20%SP @150g/ha, os resultados foram satisfatórios com os tratamentos T2 acetamipride 20%SP @75g/ha e T5 Dhanpreet 20%SP, podendo ser recomendados para reduzir o impacto nos inimigos naturais.

Patra *et al.*, (2016) realizaram experiências em Bidhan Chandra KrishiViswavidyalaya, Kalyani, Nadia, Bengala Ocidental, Índia, durante as épocas de rabi de 2011-12 a 2013-14, para a gestão das principais pragas de lepidópteros da couve. Os tratamentos viz, pyridalyl 10 EC (56,25, 75, 112,5 e 150 g a. i/ha), indoxacarb 14,5 SC (56,25, 75,112,5 e 150 g a. i/ha), chlorfenapyr 10 SC (75, 100,150 e 200 g a. i/ha), clorpirifós 20 EC (250 g a. i/ha) e triazofós 40 EC (250 g a. i/ha) foram aplicados duas vezes com três repetições. A infestação mínima de *S. litura* foi encontrada em parcelas tratadas com indoxacarb @ 150 g a. L/ha (1,38%) seguido por pyridalyl @ 150 g a. i/ha (1,96%).

2.5 Economia da gestão dos principais insectos pragas da couve-flor

Ameta e Bunker (2007) avaliaram a eficácia relativa de diferentes doses de UNI 001 (Aubendiamide) 480 SC @ 25, 37,5 e 50 ml ha^{-1} juntamente com indoxacarb 14,5 SC @ 167 ml ha^1 e spinosad 2,5 SC @ 750 ml ha^1 contra *P. xylostella* na couve e descobriram que Aubendiamide, indoxacarb e spinosad foram significativamente superiores ao controlo não tratado na redução da população larvar da traça-das-crucíferas. O rendimento comercial da couve registado com Aubendiamide (50 ml ha^1) foi significativamente superior ao dos restantes tratamentos. Não causou efeitos adversos na população de inimigos naturais e fitotoxicidade na couve.

Sable *et al.*, (2007) realizaram uma experiência de campo com 12 tratamentos *viz, Bacillus thuringiensis* @ 500 g a.i./ha, endosulfan @350 g a.i./ha, cipermetrina @ 60 g a.i./ha, spinosad @ 96.4 g a.i./ha, flufenoxuron @ 80, g a.i./ha, (imidac1oprid + spinosad) @ 26.70 + 18.75 g a.i./ha, thiodicarb@350 g a.i./ha, cartap hydroc1oride @ 375 g a.i./ha, indoxacarb @ 73 g a.i./ha, NSKE.5 % e quinalfos @ 150 g a.i./ha com um controle, replicado três vezes por dois anos para estudar a eficácia desses inseticidas contra *Plutella xylostella* Linn. O maior rendimento de coalhada de couve-flor foi registrado 239,92 qt /ha na parcela tratada com imidaclopride + espinosade, que foi significativamente superior ao espinosade @ 45 SC (214,42 qt /ha) e indoxacarbe @ 14,5 SC (206,94 qt/ha). O menor rendimento foi registrado no controle não tratado 88,03 q/ha.

Mandal e Mandal (2009) revelaram que o rendimento médio da cultura variou entre 184,91 e 201,76 q/ha no tratamento inseticida, sendo o mais alto no cartap (201,76 q/ha) seguido por triazofos (192,35 q /ha) carbofurano (191,60 q /ha), profenofos (191,13 q /ha) e quinalfos (190,26 q /ha), que não diferiram significativamente entre si. A relação custo-benefício variou de 1:7,58 a 16,18 nos diferentes tratamentos insecticidas, sendo a mais elevada no cartap com um registo de benefício monetário máximo de Rs. 23 067,00 seguido de perto pelo triazofos com o seu lucro líquido de Rs. 17 280,50 /ha.

Khedkar *et al.*, (2012) avaliaram a eficácia dos insecticidas químicos contra o pulgão, *Lipaphis erysimi* (Kaltenbach), que infestava a mostarda na Universidade Agrícola de Anand, Anand (Gujarat) durante 2010-11. O maior número de grãos, peso de teste e rendimento de sementes foi registado nas parcelas tratadas com imidaclopride (0,008%) seguido de tiamerthoxam (0,0125%), acetamipride (0,01%) e acefato (0,075%) e registou um aumento de 55,60 a 52,59 por cento no rendimento em relação ao controlo. As parcelas de mostarda tratadas com fosfamidão (0,03%) registaram o menor número de grãos, peso de teste e rendimento de sementes, seguidas de tiaclopride (0,024%), clotianidina (0,025%), flonicamida (0,025%) e dimetoato (0,03%). A eficácia global dos vários insecticidas, com base na sua eficácia contra o afídeo e na sua toxicidade para os inimigos naturais, bem como na produção e nos caracteres que a determinam, o imidaclopride 17,8 SL 0,08% foi considerado o inseticida mais eficaz e económico do que os restantes tratamentos insecticidas, ocupando a primeira posição, seguido do acetamipride 20 SP 0,01%, do acefato 75 SP 0,075% e do tiamerthoxame 25 WG 0,0125%.

Chauhan *et al,* (2014) realizaram um estudo na Vegetable Research Farm do Institute of Agricultural Sciences, Banaras Hindu University, Varanasi, sobre a bioeficácia de insecticidas mais recentes, ou seja, Spinosad 2.5 SC@ 25 g a.i./ha, Alphamethrin 10 SC @ 50 g a.i./ha, Cypermethrin + Chlorpyrephos 55 EC @ 1100 g a.i./ha, Cypermethrin 25 EC@ 75 g a.i./ha, Indoxacarb14.5 SC@ 350 g a.i./ha, Endosulphan 35 EC@ 450 g a.i./ha, Cartaphydrochloride 50 SP @ 400 g a.i./ha, e NSKE 5% @ 3250 g a.i./ha contra a traça-das-crucíferas (*Plutella xylostella* L.) na cultura da couve-flor durante 2008-09 revelou que todos os tratamentos insecticidas foram significativamente superiores ao controlo em termos de maior rendimento. No entanto, entre os tratamentos insecticidas, o rendimento comercial máximo comparativo foi registado nos tratamentos i.e. Spinosad 2.5 SC @ 25 g a.i./ha (59.71) seguido por Indoxacarb 14.5 SC @ 350 g a.i./ha (53.56), Cypermethrin + Chlorpyrephos 55 EC@ 1100 g a.i. /ha (37,59), NSKE 5% @ 3250 g a.i./ha (36,33), Cipermetrina 25 EC @ 75 g a.i./ha (32,68), Alfametrina 10 SC @ 50 g a.i./ha, (30,20), Cartafidrocloreto 50 SP @ 400 g a.i./ha (27,96) e Endosulfan 35 EC @ 450ga.i./ha (17,93). Gadhiya *et al.,* (2014) realizaram uma experiência na Universidade Agrícola de Anand, Anand, durante o verão de 2011 para estudar a avaliação de insecticidas para a gestão de *Helicoverpa armigera* (Hubner) Hardwick e *Spodoptera litura* (Fabricius) que infestam o amendoim. O rácio custo-benefício mais elevado 1: 3,3 foi observado no tratamento com clorantraniliprole (0,006%) seguido do tratamento com indoxacarb.

Nikam *et al.,* (2014) relataram que o tratamento spinosad emergiu como o tratamento mais eficaz entre os insecticidas testados com base na contagem de larvas e no rendimento da cabeça de repolho comercializável, seguido por benzoato de emamectina, clorantriniliprole, flubendiamida, lufenuron e novaluron sob a condição de campo. O rendimento de cabeças de repolho comercializáveis nos diferentes tratamentos variou de 250,88 a 189,60 q/ha contra 103,56 q/ha no controle não tratado. Spinosad foi registrado o maior rendimento (250,88 q/ha).

Chandi e Kaur (2016) avaliaram alguns insecticidas mais seguros, a saber, flonicamida 50 WG @ 150,175 e 200 g/ha, imidaclopride 200 SL @ 75,100 e 125 ml/ha, tiametoxam 25 WG @ 75,100 e 125 g/ha e acetamipride 20 SP @ 37,5, 50 e 62,5 g/ha por sua eficácia contra pulgões na planta de aipo (*Apium graveolens*). O maior rendimento de sementes de 12,7 q/ha foi obtido com flonicamida @ 200 g/ha, que foi estatisticamente igual ao imidaclopride

@ 100 e 125 ml/ha, tiametoxam @ 100 e 125 g/ha e acetamipride @ 62,5 g/ha.

Patra *et al.*, (2016) realizaram experiências em Bidhan Chandra Krishi Viswavidyalaya, Kalyani, Nadia, Bengala Ocidental, Índia, durante as épocas de rabi de 201112 a 2013-14 para a gestão das principais pragas de lepidópteros da couve. Os tratamentos viz, pyridalyl 10 EC (56,25, 75, 112,5 e 150 g a. i/ha), indoxacarb 14,5 SC (56,25, 75, 112,5 e 150 g a. i/ha), chlorfenapyr 10 SC (75, 100, 150 e 200 g a. i/ha), clorpirifos 20 EC (250 g a. i/ha) e triazofos 40 EC (250 g a. i/ha) foram aplicados duas vezes com três repetições. O maior rendimento comercializável (61,88 t/ha) foi registrado em parcelas tratadas com indoxacrab (150 g a. i/ha) seguido por clorfenapir (200 g a. i/ha) e piridalil (150 g a. i/ha) com 59,71 e 59,43 t/ha de rendimento comercializável, respetivamente.

Rabari *et al.*, (2016) realizaram um experimento na temporada Rabi durante 2013-14 para descobrir a eficácia de novas moléculas contra *Spodoptera litura* Fabricius em repolho. O maior rendimento de repolho foi registrado no tratamento de espinosade 45 SC (353,26 q/ha) e foi igual ao benzoato de emamectina 5 SG (334,58 q/ha) e indoxacarbe 14,5 SC (327,30 q/ha).

Srivastava *et al.*, (2016) realizaram a experiência com seis tratamentos diferentes no Centro de Investigação Vegetal da Universidade G.B. Pant de Agricultura e Tecnologia de Pantnagar, U.S. Nagar, Uttarakhand durante abril de 2014-15. O "aumento percentual no rendimento em relação ao controlo" foi nos tratamentos T4 acetamiprid 20%SP @150g/ha (178,50 q/ha), seguido por T3 acetamiprid 20%SP @100g/ha (176,75 q/ha) seguido por T2 acetamiprid 20%SP @75g/ha e T5 Dhanpreet 20%SP (173,25 e 172,75 q/ha) e o menor rendimento foi observado em T1 acetamiprid 20%SP @50g/ha (154,25%). Embora o maior controlo tenha sido observado no tratamento T4, os resultados foram satisfatórios com os tratamentos T2 e T5 e podem ser recomendados para reduzir o impacto nos inimigos naturais.

Stanikzi *et al.*, (2016) revelaram que o maior rendimento foi registado em spinosad 45 SC (187,60 q/ha), seguido de indoxocarb 14,5 SC (178,25 q/ha), cipermetrina 10 EC (175,48 q/ha) e benzoato de emamectina 5 SG (173,75 q/ha) em comparação com o controlo não tratado (80,24 q/ha).

2.6 Monitorização da resistência a insecticidas no afídeo *B. brassicae* da couve-flor

Nauen e Elbert (2003) investigaram a suscetibilidade a vários insecticidas de 16 e 8 estirpes de *Myzas persicae Sulzer e Aphis gossypii* Glover, respetivamente, recebidas de diferentes países europeus em 2001. A maioria das estirpes provinha de locais conhecidos pelos seus problemas de resistência dos afídeos aos insecticidas convencionais antes da introdução do imidaclopride. Em muitas regiões e sistemas agronómicos de cultivo, o imidaclopride é, desde há uma década, um elemento essencial das estratégias de controlo dos afídeos, pelo que foi verificada a suscetibilidade das populações de afídeos ao imidaclopride através de testes de imersão FAO e de concentrações de diagnóstico num bioensaio de imersão foliar. Outros insecticidas testados foram a ciflutrina (classe química: piretróide), o pirimicarbe (carbamato), o metamidofos e o oxidemetão-metilo (organofosforados). As concentrações de diagnóstico (valores LC99 das estirpes de referência) para cada inseticida foram estabelecidas por análise da resposta à dose, utilizando um novo formato de bioensaio de imersão do disco foliar em placas de cultura de tecidos de 6 poços. Praticamente não foi detectada resistência ao imidaclopride em nenhuma das populações de *M. persicae* e *A. gossypii* derivadas do campo. Em contrapartida, foi detectada uma forte resistência ao pirimicarbe e ao oxidemetão-metilo e, em menor grau, também à ciflutrina. Duas estirpes de *A. gossypiiexibiram* uma suscetibilidade reduzida ao imidaclopride quando testadas diretamente após a colheita. No entanto, depois de os manter durante seis semanas no laboratório, os afídeos eram tão susceptíveis como a estirpe de referência. A concentração de diagnóstico de metamidofos não revelou qualquer resistência em *M. persicae*, mas revelou-a em quatro estirpes de *A. gossypii*.

Jhansi e Subbaratnam (2005) avaliaram a resistência a insecticidas do pulgão do algodão, *Aphis gossypii* Glover, em Andhra Pradesh. O nível de resistência a insecticidas do pulgão do algodão, *Aphis gossypii*, a seis insecticidas habitualmente utilizados no ecossistema das culturas de algodão, endossulfão, monocrotofos, dimetoato, fosfamidão, carbaril e cipermetrina, foi submetido a um bioensaio no que respeita às populações de afídeos dos distritos de Warangal, Prakasam, Adilabad e Kurnool de Andhra Pradesh, na Índia. As populações de afídeos dos quatro distritos diferiram em termos de grau de resistência relativa adquirida aos insecticidas testados, que variou entre 1,4 e 1,9 vezes em relação ao endossulfão e entre 9,62 e 23,04 vezes em relação ao carbaril durante um período de 40 anos, entre 2,61 e 5,73 vezes em relação ao dimetoato e entre 1,51 e 8,29 vezes em relação ao fosfamidão durante um período de 22 anos.

Kumar *et al.*, (2008) estudaram a resistência de *A. gossypii* a 5 insecticidas vulgarmente utilizados no algodão (monocrotofos, acefato, dimetoato, fosfamidão e triazofos) no distrito de Guntur, Andhra Pradesh, Índia. Os valores LC50 e LC90 aumentaram 121,50-, 20,00-, 9,61-, 7,96- e 2,38-, e 7,68-, 3,84-, 1,66-, 0,60- e 0,46- vezes, respetivamente. A comparação dos valores LC90 com as concentrações recomendadas dos insecticidas revelou também que a população de afídeos no distrito de Guntur desenvolveu resistência a todos os insecticidas.

Cho *et al.*, (2011) determinaram os efeitos de concentrações subletais de dois insecticidas (flonicamida e tiametoxame) e os mecanismos de ação sobre o comportamento alimentar de *M. persicae*. As concentrações letais medianas (LC50) de flonicamida e tiametoxam para *M. persicae* adulto foram de 2,56 e 4,02 mg/L, respetivamente. As concentrações subletais de flonicamida foram 0,44 mg/L (LC10) e 1,25 mg/L (LC30), e as de tiametoxam foram 1,19 mg/L (LC10) e 2,45 mg/L (LC30). O período de desenvolvimento das ninfas de *M. persicae* foi de 5,9 dias na LC10 e 6,1 dias na LC30 para ambos os insecticidas em comparação com 5,7 dias para o controlo. A longevidade dos adultos no LC10 e LC30 do flonicamid foi de 13,2 e 13,7 dias, respetivamente. A longevidade dos adultos no LC10 do tiametoxame foi de 14,7 dias. A longevidade dos adultos de controlo foi de 11,6 dias. A fecundidade total foi maior no LC10 (41,8 descendentes/fêmea) e LC30 (43,0 descendentes/fêmea) de flonicamida, e no LC10 (42,1 descendentes/fêmea) de tiametoxam do que no controle (29,5 descendentes/fêmea). A análise do comportamento alimentar utilizando um gráfico de penetração eléctrica mostrou que as doses subletais de flonicamida e tiametoxame tiveram efeitos significativos na duração da ingestão do floema. No entanto, doses mais elevadas de flonicamida induziram fome através da inibição da ingestão do floema e doses mais elevadas de tiametoxame induziram toxicidade por contacto em vez de inibição do comportamento alimentar. Este estudo fornece a base para uma utilização mais eficiente destes pesticidas na Coreia.

Ahmad e Akhtar (2013) fizeram bioensaios com pulgões adultos ápteros de 2006 a 2010 para determinar a sua resposta a 12 insecticidas, utilizando um método de imersão de adultos. Não foram detectados níveis de resistência, ou estes foram muito baixos, ao endossulfão e aos organofosforados: clorpirifos e profenofos. A resistência ao metomil; ao benzoato de emamectina; aos piretróides: cipermetrina, lambda-cialotrina, bifentrina e deltametrina; e aos neonicotinóides: imidaclopride, acetamipride e tiametoxame; aumentou progressivamente em concomitância com a sua utilização regular em produtos hortícolas. A resistência de *B. brassicae* a estes insecticidas manteve-se muito baixa ou baixa em 2007 e 2008, mas aumentou para níveis moderados a elevados em 2009 (exceto cipermetrina e bifentrina) e 2010. Em caso de infestações pesadas deste afídeo, recomenda-se a aplicação em rotação de insecticidas com resistência nula, muito baixa e baixa.

Mehdi e Seyed (2013) determinaram a eficiência do tiametoxame nos parâmetros de crescimento populacional do pulgão-da-couve, *Brevicoryne brassicae* L. (Hemiptera: Aphididae), utilizando a toxicologia demográfica pelo método de pulverização foliar. Em primeiro lugar, foi efectuado um bioensaio. Os valores LC50 e os limites de confiança para o tiametoxame foram 169,05 ppm (92,61-342,51). As concentrações LC25 e LC10 do tiametoxame foram 58,8 e 22,05 ppm, respetivamente. O valor LCso do inseticida nas estimativas da tabela de vida foi medido.

Mohmad *et al.*, (2013) afirmaram que *Aphis panicae* P. (Hemiptera: Aphididae) é uma das pragas mais importantes nos pomares de romã no Irão. Foi efectuada uma avaliação laboratorial do imidaclopride, do tiametoxame, do tiaclopride e da flonicamida na mortalidade de *A. panicae* em condições controladas. Foram preparadas diferentes concentrações de cada pesticida em água destilada. As ninfas de primeiro instar foram pulverizadas com uma torre de pulverização Potter. O valor LCso para imidaclopride, tiametoxame, tiaclopride e flonicamide foi calculado: 0,24 µl/ml, 0,31mg/ml, 0,48 µl/ml e 0,05 mg/ml, respetivamente. Os dados da análise Probit revelaram que a sensibilidade dos insectos aos pesticidas foi imidaclopride > tiaclopride > flonicamide > tiametoxame. Os resultados mostraram que o imidaclopride e o tiaclopride a 1 µl/ml, o tiametoxame a 0,35 mg/ml e o flonicamide a 0,1 mg/ml tiveram a maior mortalidade.

Omkar *et al.*, (2013) estudaram a toxicidade real de insecticidas *como o* acetamipride, o imidaclopride, o malatião e o tiametoxame para adultos ápteros de *Myzas persicae. Os* valores LC50 destes insecticidas foram calculados em 17, 4,5, 362,2 e 4,1 ppm, respetivamente. Com base nos valores LC50, verificou-se que o tiametoxame era o inseticida mais tóxico, com um valor LC50 de 4,1 ppm, seguido de perto pelo imidaclopride, com um valor LC50 de 4,5 ppm. O malatião foi considerado o menos tóxico, com um valor LC50 de 362,2 ppm.

Nale *et al.*, (2016) relataram que os valores LC50 de imidaclopride 17,80% SL, tiametoxame 25% WG, acetamipride 20% SP e dimetoato 30% EC foram mais elevados no caso de pulgões recolhidos no campo do agricultor (tratado com inseticida) do que no campo não tratado. O fator de resistência (RF) do acetamipride, imidaclopride, tiametoxame e dimetoato foi de 85,06, 137,80, 13,50 e 44,17 vezes, respetivamente.

Seyedebrahimi *et al.*, (2016) recolheram sete populações de sete locais diferentes no sul do Irão (Shiraz, Jahrom, Saadatshahr, Marvdasht, Kavar, Sadral e Sadra2, todos na província de Fars) para quantificar a resistência ao imidaclopride no pulgão do algodão. Para estimar a resposta de populações de *A. gossypii* com 5 dias de idade ao imidaclopride, foram efectuados bioensaios de imersão em folhas no laboratório. Os valores das concentrações letais a 50% (CL50) foram estimados por análise probit e utilizados para calcular os rácios de resistência (RR). Os resultados dos bioensaios mostraram uma discrepância significativa na suscetibilidade ao imidaclopride entre as populações. A LD50 mais baixa e a mais alta foram estimadas para a população de Shiraz com 37,09 e Sadral com 636,80 mg mL^1 respetivamente. Os níveis mais elevados de resistência ao imidaclopride foram detectados em Sadra1 (RR=17,17 vezes). Nas outras populações, foram detectados alguns níveis de resistência. Nas populações de Jahrom, Kavar, Marvdasht e SaadatShahr, os RRs foram de 3,85 a 7,11. Como sublinhado pelo declive das respostas e após uma comparação dos RR com outros estudos, supõe-se que as populações resistentes aparecem nas primeiras fases de desenvolvimento e têm a capacidade de se tornarem mais resistentes com a idade.

Yong *et al.,* (2016) recolheram doze populações de pulgão verde do tabaco em Chongqing, China, para monitorização da resistência, tendo sido testada a sua sensibilidade a quatro insecticidas. Os resultados mostraram que apenas as populações WL (RR = 6,51) e FJ (RR = 6,03) desenvolveram uma resistência menor ao imidaclopride, continuando as outras a ser susceptíveis. Uma população (NC) atingiu um nível de resistência elevado à cialotrina (RR = 41,28), cinco populações apresentaram um nível médio (10,36 ≤ RR ≤ 20,45) e as outras seis permaneceram susceptíveis (0,39 ≤RR ≤3,53). Relativamente ao carbosulfão, três populações desenvolveram uma resistência média, quatro populações apresentaram apenas uma resistência menor e as outras cinco (0,81 ≤RR ≤3,97) continuaram susceptíveis. A população SZ desenvolveu um nível médio (RR = 14,83) ao foxim, as outras 11 foram suscetíveis (0,29 ≤RR≤2,41). Para analisar o potencial mecanismo de resistência, foram detectados os efeitos de inibição dos sinergistas e das actividades das enzimas desintoxicantes. Os resultados indicaram que a MFO foi a enzima desintoxicante mais importante que confere resistência ao imidaclopride, e a CarE foi mais importante para a cialotrina, o carbosulfan e o foxim. O nosso estudo proporcionou um levantamento exaustivo da resistência aos insecticidas de *M. persicae* em Chongqing e sugeriu que os diferentes condados deveriam adotar a gestão correspondente para atrasar o desenvolvimento da resistência aos insecticidas e prolongar a utilidade dos mesmos.

CAPÍTULO III

MATERIAIS E MÉTODOS

O presente capítulo trata do material e dos métodos utilizados nas investigações efectuadas, tal como previsto no plano de trabalho relativo à gestão de pragas na couve-flor *Brassica oleracae* var. *botrytis* durante 2015-16 e 2016-17. As experiências de campo foram conduzidas para estudar a incidência sazonal e a gestão das principais pragas de insectos da couve-flor e a experiência de laboratório foi conduzida para monitorizar a resistência aos insecticidas nos afídeos da couve-flor.

Os materiais utilizados e os métodos adoptados no decurso do inquérito são descritos no presente capítulo nas rubricas seguintes.

3.1 Sítio experimental

3.2 Solo

3.3 Operações de preparação da lavoura

3.4 Preparação e transplante de mudas

3.5 Irrigação e aplicação de fertilizantes

3.6 Operações interculturais

3.7 Detalhes experimentais

3.8 Detalhes do tratamento

3.9 Métodos de registo das observações

3.10 Análise estatística

3.1 Sítio experimental

As experiências foram realizadas na época *rabi* durante 2015-16 e 2016-17 na quinta do Departamento de Entomologia Agrícola, Vasantrao Naik Marathwada Krishi Vidyapeeth, Parbhani. Parbhani está situada a 19º 16' de latitude norte e 73⁰ 47' de longitude leste, a uma altitude de 408,50 m acima do nível médio do mar (MSL) e tem um clima subtropical. O local, situado na zona de transição norte (Zona -8), recebe uma precipitação anual de cerca de 800-900 mm, com um verão quente e seco e um inverno fresco.

3.2 Solo

O campo selecionado para a experiência era uniforme, com solo preto típico de algodão, de fertilidade média e boa drenagem.

3.3 Operações de preparação da lavoura

O campo experimental foi preparado com uma lavoura profunda, seguida de duas gradagens. Em seguida, o campo foi limpo, recolhendo os restolhos das culturas anteriores. As experiências foram efectuadas de acordo com o esquema apresentado.

3.4   Preparação e transplante de mudas

As plântulas foram cultivadas em camas de viveiro elevadas e transplantadas após 45 dias para o campo. A variedade *Sahasini plus* (Syngenta) foi utilizada tanto para a incidência sazonal como para a gestão das principais pragas. As sementes foram semeadas em 28.09.2015 em 2015-16 e 30.09.2016 em 2016-17. Para o transplante de mudas, foi utilizado o tipo de layout de cumeeira e sulco. O transplante foi feito no campo com o espaçamento de 60 cm x 60 cm em 23.11.2015 em 2015-16 e 25.11.2016 em 2016-17.

3.5   Irrigação e aplicação de fertilizantes

A irrigação de proteção foi dada imediatamente após o transplante e, posteriormente, em intervalos de 15 dias. A aplicação de fertilizantes foi feita a 160:80:80 NPK Kg/ha. Meia dose de nitrogênio e dose completa de fósforo e potássio foi dada no momento do transplante, enquanto a dose restante de nitrogênio foi dada após um mês de transplante.

3.6   Operações interculturais

Foram efectuadas operações de monda atempadas para remover as ervas daninhas e melhorar o arejamento do solo e também conservar a humidade do solo.

3.7   Detalhes da experiência

3.7.1 Incidência sazonal dos principais insectos pragas da couve-flor

As mudas de couve-flor foram transplantadas em uma área de 100 m^2 , adotando o espaçamento de 60 cm x 60 cm. Essa área foi dividida em quatro quadratas (5 m X 5 m). A experiência foi realizada em 2015-16 e 2016-17. Não foi aplicado nenhum tratamento inseticida em nenhuma fase do crescimento da cultura. A cultura foi cultivada seguindo o pacote de práticas recomendadas.

Tamanho da parcela	: IOmx 10 m
Data da transplantação	: 23.11.2015e25.11.2016
Variedade-	: *Suhasini plus* (Syngenta)
Espaçamento	: 60cmx 60 cm
Época	: *Rabi* 2015-16 e 2016-17

3.7.2 . Gestão dos principais insectos pragas da couve-flor com os novos insecticidas

O experimento foi realizado em um delineamento em blocos casualizados (DBC) com 10 tratamentos replicados três vezes. O tamanho bruto da parcela foi de 3 m x 3 m e o espaçamento seguido foi de 60 cm x 60 cm. Foi utilizada a variedade *Suhasini plus* (Syngenta). Os pormenores da experiência de gestão das principais pragas da couve-flor são apresentados a seguir.

Época	: *Rabi* 2015-16 e 2016-17
Conceção	: Desenho de blocos aleatórios
Número de tratamentos	: 10
Número de réplicas	: 3
Dimensão bruta da parcela	: 3m x3m
Tamanho líquido da parcela	: 2,4 m x 2,4 m
Espaçamento	: 60 cm x 60 cm
Variedade-	: *Sahasini plus* (Syngenta)
Distância entre duas réplicas	: 1 m
Data da transplantação	: 23.11.2015 e 25.11.2016
Número de pulverizações	: 2 (Os insecticidas para a 1ST pulverização foram seleccionados para atacar os afídeos na fase inicial de crescimento vegetativo e para a 2nd pulverização para atacar os insectos lepidópteros após 21 dias da primeira pulverização)
Data das pulverizações	: 25.12.2015 & 15.01.2016 (2015-16) 25.12.2016 & 15.01.2017 (2016-17)

3.4.1 Monitorização da resistência a insecticidas em afídeos da couve-flor

A experiência laboratorial foi realizada para monitorizar o desenvolvimento da resistência a insecticidas em afídeos da couve-flor durante 2015-16 e 2016-17 no laboratório do Departamento de Entomologia Agrícola, Vasantrao Naik Marathwada Krishi Vidyapeeth, Parbhani (M.S.), utilizando o método de teste de suscetibilidade IRAC 019 (Anónimo, 2016).

A infestação de pulgões *B. brassicae* foi observada desde a sementeira até à colheita. Os produtores costumam aplicar mais insecticidas na couve-flor. Os presentes estudos sobre a monitorização da resistência aos insecticidas foram realizados através da recolha de afídeos em áreas tratadas com inseticida e em áreas não tratadas. A cultura foi cultivada numa área de 10 m x 10 m no Departamento de Entomologia Agrícola, Vasantrao Naik Marathwada Krishi Vidyapeeth, Parbhani, sem aplicação de insecticidas. Os afídeos deste campo foram recolhidos como amostras não tratadas. Percorrendo as culturas em cada campo dos agricultores, foram recolhidos pulgões em 8-10 pontos aleatórios dos distritos de Parbhani, Nanded, Latur, Aurangabad e Jalna. Os pulgões dos campos dos agricultores foram recolhidos como amostras tratadas com inseticida. Estes pulgões foram testados diretamente, sem qualquer outro tipo de criação. Os pulgões adultos apteros foram desalojados das folhas no laboratório para os bioensaios.

3.8 Detalhes do tratamento

3.8.1 Gestão dos principais insectos pragas da couve-flor com os novos insecticidas

Os pormenores do tratamento utilizado para a gestão das principais pragas de insectos da couve-flor são apresentados no quadro 1.

Quadro 1. Pormenores dos tratamentos de gestão das principais pragas de insectos da couve-flor

Tr. Não.	Inseticida para primeiro pulverização	Dose (g ou ml /ha)	Inseticida para Segundo pulverização	Dose (g ou ml /ha)
1	Acetamipride 20 % SP	75 g	Clorantraniliprolo 18,5 % SC	50 ml
2	Buprofezina 25 % SC	1000 ml	Fipronil 5 % SC	1000 ml
3	Clotianidina 50 % PDM	50 g	Tiodicarbe 75 % WP	1000 g
4	Cianantraniliprolo 10,26 % DO	600 ml	Benzoato de emamectina 5 % SG	150 g
5	Dinotefurão 20 % SG	150 g	Novaluron 10% CE	750 ml
6	Fipronil 5 % SC	1000 ml	Flubendiamida 20 % GT	50 g
7	Flonicamid 50% WG	150 g	Clorfenapir 10 % SC	750 ml

8	Imidaclopride 17,8 % SL	125 ml	Diafentiurão 50 % WP	600 g
9	Tiametoxame 25 % GT	100 g	Cianantraniliprolo 10,26 % DO	600 ml
10	Controlo (pulverização de água)	^B ^B ^B	Controlo (pulverização de água)	^B ^B ^B

As informações relativas à denominação química, à designação comercial e às empresas dos insecticidas utilizados no presente estudo são apresentadas no quadro 2.

Quadro 2. Detalhes dos insecticidas utilizados na experiência

Sr. Não.	Nome técnico	Comércio Nome	Empresa
1	Acetamipride 20 % SP	Rekord	E. I. DuPont India Pvt. Ltd., Haryana
2	Buprofezina 25 % SC	Kri-março	Krishi Rasayan Export Pvt. Ltd., Novo Delhi
3	Clotianidina 50 % WDP	Dantotsu	Sumitomo Chemical India Pvt. Ltd, Mumbai
4	Cianantraniliprole 10,26 % OD	Benevia	E. I. DuPont India Pvt. Ltd., Haryana
5	Dinotefurão 20 % SG	Osheen	PI Industries Ltd., Udaipur, Rajsthan
6	Fipronil 5 % SC	Regente	Bayer Cropscience Limited, Mumbai
7	Flonicamida 50 % WG	Ulala	UPL Limited, Mumbai
8	Imidaclopride 17,8 % SL	Confidor	Bayer Cropscience Limited, Mumbai
9	Tiametoxame 25 % WG	Falcão Olho	Sudarshan Chemical Industries Ltd, Pune
10	Clorantraniliprolo 18,5 % SC	Coragénio	E. I. DuPont India Pvt. Ltd., Haryana
11	Tiodicarbe 75 % WP	Larvin	Bayer Cropscience Limited, Mumbai
12	Benzoato de emamectina 5 % SG	Volax	Indofil Industries Ltd., Mumbai

13	Novaluron 10% CE	Rimon	Indofil Industries Ltd., Mumbai
14	Flubendiamida 20 % WG	Fluton	PI Industries Ltd., Udaipur, Rajsthan
15	Clorfenapir 10 % SC	Intrépido	BASF India Ltd., Gujrat
16	Diafentiurão 50 % WP	Ferotia	Coromandel International Ltd, Secunderabad, Telangana

A aplicação dos tratamentos foi iniciada no pico de atividade das pragas. Foram aplicadas duas pulverizações de insecticidas. A primeira pulverização foi dirigida contra o pulgão na fase vegetativa inicial e a segunda pulverização foi dirigida contra os insectos lepidópteros após 21 dias da primeira pulverização. O volume de pulverização para cada pulverização foi calculado através da pulverização de parcelas não tratadas com água simples até à fase de gotejamento. A pulverização foi feita nas primeiras horas da manhã para evitar o calor do meio-dia. A quantidade medida de inseticida foi colocada num copo de 500 ml e misturada com uma pequena quantidade de água, sendo depois adicionada a um balde que continha uma quantidade conhecida de água. A solução foi agitada com uma vara de madeira e vertida no tanque de pulverização utilizando um funil de plástico. A pulverização foi efectuada com um pulverizador de dorso com um bico de cone sólido. Procurou-se que todas as partes da planta da couve-flor fossem cobertas para um controlo eficaz das pragas.

3.8.2 Monitorização da resistência a insecticidas em afídeos da couve-flor

As formulações comerciais dos diferentes insecticidas utilizados nos bioensaios incluíam imidaclopride 17.8 % SL (Confidor), tiametoxame 25 % WG (Hawk Eye), acetamipride 20 % SP (Rekord), dinotefurão 50 % SG (Osheen), clotianidina 50 % WDP (Dantotsu), diafentiurão 50 % WP (Ferotia), buprofezina 25 % SC (Kri-March), ciantraniliprole 10.26 % DO (Benevia), acefato 75 % SP (Orthain 75 % SP) e dimetoato 30 % CE (Roger). Seguiu-se um método de bioensaio de imersão foliar, tal como descrito no método IRAC 019. O procedimento do bioensaio é o seguinte.

■ Foram utilizados recipientes de plástico com tampas e ventilados com pequenos orifícios nas tampas com um diâmetro demasiado pequeno para que os afídeos pudessem escapar.

■ O ágar foi preparado misturando 1% w/w de pó de ágar com água destilada, aquecido até à ebulição e depois deixado arrefecer enquanto se misturava constantemente. Depois de arrefecer durante cerca de 10 minutos, o ágar quente foi vertido para as bases de um recipiente de plástico.

■ Foram recolhidas folhas de couve-flor não infestadas e não tratadas.

■ As diluições em série necessárias para o bioensaio foram preparadas a partir do produto formulado de pureza conhecida do inseticida, utilizando água destilada.

■ Os discos de folhas com 6 cm de diâmetro foram cortados cobrindo ambos os lados da nervura central. Estes foram lavados, secos e imersos numa solução de ensaio durante 10 segundos e deixados a secar à temperatura ambiente durante 1 hora. Os discos de controlo foram mergulhados apenas em água.

■ Após a secagem, os discos de folhas foram colocados num recipiente de plástico individual contendo ágar.

■ Foram libertados 20 pulgões em cada disco de folha colocado num leito de ágar a 1% num recipiente de plástico. Foram utilizadas três réplicas para cada concentração de inseticida.

■ O mesmo número de afídeos por tratamento foi utilizado como controlo sem tratamento.

■ Durante e após os tratamentos, os afídeos foram mantidos à temperatura ambiente.

■ A mortalidade foi avaliada após 72 horas para todos os insecticidas, exceto para a flonicamida (120 horas).

■ Os pulgões que não conseguissem endireitar-se em 10 segundos sobre as suas costas seriam considerados mortos.

■ Os bioensaios foram realizados com afídeos colhidos nos campos dos agricultores tratados com inseticida e nos campos do departamento, que eram parcelas não tratadas.

3.9 Métodos de registo das observações

3.9.1 Incidência sazonal dos principais insectos pragas da couve-flor

As observações foram registadas semanalmente, a partir dos 10 dias após a transplantação, de acordo com o procedimento normalizado

3.9.1.1 Pragas de insectos

Pulgão: O número de pulgões foi registado semanalmente em cada planta de 5 plantas seleccionadas ao acaso em cada quadrado. As observações foram registadas a partir de 3 folhas de cada planta.

Traça-das-crucíferas, lagarta-das-folhas, lagarta do tabaco, semilouca e traça-das-galhas: O número de larvas das pragas acima referidas por planta de 5 plantas seleccionadas ao acaso em cada quadrado foi registado semanalmente.

Broca da cabeça : Foi registado o número total de plantas infestadas pela broca da cabeça em cada quadrado.

3.9.1.2   Inimigos naturais das pragas de insectos

Mosca Syrphid : O número de ovos e larvas por planta de 5 plantas seleccionadas aleatoriamente de cada quadrado foi registado semanalmente.

Besouro joaninha : O número de larvas e de adultos por planta em 5 plantas seleccionadas ao acaso em cada quadrado foi registado semanalmente.

Pulgão mumificado : O número de pulgões mumificados devido à parasitização foi registado em 3 folhas de 5 plantas seleccionadas ao acaso em cada quadrado.

Parasitização de larvas de lepidópteros : 20 larvas de lepidópteros foram recolhidas ao acaso na parcela e criadas em laboratório para observar a emergência de parasitóides.

3.9.1.3   Dados meteorológicos

Os dados meteorológicos de diferentes parâmetros climáticos foram obtidos no Observatório Meteorológico, Departamento de Meteorologia Agrícola, Vasantrao Naik Marathwada Krishi Vidyapeeth, Parbhani.

3.9.2 Gestão dos principais insectos pragas da couve-flor com os novos insecticidas

As observações das pragas de insectos e dos inimigos naturais foram registadas 1 dia antes da pulverização, 1, 3, 7, 15 e 21 dias após cada pulverização, como procedimento seguido na experiência de incidência sazonal. A população foi contada a partir de 5 plantas seleccionadas aleatoriamente de cada réplica. O rendimento da coalhada foi registado em cada parcela de cada réplica separadamente.

3.9.3 Monitorização da resistência a insecticidas em afídeos da couve-flor

A mortalidade dos afídeos foi registada após 72 horas para todos os insecticidas, exceto para a flonicamida (120 horas), verificando a capacidade de cada afídeo para mostrar movimentos coordenados em resposta ao toque com um pequeno pincel.

3.10 . Análise estatística

3.10.1   Incidência sazonal dos principais insectos pragas da couve-flor

Foi calculada a média dos dados relativos aos insectos-praga e aos inimigos naturais. A correlação e a regressão foram calculadas entre os parâmetros meteorológicos e a população de insectos-praga, de acordo com Pansé e Sukhatme (1967), utilizando o software WASP.

3.10.2 Gestão dos principais insectos pragas da couve-flor com os novos insecticidas

Os dados obtidos sobre os insectos pragas e os seus inimigos naturais nos diferentes tratamentos foram calculados e submetidos a análise após transformação em raiz quadrada. Os dados relativos à população foram convertidos em percentagem de eficácia (percentagem de redução da população) utilizando o método empregue por Henderson e Tilton (1955).

$$\text{Per cent efficacy} = \left\{ 1 - \frac{Cb \times Ta}{Tb \times Ca} \right\} \times 100$$

Onde :

Cb = Número no controlo não tratado antes do tratamento

Ta = Número na parcela tratada após o tratamento

Tb = Número na parcela tratada antes do tratamento

Ca = Número no controlo não tratado após o tratamento

Os dados obtidos nos diferentes tratamentos foram calculados para determinar os valores médios. Os valores médios, após transformação adequada, foram submetidos a análise estatística para testar a significância, de acordo com Gomez e Gomez (1984), para interpretação dos resultados, utilizando o software OPSTAT. A economia da aplicação dos vários tratamentos foi calculada e a relação custo-benefício incremental foi calculada.

3.10.3 Monitorização da resistência a insecticidas em afídeos da couve-flor

Os dados sobre a percentagem de mortalidade foram corrigidos pela fórmula de Abbott (Abbott 1925). A fórmula de Abbott para a mortalidade corrigida é a seguinte

$$\text{Corrected mortality} = \frac{T - C}{100 - C} \times 100$$

Onde :

T = Percentagem de mortalidade no tratamento

C = Percentagem de mortalidade no controlo

Os dados de mortalidade foram depois submetidos a uma análise probit (Finney 1971) utilizando o PROC PROBIT (SAS Institute Inc. 1997) para calcular os valores de LC_{50} (concentração letal média). O fator de resistência (RF) foi calculado dividindo o valor LC_{50}

dos respectivos insecticidas do campo tratado e o valor LC50 do campo não tratado.

CAPÍTULO IV

RESULTADOS E DISCUSSÃO

Nas presentes investigações, são apresentados os resultados relativos à incidência sazonal, à gestão dos principais insectos pragas da couve-flor e aos estudos laboratoriais realizados para descobrir a resistência dos insecticidas desenvolvidos no afídeo. Os resultados obtidos são apresentados a seguir:

4.1   Incidência sazonal dos principais insectos pragas da couve-flor

4.2   Ocorrência sazonal de inimigos naturais de insectos pragas da couve-flor

4.3   Correlação e regressão entre os parâmetros meteorológicos e os principais insectos pragas da couve-flor

4.4   Correlação e regressão dos inimigos naturais do afídeo da couve-flor com os parâmetros climáticos e o afídeo

4.5   Gestão do afídeo *Brevicoryne brassicae* na couve-flor com novos insecticidas

4.6   Gestão dos insectos lepidópteros pragas da couve-flor com os novos insecticidas

4.7   Efeito de diferentes insecticidas nos inimigos naturais dos insectos pragas da couve-flor

4.8   Economia da gestão dos principais insectos pragas da couve-flor

4.9   Monitorização da resistência a insecticidas no afídeo *B. brassicae* da couve-flor

4.1   Incidência sazonal dos principais insectos pragas da couve-flor

No presente estudo, verificou-se que a cultura estava infestada principalmente pelo pulgão *Brevicoryne brassicae*, pela traça-das-gramíneas *Plutella xylostella*, pela lagarta-das-folhas *Crocidolomia binotalis*, pela lagarta do tabaco *Spodoptera litura*, pelo semilouco verde *Trichoplusia ni*, pela traça-das-gramíneas *Orgyia* spp. e pela broca-da-cabeça *Hellula undalis*. Além disso, verificou-se uma infestação menor do percevejo pintado *Bagrada cruciferarum* e do mineiro da serpentina *Liriomyza trifali*, pelo que as observações sobre estes não foram incorporadas. As observações foram registadas em intervalos semanais durante as horas da manhã, entre as 7h30 e as 9h00, em 2015-16 e 2016-17. Os dados sobre a incidência sazonal de pragas na couve-flor são apresentados no Quadro 3.

4.1.1 *PulgãoBrevicorynebrassicae*

A tendência da incidência de pulgão na couve-flor durante as safras de 2015-16 e 2016-17 é dada na Tabela 3 e representada na Fig. 3. A couve-flor foi atacada pelo pulgão em

48th MW (26 de novembro a 02 de dezembro) e 50th MW (10-16 de dezembro) durante 2015-16 e 2016-17, respetivamente. A população de pulgões variou de 1,20 a 114,35/folha durante 2015-16 e de 11,20 a 126,10/folha durante 2016-17.

Durante 2015-16, a incidência começou a partir de 48th MW com um aumento gradual e atingiu o seu pico em 52nd MW (114,35/folha) quando a temperatura máxima prevalecente, a temperatura mínima, a humidade relativa da manhã, a humidade relativa da noite, a evaporação, o sol brilhante e a velocidade do vento foram de 30,3⁰ C, 8,5⁰ C, 74,2%, 23,0%, 5,20 mm, 9,6 horas e 3,9 Kmph, respetivamente. Após

Tabela 3. Incidência sazonal de pragas de insectos na couve-flor durante 2015-16 e 2016-17

MW	Duração	N.º de pulgões / folha		N.º de larvas de traça-das-crucíferas / planta		N.º de larvas de borboleta/planta		N.º de larvas de lagarta comedora de folhas de tabaco / planta		N.º de larvas semilúpulo / planta		N.º de larvas de traça-das-areias / planta		Infestação da broca da cabeça (%)	
		2015-16	2016-17	2015-16	2016-17	2015-16	2016-17	2015-16	2016-17	2015-16	2016-17	2015-16	2016-17	2015-16	2016-17
48	26 Nov. - 02 Dez.	1.20	0.00	0.00	0.00	0.00	0.00	0.00	0.00	0.00	0.00	0.00	0.00	0.00	0.00
49	03-09 Dez.	4.50	0.00	0.00	0.00	0.25	0.00	0.00	0.20	0.00	0.00	0.00	0.00	0.00	0.00
50	10-16 Dez.	18.60	11.20	0.00	0.00	0.00	0.00	0.00	0.15	0.00	0.00	0.00	0.10	0.35	0.00
51	17-23 Dez.	51.35	56.15	0.00	0.00	0.35	0.25	0.05	0.40	0.05	0.00	0.00	0.25	0.35	0.00
52	24-31 Dez.	114.35	83.90	0.55	0.50	0.90	0.15	0.00	0.70	0.00	0.00	0.05	0.60	0.35	0.35
1	01-07 Jan.	97.30	84.70	0.90	1.25	0.10	0.25	0.40	1.20	0.10	0.05	0.20	0.10	1.04	0.35
2	08-14 Jan.	50.80	41.20	6.35	6.65	4.10	2.50	0.80	0.75	0.40	0.35	0.65	0.70	1.73	1.38
3	15-21 de janeiro.	21.05	18.10	9.20	10.00	3.50	2.65	0.80	0.90	0.60	0.40	0.85	0.80	2.07	1.38
4	22-28 Jan.	40.60	50.85	9.35	9.40	1.15	1.55	0.40	0.50	0.30	0.15	0.40	0.25	2.07	2.07
5	29 Jan.- 04 Fev.	36.45	71.40	7.95	7.50	0.45	0.65	0.10	0.10	0.10	0.05	0.10	0.10	2.77	3.46
6	05-11 Fev.	28.50	126.10	1.60	4.50	0.10	0.20	0.00	0.00	0.00	0.00	0.00	0.00	2.77	3.46
7	12-18 Fev.	14.60	43.75	0.00	0.55	0.00	0.00	0.00	0.00	0.00	0.00	0.00	0.00	2.77	3.46

A população de afídeos diminuiu gradualmente, mas manteve-se até à colheita da cultura. Durante 2016-17, o pulgão foi notado pela primeira vez durante 50th MW (10-16 Dez.) com um aumento gradual na sua população e atingiu o seu primeiro pico (84,70/folha) durante 1st MW (01-07 Jan.) quando a temperatura máxima prevalecente, temperatura mínima, humidade relativa da manhã, humidade relativa da noite, evaporação, sol brilhante e velocidade do vento foram 29,2⁰ C, 8,5⁰ C, 78,0%, 27,0%, 4,2 mm, 9,3 horas e 2,0 Kmph, respetivamente. Depois a população diminuiu gradualmente até 3rd MW (15-21 Jan.) e depois disso a população aumentou com o segundo pico (126.10/folha) durante 6th MW (05-11/folha).

Os resultados actuais são aqui discutidos com os de investigadores anteriores. Badjena e Mandal (2005) relataram que os pulgões apareceram na segunda semana de novembro, aumentaram gradualmente em número e atingiram o pico (216,3 pulgões/ 3 folhas) na quarta semana de janeiro. Singh *et al.,* (2010) observaram o pulgão durante 2nd semanas-padrão com uma intensidade de 4,59 pulgões por folha na couve-flor e a população de pulgões atingiu o seu pico de 78,87 pulgões por folha na couve-flor durante 5th semanas-padrão. Dewanda e Khan (2016) referiram que a gravidade da incidência de afídeos era mais elevada no inverno do que na estação das monções. Os resultados actuais estão mais ou menos de acordo com os dos investigadores acima referidos.

4.1.2 Traça-das-costas-de-diamante *Plutella xy!ostella*

As observações relativas à população larvar e pupal da traça-das-crucíferas (DBM) apresentadas no Quadro 3 e representadas na Fig. 4 revelaram que a população variou de 0,55 a 9,35/planta e de 0,50 a 10,00/planta durante 201516 e 2016-17, respetivamente. Durante 2015-16, a DBM apareceu pela primeira vez durante 52nd MW (24-31 Dez.) com intensidade de 0,55/planta. Em seguida, a população aumentou gradualmente e atingiu o pico durante 4th MW (22-28 de janeiro), quando a temperatura máxima prevalecente, a temperatura mínima, a humidade relativa da manhã, a humidade relativa da noite, a evaporação, o sol brilhante e a velocidade do vento foram de 30,5⁰ C, 7,0⁰ C, 67,7%, 21,3%, 5,4 mm, 9,3 horas e 3,7 km/h, respetivamente. Depois disso, a população diminuiu até 6th MW (05-11 Fev.) e no final da estação a população foi nula durante 7th MW (12-18 Fev.). Durante 2016-17, a incidência de DBM começou durante 52nd MW (24-31 Dez.) (0,50/planta). Depois disso, a população aumentou gradualmente e atingiu o seu pico (10,00/planta) durante 3rd MW (15-21 de janeiro), quando a temperatura máxima prevalecente, a temperatura mínima, a humidade relativa da manhã, a humidade relativa da noite, a evaporação, o sol brilhante e a velocidade do vento foram 28,9⁰ C, 11,5⁰ C, 75,0%, 37,0%, 4,2 mm, 7,0 horas e 2,8 Kmph, respetivamente. Depois disso, a população de DBM diminuiu gradualmente mas manteve-se até à colheita da cultura durante 7th MW (12-18 Fev.).

Lee (1986) observou que o yponomeutideo *Plutella xylostella* era abundante em dezembro-março, com um pico populacional em fevereiro. Chandramohan (1994) referiu que a população larvar da traça-das-crucíferas *Plutella xylostella* L. na couve era maior de dezembro a maio, com um pico de atividade em abril, em Nilgiris. More e Mundhe (2003) relataram que a população de traça-das-crucíferas flutuou de 0,8 em 1st semana meteorológica para 4,6 por planta em 7th semana meteorológica. Badjena e Mandai (2005) observaram que *Plutella xylostella* apareceu durante a quarta semana de novembro, aumentou gradualmente em número, atingiu o pico (56.0 larvas/ 10 plantas) durante a primeira semana de fevereiro. Dalve *et al.*, (2009) revelaram que a população da praga *Plutella xylostella* (Linnaeus) na couve apareceu a partir da terceira semana de dezembro, tendo aumentado gradualmente e atingido um pico de 8,9 larvas por planta durante a quarta semana de janeiro. A praga foi mais ativa durante o mês de janeiro. As presentes descobertas vão ao encontro das dos cientistas acima referidos.

4.1.3 *Crocidolomia binotalis* - lagarta da folha ou lagarta do cacho

As observações sobre a contagem de larvas de broca das folhas são apresentadas no Quadro 3 e representadas na Fig. 5. Verificou-se que a população de larvas variou de 0,10 a 4,10/planta durante 2015-16 e de 0,15 a 2,65/planta durante 2016-17.

Em 2015-16, a larva do bicho-da-folha foi detectada pela primeira vez (0,25/planta) em 49th MW (03-09 Dez.) e na semana seguinte a população era zero. Depois disso, a população aumentou gradualmente em 51st MW e 52nd MW e diminuiu em 1st MW. Depois, em 2nd MW (08-14 Jan.) a população atingiu o seu pico (4.10/planta) quando a temperatura máxima prevalecente, a temperatura mínima, a humidade relativa da manhã, a humidade relativa da noite, a evaporação, o sol brilhante e a velocidade do vento eram 31.6⁰ C, 11.7⁰ C, 67.6%, 24.7%, 5.3 mm, 8.5 horas e 3.0 Kmph, respetivamente. Depois disso, a população diminuiu gradualmente e manteve-se até 6th MW (05-11 de fevereiro). Durante 2016-17, a incidência de lagarta das folhas foi observada desde o final de dezembro (51st MW) até à primeira quinzena de fevereiro (6th MW). O pico de incidência foi observado em 3rd MW quando a temperatura máxima prevalecente, a temperatura mínima, a humidade relativa matinal, a humidade relativa vespertina, a evaporação, a luz solar intensa e a velocidade do vento foram de 28,9⁰ C, 11,5⁰ C, 75,0%, 37,0%, 4,2 mm, 7,0 horas e 2,8 Kmph, respetivamente. Depois disso, a população de larvas diminuiu gradualmente e manteve-se até 6th MW (05-11 Fev.) (0,20/planta).

As presentes conclusões da investigação estão em estreita concordância com trabalhos anteriores de investigadores como Badjena e Mandal (2005), que referiram que a incidência de *Crocidolomia binotalis* foi observada entre a terceira semana de novembro e a terceira semana de fevereiro. O inseto atingiu o pico (25,6 larvas/ 10 plantas) durante a terceira semana de janeiro. Patait *et al.,* (2008) relataram que a população de *Crocidolomia billotalis* (Zeller) na couve variou de 3,8 a 44,0 e de 1,0 a 6,2 larvas/quadrat durante as estações das chuvas e do inverno de 2006-07.

4.1.4 Lagarta comedora de folhas de tabaco *Spodoptera Htura*

Os dados sobre a população larvar da lagarta comedora de folhas do tabaco apresentados na Tabela 3 e representados na Fig. 6 indicam que a população variou de 0,05 a 0,80/planta e de 0,10 a 1,20/planta durante 2015-16 e 2016-17, respetivamente.

Durante 2015-16, a larva da lagarta comedora de folhas do tabaco apareceu pela primeira vez durante 51st MW (17-23 Dez.) e na semana seguinte a população era zero. Depois disso, a população aumentou gradualmente e atingiu o pico (0,80/planta) durante 2nd MW (08-14 de janeiro), quando a temperatura máxima prevalecente, a temperatura mínima, a humidade relativa da manhã, a humidade relativa da noite, a evaporação, o sol brilhante e a velocidade do vento foram 31,6⁰ C, 11,7⁰ C, 67,6%, 24,7%, 5,3 mm, 8,5 horas e 3,0 Kmph, respetivamente. Nos 3rd MW seguintes, a população era semelhante

(0,80/planta) e depois diminuiu até 5th MW (29 Jan.-04 Fev.). Depois disso, a atividade da lagarta comedora de folhas de tabaco não foi notada.

Durante 2016-17, a atividade da lagarta comedora de folhas de tabaco começou durante 49th MW (03-09 Dez.) com um aumento gradual da sua população e atingiu o seu pico (1,20/planta) durante 1st MW (01-07 Jan.) quando a temperatura máxima predominante, a temperatura mínima, a humidade relativa da manhã, a humidade relativa da noite, a evaporação, o sol brilhante e a velocidade do vento foram 29,2⁰ C, 8,5⁰ C, 78,0%, 27,0%, 4,2 mm, 9,3 horas e 2,0 Kmph, respetivamente. Depois, em 2nd MW, a população diminuiu e aumentou gradualmente para 0,90/planta em 3rd MW (15-21 de janeiro). Depois disso, a população diminuiu gradualmente e manteve-se até 5th MW (29 de janeiro a 04 de fevereiro).

Badjena e Mandal (2005) indicaram que a incidência de *Spodoptera litara* foi registada entre a quarta semana de novembro e a terceira semana de fevereiro. O pico de incidência (21,3 larvas/10 plantas) foi observado durante a segunda semana de janeiro. Patait *et al.,* (2008) revelaram que a população de *Spodoptera litara* (Fabricius) na couve variou de 1,6 a 20,4 e de 0,2 a 1,0 larvas/quadrado durante as estações das chuvas e do inverno de 2006-07, respetivamente. Foram registados resultados mais ou menos semelhantes no presente estudo.

4.1.5 Semilobo verde *Trichoplusia ni*

As observações sobre a população de larvas do semilouco verde na couve-flor são apresentadas no Quadro 3 e representadas na Fig. 7. A população variou de 0,05 a 0,60/planta durante 2015-16 e de 0,05 a 0,40/planta durante 2016-17.

Durante 2015-16, o semilouco foi observado pela primeira vez durante 51st MW (15-23 Dez.) e na semana seguinte a população era zero. Posteriormente, a população aumentou gradualmente a partir de 1st MW (01-07 Jan.) e atingiu o seu pico (0,60/planta) durante 3rd MW (15-21 Jan.). A temperatura máxima prevalecente, a temperatura mínima, a humidade relativa da manhã, a humidade relativa da tarde, a evaporação, o sol brilhante e a velocidade do vento durante o período de pico foram 30,7⁰ C, 13,9⁰ C, 63,7%, 27,6%, 5,3 mm, 8,2 horas e 4,0 km/h, respetivamente. Depois disso, a população diminuiu e manteve-se até 5th MW (29 de janeiro a 04 de fevereiro).

Durante 2016-17, a incidência foi registada de 1st MW (01-07 Jan.) a 5th MW (29 Jan.-04 Fev.). O pico de atividade (0,40/planta) foi registado durante 3rd MW (15-21 Jan.). A temperatura máxima prevalecente, a temperatura mínima, a humidade relativa matinal, a humidade relativa vespertina, a evaporação, o sol brilhante e a velocidade do vento durante o período de pico foram 28,9⁰ C, 11,5⁰ C, 75,0%, 37,0%, 4,2 mm, 7,0 horas e 2,8 km/h, respetivamente.

A incidência sazonal de Trichoplusia ni estava de acordo com as conclusões de Ojha *et al.* (2004), que referiram que a população mais baixa e mais alta de Trichoplusia ni, *T. ni,* era de 0,33 e 1,33 larvas por ensaio durante a primeira semana de dezembro. Patait *et al.,* (2008) observaram que a população de *Trichoplusia ni* (Hubner) variava entre 0,6 e 6,0 larvas/quadrat durante a estação das chuvas de 2006. Nale *et al.,* (2016) observaram que o pico de atividade do semilouco (0,5 larvas/planta) na couve durante a primeira semana de março (10th MW).

4.1.6 Traça-das-trevas *Orgyia* spp.

Os dados sobre a população larvar da traça-do-tussolo apresentados no Quadro 3 e representados na Fig. 8 revelaram que a população variou entre 0,05 e 0,85/planta e 0,10 e 0,80/planta durante 2015-16 e 2016-17, respetivamente.

Durante 2015-16, a incidência da praga começou durante 52nd MW (24-31 de dezembro) com uma intensidade de 0,05/planta e aumentou gradualmente até atingir o pico (0,85/planta) durante 3rd MW (15-21 de janeiro) quando a temperatura máxima prevalecente, a temperatura mínima, a humidade relativa da manhã, a humidade relativa da tarde, a evaporação, o sol brilhante e a velocidade do vento foram 30,7⁰ C, 13,9⁰ C, 63,7%, 27,6%, 5,3 mm, 8,2 horas e 4,0 km/h, respetivamente. Depois disso, a população diminuiu e permaneceu ativa até 5th MW (29 Jan.-04 Fev.).

Durante 2016-17, a praga apareceu a partir de 50th MW (10-16 Dez.) com um aumento gradual e atingiu o seu primeiro pico (0,60/planta) durante 52nd MW. Depois disso, a população diminuiu em 1st MW e a partir de 2nd MW (08-14 Jan.) aumentou gradualmente. Durante 3rd MW, a atividade da traça-das-galhas atingiu o seu pico em todas as estações (0,80/planta) quando a temperatura máxima prevalecente, a temperatura mínima, a humidade relativa matinal, a humidade relativa vespertina, a evaporação, a luz solar intensa e a velocidade do vento foram de 28,9⁰ C, 11,5⁰ C, 75,0%, 37,0%, 4,2 mm, 7,0 horas e 2,8 km/h, respetivamente.

Não foi encontrada literatura sobre a traça da couve-flor, pelo que não é possível discuti-la.

4.1.7 Broca da cabeça *Hellula undalis*

As observações sobre a infestação da broca da cabeça da couve-flor são apresentadas no Quadro 3 e representadas na Fig. 9. A incidência foi muito baixa em ambos os anos. Variou de 0,35 a 2,77 por cento em 2015-16 e de 0,35 a 3,46 por cento em 2016-17. A incidência começou em 50th MW (10-16 Dez.) durante 2015-16 e 52nd MW (24-31 Dez.) durante 2016-17.

Ojha *et al.* (2004) relataram que a população mais baixa e mais alta da broca da cabeça, *H. undalis, foi* de 0,33 e 8,66 larvas por ensaio durante a primeira a última semana de outubro. Patait *et al.* (2008) revelaram que a população de *Hellula undalis* (Fabricius) na couve variou de 0,6 a 1,6 e de 0,6 a 3,2 larvas/quadrado durante as estações das chuvas e do inverno de 2006-07, respetivamente. As presentes conclusões estão mais ou menos na linha dos investigadores acima referidos.

4.2 Ocorrência sazonal de inimigos naturais de insectos pragas da couve-flor 4.2.1 Ovo da mosca syrphid

As observações sobre ovos de mosca syrphid são apresentadas na Tabela 4 e representadas na Fig. 10. O número de ovos variou de 0,25 a 4,60/planta em 2015-16 e de 0,50 a 3,50/planta em 2016-17.

Durante 2015-16, os ovos da mosca syrphid foram notados pela primeira vez durante 49th MW (03-09 Dez.) com aumento gradual nas semanas seguintes. O número máximo (4,60/planta) foi observado durante 52nd MW (24-31 Dez.) quando a temperatura máxima prevalecente, a temperatura mínima, a humidade relativa da manhã, a humidade relativa da noite, a evaporação, o sol brilhante e a velocidade do vento foram 30,3⁰ C, 8,48⁰ C, 74,2%, 23,0%, 5,2 mm, 9,6 horas e 3,9 Kmph, respetivamente. Depois disso, o número diminuiu gradualmente, mas manteve-se até à colheita da cultura (7th MW).

Durante 2016-17, os ovos da mosca syrphid foram registados pela primeira vez durante 50th MW (10-16 Dez.) e encontrados até ao final da época de colheita até 7th MW (12-18 Fev.). Aumentou gradualmente e atingiu o seu pico (3.50/planta) durante 52nd MW (24-31 Dez.) quando a temperatura máxima prevalecente, temperatura mínima, humidade relativa da manhã, humidade relativa da noite, evaporação, sol brilhante e velocidade do vento foram 29.5⁰ C, 8.0⁰ C, 75.0%, 29.0%, 4.2 mm, 9.8 horas e 2.3 Kmph, respetivamente. Depois disso, diminuiu gradualmente até 5th MW (29 de janeiro a 04 de fevereiro). Depois, os ovos da mosca syrphid aumentaram (2,55/planta) em 6th MW (05-11 Fev.) e diminuíram nos 7th MW seguintes (12-18 Fev.).

4.2.1 Larva da mosca syrphid

Os dados sobre o número de moscas-sírfidas na couve-flor apresentados no Quadro 4 e representados na Fig. 11 indicam que a população variou de 0,40 a 5,75/planta e de 0,55 a 3,55/planta durante 2015-16 e 2016-17, respetivamente.

Durante 2015-16, as larvas foram registadas pela primeira vez durante 50th MW (10-16 Dez.). A população aumentou gradualmente e atingiu o seu pico (5,75/planta) durante 1st MW (01-07 Jan.) quando a temperatura máxima prevalecente, a temperatura mínima, a humidade relativa da manhã, a humidade relativa da noite, a evaporação, o sol brilhante e a velocidade do vento foram 32,5⁰ C, 11,1⁰ C, 73,6%, 21,1%, 5,2 mm, 9,5 horas e 2,8 Kmph, respetivamente. Depois disso, a população diminuiu gradualmente e manteve-se até ao fim da época de cultivo.

Durante 2016-17, a larva da mosca syrphid apareceu a partir de 51st MW com uma intensidade de 0,55/planta e atingiu o seu pico nos 52nd MW seguintes, quando a

Tabela 4. Ocorrência sazonal de inimigos naturais de insectos-praga na couve-flor durante 2015-16 e 2016-17

M W	Duração	N.º de ovos de mosca syrphid / planta		N.º de larvas de mosca syrphid / planta		N.º de escaravelhos ofídios (larvas e adultos) / planta		N.º de afídeos mumificados / planta		Parasitização de larvas de lepidópteros (%)	
		2015-	2016-	2015-	2016-	2015-	2016-17	2015-16	2016-	2015-	2016-

		16	17	16	17	16			17	16	17
48	26 Nov.-02 Dez.	0.00	0.00	0.00	0.00	0.00	0.00	0.00	0.00	0.00	0.00
49	03-09 Dez.	0.25	0.00	0.00	0.00	0.00	0.00	0.00	0.00	0.00	0.00
50	10-16 Dez.	1.40	0.50	0.40	0.00	0.20	0.10	2.40	1.75	0.00	0.00
51	17-23 Dez.	3.25	1.85	1.60	0.55	1.25	1.10	5.80	6.75	10.00	5.00
52	24-31 Dez.	4.60	3.50	4.80	3.55	1.55	1.30	19.50	14.30	10.00	10.00
1	01-07 Jan.	4.20	3.00	5.75	3.20	1.60	1.45	18.80	16.75	20.00	10.00
2	08-14 Jan.	3.50	2.85	4.40	2.75	1.20	1.15	14.05	13.20	25.00	20.00
3	15-21 de janeiro.	3.15	2.35	3.00	2.05	0.80	0.95	12.90	10.30	25.00	25.00
4	22-28 Jan.	2.60	2.05	3.45	2.65	0.40	0.45	16.40	14.75	35.00	30.00
5	29 jan.-04 fev.	2.20	1.80	2.70	2.00	0.20	0.10	14.50	15.10	30.00	20.00
6	05-11 Fev.	1.70	2.55	2.15	2.30	0.15	0.10	8.45	24.60	10.00	5.00
7	12-18 Fev.	1.00	1.10	1.60	1.05	0.10	0.00	7.70	9.66	5.00	0.00

A temperatura máxima prevalecente, a temperatura mínima, a humidade relativa da manhã, a humidade relativa da tarde, a evaporação, o sol brilhante e a velocidade do vento foram 29,5⁰ C, 8,0⁰ C, 75,0%, 29,0%, 4,2 mm, 9,8 horas e 2,3 km/h, respetivamente. Depois disso, a população diminuiu até 3rd MW (15-21 de janeiro) (2,05/planta) e aumentou em 4th MW (22-28 de janeiro). Novamente a população diminuiu em 5th MW (29- Jan.-04 Fev.) e aumentou em 6th MW (05-11 Fev.). A população diminuiu na semana seguinte e foi observada até o final da estação.

Os resultados estão de acordo com os de cientistas anteriores, como Badjena e Mandal (2005), que observaram duas espécies de mosca syrphid, *a saber, Ischiodon SCUtellaris* e *Eumerus albifrons,* nos campos de couve-flor da primeira semana de dezembro à segunda semana de fevereiro. O pico da população (18,3 larvas/10 plantas) foi registado na segunda semana de janeiro. Wagle *et al.* (2005) referiram que os predadores afidófagos como *Syrphus spp.* apareceram mais ou menos com a população de afídeos (4th semana padrão). Os syrphids permaneceram activos até março (13th semana padrão). medida que as populações de pragas diminuíam, a população de inimigos naturais também diminuía. Mandal e Patnaik (2008) relataram que o pico de atividade de *I. scutellaris* foi observado durante janeiro e a primeira quinzena de fevereiro (8,64-11,45 larvas / 10 plantas), enquanto que o de *E. albifrons* durante a segunda quinzena de janeiro e a primeira quinzena de fevereiro (2,79 - 4,06 larvas / 10 plantas).

4.2.2 Escaravelho Coccinellid

As observações sobre o besouro joaninha (larva e adulto) na couve-flor são apresentadas na Tabela 4 e representadas na Fig. 12. Verificou-se que a população variou de 0,10 a 1,60/planta durante 2015-16 e de 0,10 a 1,45/planta durante 2016-17.

Durante 2015-16, a população de joaninhas foi observada primeiro em 50th MW (0,20/planta) e ocorreu até à colheita da cultura (7th MW). O pico de atividade (1,60/planta) foi observado durante 1st MW quando a temperatura máxima, a temperatura mínima, a humidade relativa matinal, a humidade relativa vespertina, a evaporação, a luz solar intensa e a velocidade do vento eram de 32,5⁰ C, 11,1⁰ C, 73,6%, 21,1%, 5,2 mm, 9,5 horas e 2,8 km/h, respetivamente.

Durante 2016-17, o escaravelho joaninha apareceu com uma intensidade de 0,10/planta e aumentou gradualmente, atingindo o pico (1,45/planta) em 1st MW quando a temperatura máxima prevalecente, a temperatura mínima, a humidade relativa da manhã, a humidade relativa da noite, a evaporação, o sol brilhante e a velocidade do vento eram 29,2⁰ C, 8,5⁰ C, 78,0%, 27,0%, 4,2 mm, 9,3 horas e 2,0 Kmph, respetivamente. Depois disso, a população diminuiu e manteve-se até 6th MW (0511 de fevereiro).

Resultados semelhantes foram observados por Badjena e Mandal (2005), Wagle *et al.,* (2005), Mandal e Patnaik (2008), Bana *et al.,* (2012) e Patra *et al.,* (2013).

4.2.3 Pulgão mumificado

Os dados sobre o pulgão mumificado (pulgão parasitado) na couve-flor são apresentados na Tabela 4 e representados na Fig. 13. O valor variou de 2,40 a 19,50/planta e 1,75 a 24,60/planta durante 2015-16 e 2016-17, respetivamente.

Durante 2015-16, o pulgão mumificado foi observado a partir de 50th MW (10-16 Dez.) com um aumento gradual e atingiu o seu pico (19,50/planta) em 52nd MW (24-31 Dez.). Depois disso, o número diminuiu, mas foi observado até à colheita da cultura.

Durante 2016-17, o pulgão mumificado apareceu a partir de 50th MW (10-16 Dez.) com um aumento gradual e atingiu o seu primeiro pico (16,75/planta) em 1st MW (01-07 Jan.). Depois o número diminuiu até 3rd MW (15-21 Jan.) e aumentou gradualmente até 6th MW (05-11 Fev.). Depois diminuiu no final da época.

4.2.4 Parasitização de larvas de lepidópteros

As observações sobre a parasitização de larvas de lepidópteros são apresentadas na Tabela 4 e representadas na Fig. 14. Durante 2015-16, variou de 5,00 a 35,00 por cento, enquanto 5,00 a 30,00 por cento em 2016-17. A parasitagem mais elevada foi registada nas larvas recolhidas durante 3rd MW em ambos os anos.

Parasitóides barconídeos e taqunídeos emergiram de lagartas comedoras de folhas de tabaco. *Apanteles* spp. foram observados em larvas de semilouca e de lagarta-das-folhas. Parasitóides *Cotesia platellae foram observados* em larvas parasitadas por DBM.

Oduor *et al.*, (1996) relataram que *B. brassicae* foi o pulgão mais comum com infestação média e parasitismo de cerca de 26 e 0,8%, respetivamente, para as duas estações. Vaz *et al.*, (2004) descobriram que os parasitas pertencentes a Hymenoptera surgiram em frequências distintas de *D. rapae* (93,2%) e *Aphidias colemani* (4,5% foi obtido de *B.brassicae.* Laisvune e Laimutis (2008) observaram que *Diaeretiella rapae* reduziu as populações de pulgão da couve em 23,9-26,2% durante os dois anos experimentais. Sable *et al.*, (2008) relataram que os parasitóides importantes registados foram *Aphidius* spp. de pulgões da couve com parasitismo máximo de 76,43 e 82,33 por cento em 2002-03 e 2003-04, respetivamente.

Sable *et al.*, (2008) relataram que os parasitóides de *P. xylostella* incluem um parasita larval *Cotesia plutellae* e um parasita larval e pupal *Oomyzus sokolowskii.* O grau de parasitismo das larvas e pupas foi de 10,80 e 26,83 por cento em 2002-2003, enquanto foi de 11,33 e 28,38 por cento em 2003-2004, respetivamente. Ahmad e Ansari (2010) registaram que *Cotesia plutellae* foi considerado um parasitoide larvar dominante. Patra *et al.*, (2013) revelaram que as larvas mais parasitadas da traça-das-crucíferas por *Cotesia plutellae* foram encontradas em 15th e 8th março com 10,42 e 10,50% de parasitismo larvar durante ambas as estações, respetivamente. Dewanda e Khan (2016) revelaram que a maior parasitização de larvas por *Cotesia plutella* foi registada em 14th novembro (9,66%) para o ano de 2014 e em 05th abril (14,16%) para o ano de 2015.

Os resultados do presente inquérito estão em consonância com os dos investigadores acima referidos.

4.3 Correlação e regressão entre os parâmetros meteorológicos e os principais insectos pragas da couve-flor

A população dos principais insectos-praga da couve-flor foi correlacionada com os parâmetros meteorológicos utilizando o software WASP 2.0 para obter o coeficiente de correlação e apresentado no Quadro 5. As regressões múltiplas das principais pragas de insectos da couve-flor e dos parâmetros meteorológicos foram efectuadas utilizando o software WASP 2.0 e foram elaboradas equações de regressão.

4.3.1 Pulgão *Brevicoryne brassicae*

4.3.1.1 Estudos de correlação

O coeficiente de correlação foi calculado entre a população de afídeos e os factores abióticos (temperatura, humidade relativa, evaporação, horas de sol brilhante e velocidade do vento) durante 2015-16 e 2016-17 e apresentado no Quadro 5.

Durante 2015-16, a população de pulgões apresentou uma correlação negativamente significativa com a temperatura mínima (r=-0,648*). Foi observada uma correlação negativa e não significativa entre a população de afídeos e a temperatura máxima (r=-0,438), a humidade relativa nocturna (r=-0,230), a evaporação (r=- 0,341) e a velocidade do vento (r=-0,094). A humidade relativa matinal (r=0,212) e as horas de sol brilhante (r=0,349) tiveram uma influência positiva mas não significativa na população de afídeos.

Durante 2016-17, a população de pulgões correlacionou-se de forma negativa e não significativa com a temperatura máxima (r=-0,064), a temperatura mínima (r=- 0,337), a humidade relativa da noite (r=-0,210), a evaporação (r=-307) e a velocidade do vento (r=-0,298). A correlação do afídeo com a humidade relativa da manhã (r=0,015) e as horas de sol brilhante (r=0,359) não foi significativamente positiva.

4.3.1.2 Estudos de regressão

A regressão múltipla foi efectuada entre os parâmetros meteorológicos e a população de afídeos durante 2015-16 e apresentada no Quadro 6.

Tabela 5. Correlação entre os parâmetros climáticos e as pragas de insectos na couve-flor durante 2015-16 e 2016-17

Coeficiente de correlação (valor "r")

Parâmetros meteorológicos	Pulgão		Larva da traça-das-crucíferas		Larva do bicho-da-folha		Lagarta comedora de folhas de tabaco		Semilooper		Larva da traça-das-trevas		Larva da broca da cabeça	
	2015-16	2016-17	2015-16	2016-17	2015-16	2016-17	2015-16	2016-17	2015-16	2016-17	2015-16	2016-17	2015-16	2016-17
Temperatura máxima [°C]	-0.438	-0.064	-0.403	-0.120	-0.590*	-0.471	-0.566	-0.659*	-0.587*	-0.517	-0.614*	-0.638*	0.294	0.469
Temperatura mínima [°C]	-0.648*	-0.337	-0.506	0.162	-0.325	-0.109	-0.391	-0.537	-0.347	-0.130	-0.383	-0.426	-0.101	0.421
Humidade relativa matinal [%]	0.212	0.015	-0.608*	-0.203	-0.463	0.083	-0.444	0.487	-0.558	0.170	-0.511	0.223	-0.797*	-0.586*
Humidade relativa da tarde [%]	-0.230	-0.210	-0.271	0.497	0.092	0.636*	0.016	0.260	0.051	0.669*	0.033	0.499	-0.789*	0.049
Evaporação [mm]	-0.341	-0.307	-0.207	-0.477	-0.376	-0.475	-0.420	-0.544	-0.362	-0.433	-0.396	-0.497	0.620*	0.190

Sol brilhante [hrs]	0.349	0.359	-0.121	-0.484	-0.569	-0.587 *	-0.494	-0.221	-0.549	-0.658 *	-0.524	-0.399	0.262	0.000
Velocidade do vento (Km/hr)	-0.094	-0.298	-0.030	0.026	-0.093	0.000	-0.208	-0.376	-0.051	0.001	-0.098	-0.184	0.515	0.337

N=12

* Significativo a 5%

Tabela 6. Regressão múltipla dos parâmetros meteorológicos e do afídeo na couve-flor (2015-16)

Parâmetros meteorológicos	Coeficientes Reg. (b)	SE(b)	Teste TT	Tabela T (0,05)
Temperatura máxima (^{0} C) (B1)	-1.155	6.347	-0.182	2.776
Temperatura mínima (^{0} C) (B2)	5.029	20.485	0.246	2.776
Humidade relativa matinal (%) (B3)	242.195	166.331	1.456	2.776
R.H. nocturna (%) (B4)	-127.059	514.553	-0.247	2.776
Evaporação (mm) (B5)	-286.591	498.591	-0.575	2.776
Sol brilhante (horas) (B6)	20.908	16.983	1.231	2.776
Velocidade do vento (Km/hr) (B7)	-26.703	12.401	-2.153	2.776
Interceção (a) = 900,594 **Coeficiente de determinação (R Square) = 0,672**				

A equação de regressão elaborada em 2015-16 é a seguinte

Y =900   ,594 + (-1,155) B_i + (5,029) B_2 + (242,195) B_3 + (-127,059) B_4

+ (-286,591) B_5 + (20,908) B_6 + (-26,703) B7 + 33,188

O coeficiente de determinação (R^2) representa a proporção de variação comum nas duas variáveis. A investigação revelou que os parâmetros meteorológicos contribuíram para 67,2% da variação total da população de afídeos na couve-flor.

Durante 2016-17, a regressão múltipla foi trabalhada entre os parâmetros climáticos e a população de pulgões para o coeficiente de regressão (B) e o interceto (a) e apresentada na Tabela 7.

Tabela 7. Regressão múltipla dos parâmetros meteorológicos e do afídeo na couve-flor (2016-17)

Parâmetros meteorológicos	Coeficientes Reg. (b)	SE(b)	Teste TT	Tabela T (0,05)
Temperatura máxima (^{0} C) (B1)	12.058	33.005	0.365	2.776
Temperatura mínima (^{0} C) (B2)	-22.053	27.839	-0.792	2.776
Humidade relativa matinal (%) (B3)	-12.105	14.731	-0.822	2.776
R.H. nocturna (%) (B4)	-4.680	6.724	-0.696	2.776
Evaporação (B5)	-63.481	64.325	-0.987	2.776

Sol brilhante (horas) (B6)	-14.089	40.902	-0.344	2.776
Velocidade do vento (Km/hr) (B7)	29.084	52.283	0.556	2.776
Interceção (a) = 1293,974 **Coeficiente de determinação (R Square) = 0,440**				

A regressão efectuada em 2016-17 é a seguinte

Y =1293   ,974 + (12,058) B1 + (-22,053) B2 + (-12,105)B3 + (-4,680) B4

+ (-63,481) B5 + (-14,089) B6 + (29,084) B7 + 47,718

O coeficiente de determinação (R^2) representa a proporção de variação comum nas duas variáveis. A investigação revelou que os parâmetros meteorológicos contribuíram para 44,0 por cento da variação total na população de afídeos na couve-flor.

As presentes investigações estão de acordo com Singh *et al.*, (2010) que indicaram uma relação negativa com a temperatura máxima, mínima e média, a humidade relativa nocturna e média, a velocidade do vento e a evaporação.

Pal e Madavi (2012) relataram que o acúmulo populacional de *B. brassicae* foi positivamente correlacionado à temperatura máxima (r=0,336), temperatura mínima (r=0,374) e negativamente correlacionado à umidade relativa (r=0,107) e precipitação total (r=0,086). No entanto, a correlação positiva significativa (P<0,05) existiu apenas entre a temperatura mínima e o aumento da população do pulgão. Aggrawal *et al.*, (2014) observaram uma correlação significativamente negativa com a humidade relativa máxima, enquanto foi observada uma correlação positiva não significativa com a temperatura máxima e mínima. Shalini *et al.*, (2016) referiram que a população de *B. brassicae* teve uma influência positiva significativa da temperatura máxima, da temperatura mínima e da velocidade do vento, enquanto a humidade relativa matinal e a humidade relativa vespertina tiveram uma influência negativa. Os resultados das presentes investigações estão parcialmente de acordo com os dos investigadores acima referidos.

4.3.2 Traça-das-costas-de-diamante *Plutella Xylostella*

4.3.2.1   Estudos de correlação

Os dados sobre a correlação entre a população da traça-das-crucíferas (larva e pupa) e os parâmetros meteorológicos durante 2015-16 e 2016-17 são apresentados na Tabela 5.

Durante 2015-16, a correlação entre a DBM e a humidade relativa matinal (r=-608*) foi negativamente significativa. Os restantes parâmetros meteorológicos mostraram uma correlação negativa e não significativa com a população de DBM.

Durante 2016-17, a correlação foi positivamente não significativa entre a DBM e a temperatura mínima (r=0,162), a humidade relativa nocturna (r=0,497) e a velocidade do vento (r=0,026). A correlação negativa não significativa foi observada entre a DBM e a temperatura máxima (r=-0,120), a humidade relativa matinal (r=-0,203), a evaporação (r=-0,477) e a luz solar intensa (r=-0,484).

4.3.2.2   Estudos de regressão

O coeficiente de regressão (B) e a interceção (a) foram trabalhados para estabelecer as equações de regressão para 2015-16 e 2016-17 (quadros 8 e 9).

Tabela 8. Regressão múltipla de parâmetros meteorológicos e larva de traça-das-crucíferas em couve-flor (2015-16)

Parâmetros meteorológicos	Coeficientes Reg. (b)	SE(b)	Teste TT	Tabela T (0,05)
Temperatura máxima (^{0} C) (B1)	-1.227	4.414	-0.278	2.776
Temperatura mínima (^{0} C) (B2)	-0.495	1.452	-0.341	2.776
Humidade relativa matinal (%) (B3)	-0.944	0.695	-1.359	2.776
R.H. nocturna (%) (B4)	0.308	0.789	0.390	2.776
Evaporação (B5)	4.074	8.487	0.480	2.776
Sol brilhante (horas) (B6)	1.036	9.154	0.113	2.776
Velocidade do vento (Km/hr) (B)7	-5.162	6.742	-0.766	2.776
Interceção (a) = 93,947 **Coeficiente de determinação (R Square) = 0,770**				

A equação de regressão elaborada em 2015-16 é a seguinte

Y = 93,947 + (-1,227) B1 + (-0,495) B2 + (-0,944) B3 + (0,308) B4 + (4,074) B5 + (1,036) B6+ (-5,162) B7 + 3,147

Tabela 9. Regressão múltipla de parâmetros meteorológicos e larva de traça-das-crucíferas em couve-flor (2016-17)

Parâmetros meteorológicos	Coeficientes Reg. (b)	SE(b)	Teste TT	Tabela T (0,05)
Temperatura máxima (^{0} C) (B1)	2.738	1.945	1.407	2.776
Temperatura mínima (^{0} C) (B2)	-2.161	1.641	-1.317	2.776
Humidade relativa matinal (%) (B3)	-1.365	0.868	-1.572	2.776
R.H. nocturna (%) (B4)	-0.092	0.396	-0.232	2.776
Evaporação (B5)	-9.314	3.792	-2.456	2.776
Sol brilhante (horas) (B6)	-4.985	2.411	-2.068	2.776
Velocidade do vento (Km/hr) (B7)	2.917	3.082	0.946	2.776
Interceção (a) = 127,034				

Coeficiente de determinação (R Square) = 0,820

A equação de regressão elaborada em 2016-17 é a seguinte

$Y = 127,034 + (2,738)B_1 + (-2,161)B_2 + (-1,365)B_3 + (-0,092)B_4 + (-9,314)B_5 + (-4,985)B_6 + (2,917)B_7 + 2,813$

Os parâmetros meteorológicos contribuíram para 77,0 e 82,0 por cento da variação total na população de DBM na couve-flor durante 2015-16 e 2016-17, respetivamente. O coeficiente de determinação foi muito elevado, o que indica que a previsão da população de MCF utilizando parâmetros meteorológicos é fiável.

De acordo com Palande *et al.,* (2004), a população de DBM estava positivamente correlacionada com a temperatura máxima e mínima e com as horas de sol brilhante e negativamente correlacionada com a humidade relativa da manhã e da tarde e com a precipitação. Goud *et al.* (2006) observaram que a população de larvas estava negativamente correlacionada com a temperatura máxima, a HR II e as horas de sol, enquanto a população de larvas estava positivamente correlacionada com a temperatura mínima, a HR I e a precipitação. O efeito cumulativo dos parâmetros meteorológicos na formação da população da traça-das-crucíferas revelou que estes afectam 28,11% (R^2 = 0,2811). Dalve *et al.,* (2009) revelaram que, entre os diferentes parâmetros meteorológicos, a humidade relativa nocturna apresentou uma correlação negativa altamente significativa (r=-0,6852) com *P. xylostella*. Os restantes parâmetros meteorológicos apresentaram uma correlação não significativa com *P. xylostella.* Bana *et al.,* (2012) verificaram que a temperatura máxima e mínima apresentavam uma correlação negativa significativa com a população larvar da traça-das-crucíferas, ao passo que a humidade relativa e as horas de sol apresentavam uma correlação não significativa. Bashir *et al.,* (2015) observaram uma correlação negativamente não significativa (r = -0,31 e - 0,18) com a temperatura máxima, enquanto com a temperatura mínima a associação (r = 0,02 e 0,06) foi positivamente não significativa. A percentagem de humidade relativa mostrou uma relação positivamente significativa (r = 0,79 e 0,67) com a dinâmica populacional, ao passo que foi registada uma correlação negativa (r = -0,98 e - 0,46) com a precipitação total, mas foi estatisticamente significativa em 2012 e não significativa em 2013. Os modelos de regressão múltipla mostraram uma interação de 90-98% (R^2) entre a população de *P. xylostella* e os parâmetros meteorológicos. Nale *et al.,* (2016) relataram que o coeficiente de determinação (R^2) indicou que os parâmetros climáticos contribuíram para 73,33% da variação total na população de traça-das-crucíferas em repolho.

Os resultados das presentes investigações estão em conformidade com os dos investigadores acima referidos.

4.3.3 *Crocidolomia binotalis* - lagarta da folha ou lagarta do cacho

4.3.3.1 Estudos de correlação

A correlação entre a população de larvas de cochonilhas e os parâmetros meteorológicos foi calculada para estimar o coeficiente de correlação (valor r) durante 2015-16 e 2016-17 e apresentada no Quadro 5.

Durante 2015-16, o número de folhas e a temperatura máxima (r=-590*) tiveram uma correlação negativa significativa. Os restantes parâmetros meteorológicos correlacionaram-se de forma negativa e não significativa com a folha.

Durante 2016-17, a correlação do número de folhas foi positivamente significativa com a humidade relativa nocturna (r=636*) e negativamente significativa com a luz solar intensa (r=-587*). A temperatura máxima, a temperatura mínima e a evaporação foram correlacionadas de forma negativa e não significativa com o número de folhas. Foi registada uma correlação positiva não significativa entre o número de folhas e a humidade relativa da manhã.

4.3.3.2 Estudos de regressão

Os resultados da análise de regressão múltipla entre a folha de couve-flor e os parâmetros climáticos durante 2015-16 e 2016-17 são apresentados na Tabela 10 e na Tabela 11, respetivamente.

A equação de regressão foi elaborada em 2015-16 da seguinte forma.

$Y = 51$,643 + (-0,435) B1 + (0,061) B2 + (-0,074) B_3 + (-0,216) B_4 + (-0,258) B_5 + (-2,544) B6 + (-0,652) B7 + 0,789

A equação de regressão foi elaborada em 2016-17 da seguinte forma.

$Y = 33$,186 + (0,428)$_{B1+}$ (-0,688)$_{B2+}$ (-0,302)B3 + (0,002) B4 + (-1,239) B_5 + (-1,336) B6 + (0,739) B7 + 0,872

Tabela 10. Regressão múltipla de parâmetros meteorológicos e larva de bicho-da-folha em couve-flor (2015-16)

Parâmetros meteorológicos	Coeficientes Reg. (b)	SE(b)	Teste TT	Tabela T (0,05)
Temperatura máxima (⁰ C) (Bi)	-0.435	1.107	-0.393	2.776
Temperatura mínima (⁰ C) (B2)	0.061	0.364	0.168	2.776

Humidade relativa matinal (%) (B3)	-0.074	0.174	-0.426	2.776
R.H. nocturna (%) (B4)	-0.216	0.198	-1.091	2.776
Evaporação (B5)	-0.258	2.128	-0.121	2.776
Sol brilhante (horas) (Bβ)	-2.544	2.296	-1.108	2.776
Velocidade do vento (Km/hr) (B7)	-0.652	1.691	-0.386	2.776
Interceção (a) = 5i.643				
Coeficiente de determinação (R Square) = 0,885				

Tabela 11. Regressão múltipla de parâmetros meteorológicos e larva de bicho-da-folha em couve-flor (2016-17)

Parâmetros meteorológicos	Coeficientes Reg. (b)	SE(b)	Teste TT	Tabela T (0,05)
Temperatura máxima (^{0} C) (B1)	0.428	0.603	0.709	2.776
Temperatura mínima (^{0} C) (B2)	-0.688	0.509	-1.353	2.776
Humidade relativa matinal (%) (B3)	-0.302	0.269	-1.123	2.776
R.H. nocturna (%) (B4)	0.002	0.123	0.013	2.776
Evaporação (B5)	-1.239	1.176	-1.053	2.776
Sol brilhante (horas) (B6)	-1.336	0.748	-1.787	2.776
Velocidade do vento (Km/hr) (B7)	0.739	0.956	0.773	2.776
Interceção (a) = 33,186				
Coeficiente de determinação (R Square) = 0,715				

O coeficiente de determinação (R^2) representa a proporção de variação comum nas duas variáveis. A investigação revelou que os parâmetros meteorológicos contribuíram para 88,5 por cento e 71,5 por cento da variação total da população de lagartas na couve-flor durante 2015-16 e 2016-17, respetivamente. O coeficiente de determinação foi muito elevado, indicando que a previsão da população de lagartas utilizando parâmetros meteorológicos era fiável.

Os resultados das presentes investigações estão total ou parcialmente de acordo com os de investigadores anteriores, como Narsimhamurthy *et al.* (1998), que indicaram que havia uma relação significativa e não significativa (negativa) entre a população de larvas de lagarta-das-folhas e as temperaturas máxima e mínima, respetivamente. No entanto, a relação entre a humidade relativa matinal e a incidência foi positivamente não significativa. Chaudhari *et al.,* (2001) referiram que a população de *C. binotalis*, a lagarta da couve, apresentava uma correlação positiva com a temperatura média, a humidade relativa e a precipitação. No entanto, estava negativamente correlacionada com a média de horas de sol por dia. Segundo Palande *et al.* (2004), a população estava positivamente correlacionada com a temperatura máxima e mínima e as horas de sol brilhante e negativamente correlacionada com a humidade relativa matinal e vespertina e a precipitação. Patait *et al.,* (2008) referiram que a população de *C. billotalis* foi afetada positivamente pela ação da humidade relativa da tarde e da temperatura máxima e negativamente pela ação da humidade relativa da manhã e da temperatura mínima.

4.3.4 Lagarta comedora de folhas do tabaco *Spodoptera litura*

4.3.4.1 Estudos de correlação

O coeficiente de correlação foi calculado entre a população da lagarta do tabaco, *Spodoptera litara* e os factores abióticos (temperatura, humidade relativa, evaporação, luz solar intensa e velocidade do vento) durante 2015-16 e 2016-17 (Quadro 5).

Durante 2015-16, a praga apresentou uma correlação negativa não significativa com a temperatura máxima (r=-566), a temperatura mínima (r=-0,391), a humidade relativa da manhã (r=-0,444), a evaporação (r=-0,420), a luz solar intensa (r=-0,494) e a velocidade do vento (r=-0,208). A lagarta comedora de folhas do tabaco correlacionou-se de forma positiva e não significativa com a humidade relativa da tarde (r=0,016).

Durante 2016-17, a correlação entre a lagarta comedora de folhas do tabaco e a temperatura máxima (r=-0,659*) foi negativamente significativa. Foi encontrada uma correlação negativa não significativa entre a lagarta do tabaco e a temperatura mínima (r=-0,537), a evaporação (r=-0,544), a luz solar intensa (r=- 0,221) e a velocidade do vento (r=-0,376). A humidade relativa da manhã e da tarde (r=0,487 e 0,260) correlacionaram-se de forma positiva e não significativa com a lagarta do tabaco na couve-flor.

4.3.4.2 Estudos de regressão

A regressão múltipla foi efectuada entre os parâmetros meteorológicos e a população de lagartas comedoras de folhas de tabaco durante 2015-16 e 2016-17 e apresentada no Quadro 12 e no Quadro 13, respetivamente.

Tabela 12. Regressão múltipla de parâmetros climáticos e larva da lagarta comedora de folhas de tabaco em couve-flor (2015-16)

Parâmetros meteorológicos	Coeficientes Reg. (b)	SE(b)	Teste TT	Tabela T (0,05)
Temperatura máxima (⁰ C) (B1)	0.056	0.149	0.376	2.776

	-0.021	0.049	-0.436	2.776
Temperatura mínima (^{0} C) (B2)	-0.021	0.049	-0.436	2.776
Humidade relativa matinal (%) (B3)	0.004	0.023	0.181	2.776
R.H. nocturna (%) (B4)	-0.076	0.027	-2.851	2.776
Evaporação (B5)	-0.327	0.286	-1.143	2.776
Sol brilhante (horas) (B6)	-0.893	0.309	-2.891	2.776
Velocidade do vento (Km/hr) (B7)	-0.010	0.227	-0.043	2.776
Interceção (a) = 10,252 Coeficiente de determinação (R Square) = 0,958				

Tabela 13. Regressão múltipla de parâmetros climáticos e larva da lagarta comedora de folhas de tabaco em couve-flor (2016-17)

Parâmetros meteorológicos	Coeficientes Reg. (b)	SE(b)	Teste TT	Tabela T (0,05)
Temperatura máxima (^{0} C) (B1)	-0.110	0.322	-0.341	2.776
Temperatura mínima (^{0} C) (B2)	-0.108	0.272	-0.399	2.776
Manhã RH (%) (B)3	-0.063	0.144	-0.439	2.776
R.H. nocturna (%) (B4)	-0.025	0.066	-0.384	2.776
Evaporação (B5)	-0.154	0.628	-0.245	2.776
Sol brilhante (horas) (B6)	-0.225	0.399	-0.564	2.776
Velocidade do vento (Km/hr) (B7)	0.030	0.510	0.060	2.776
Interceção (a) = 12,980 Coeficiente de determinação (R Square) = 0,514				

A equação de regressão foi elaborada em 2015-16 da seguinte forma.

$Y = 10$,252 + (0,056)$_{B1}$ + (-0,021)$_{B2}$ + (0,004) B3 + (-0,076) B4 + (-0,327) B5 + (-0,893) $_{B6}$ + (-0,010) B7 + 0,106

A equação de regressão foi elaborada em 2016-17 da seguinte forma.

$Y = 12$,980 + (-0,110)$_{B1}$ + (-0,108) $_{B2}$ + (-0,063)B3 + (-0,025)B4 + (-0,154) B5 + (-0,225) $_{B6}$ + (0,030) B7 + 0,466

Os parâmetros meteorológicos contribuíram para 95,8% durante 2015-16 e 51,4% durante 2016-17 da variação total da população da lagarta do tabaco na couve-flor. O coeficiente de determinação foi muito elevado em 2015-16, indicando que a previsão da população da lagarta do tabaco utilizando os parâmetros meteorológicos era mais fiável. Narasimhamurthy *et al.,* (1998) verificaram que havia uma relação significativa e não significativa (negativa) da população de larvas *5. Htura* em couve-flor com as temperaturas máxima e mínima, respetivamente. No entanto, a relação entre a humidade relativa matinal e a incidência foi positivamente não significativa. Patait *et al.,* (2008) revelaram que a população de *5. Htura* foi influenciada positivamente pela humidade relativa da manhã e negativamente pela temperatura mínima e pela humidade relativa da tarde. Raja *et al.*, (2014) revelaram que a população de *S. litura* foi influenciada positivamente pela humidade relativa (manhã e noite) e pela precipitação e negativamente pela temperatura (máxima e mínima) e pela velocidade do vento em Theni, influenciada positivamente pela temperatura máxima, pela humidade relativa (manhã e noite) e pela precipitação em Hosur e influenciada positivamente pela temperatura máxima, pela humidade relativa (manhã e noite) e pela precipitação em Ooty.

Os resultados dos investigadores acima referidos estão em conformidade com as presentes conclusões.

4.3.5 Semiloboeiro verde *Trichoplusia ni*

4.3.5.1 Estudos de correlação

O coeficiente de correlação foi calculado correlacionando a população de semilopas com os parâmetros meteorológicos durante 2015-16 e 2016-17 e apresentado na Tabela 5.

Durante 2015-16, a temperatura máxima (r=-0,587*) apresentou uma correlação significativamente negativa com o semilobre. A correlação do semilobre com a temperatura mínima (r=-0,347), a humidade relativa matinal (r=-0,558), a evaporação (r=-0,362), a luz solar intensa (r=-0,549) e a velocidade do vento (r=-0,051). Foi observada uma correlação positiva não significativa entre o semilobre e a humidade relativa da tarde (r=0,051).

Durante 2016-17, o semilooper correlacionou-se de forma positivamente significativa com a humidade relativa nocturna (r=669*) e negativamente significativa com a luz solar intensa (r=- 0,658*). A temperatura máxima (r=-0,517), a temperatura mínima (r=-130) e a evaporação (r=-0,433) apresentaram uma correlação negativa não significativa com o semilooper. A humidade relativa matinal (r=0,170) e a velocidade do vento (r=0,001) apresentaram uma correlação positiva não significativa com o semilóquio.

4.3.5.2 Estudos de regressão

A regressão múltipla foi efectuada entre os parâmetros meteorológicos e a população de semilopas verdes na couve-flor durante 2015-16 e 2016-17 e apresentada no Quadro 14 e no Quadro 15, respetivamente.

Tabela 14. Regressão múltipla de parâmetros meteorológicos e larva de semilopa em couve-flor (2015-16)

Parâmetros meteorológicos	Coeficientes Reg. (b)	SE(b)	Teste TT	Tabela T (0,05)

Temperatura máxima (^{0} C) (Bi)	-0.059	0.111	-0.533	2.776
Temperatura mínima (^{0} C) (B2)	0.008	0.037	0.214	2.776
Humidade relativa matinal (%) (B3)	-0.021	0.018	-1.214	2.776
R.H. nocturna (%) (B4)	-0.023	0.020	-1.151	2.776
Evaporação (mm) (B5)	-0.042	0.214	-0.196	2.776
Sol brilhante (horas) (Bβ)	-0.282	0.231	-1.221	2.776
Velocidade do vento (Km/hr) (B7)	-0.095	0.170	-0.558	2.776
Interceção (a) = 7.i53 **Coeficiente de determinação (R Square) = 0,942**				

Tabela 15. Regressão múltipla de parâmetros meteorológicos e larva de semilopa em couve-flor (2016-17)

Parâmetros meteorológicos	Coeficientes Reg. (b)	SE(b)	Teste TT	Tabela T (0,05)
Temperatura máxima (^{0} C) (B1)	0.060	0.085	0.708	2.776
Temperatura mínima (^{0} C) (B2)	-0.097	0.072	-1.349	2.776
Humidade relativa matinal (%) (B3)	-0.032	0.038	-0.843	2.776
R.H. nocturna (%) (B4)	0.004	0.017	0.221	2.776
Evaporação (mm) (B5)	-0.119	0.166	-0.716	2.776
Sol brilhante (horas) (B6)	-0.197	0.105	-1.875	2.776
Velocidade do vento (Km/hr) (B7)	0.093	0.135	0.695	2.776
Interceção (a) = 3,619 **Coeficiente de determinação (R Square) = 0,734**				

Equação de regressão (2015-16)

$Y = 7,153 + (-0,059)B1 + (0,008)B2 + (-0,021) B3 + (-0,023) B4 +$

$(-0,042) B5 + (-0,282) B6 + (-0,095) B7 + 0,079$

Equação de regressão (2016-17)

$Y = 3,619 + (0,060) B1 + (-0,097)B2 + (-0,032) B3 + (0,004)B4 +$

$(-0,119) B5 + (-0,197) B6 + (0,093) B7 + 0,123$

O elevado valor do coeficiente de determinação (R^2 = 94,2 e 73,4 por cento durante 2015-16 e 2016-17, respetivamente) mostrou que estes são os factores críticos para a manutenção da população de semilopa na couve-flor.

As presentes conclusões estão mais ou menos na linha dos investigadores anteriores, como Patait *et al.,* (2008) que observaram que a população de *Trichoplusia ni* foi influenciada positivamente pela humidade relativa da manhã e negativamente pela temperatura mínima. Nale *et al.,* (2016) observaram que a correlação da população de semiloucos com a humidade relativa matinal (r = -0,217) e a luz solar intensa (r = -0,159) mostrou uma influência significativamente negativa. O coeficiente de determinação (R^2)

indicou que os parâmetros meteorológicos contribuíram para 94,28 por cento da variação total na população de semilopas em couve.

4.3.6 Traça-das-trevas *Orgyia* spp.

4.3.6.1 Estudos de correlação

A correlação da população larvar da traça-das-touceiras foi efectuada com os parâmetros meteorológicos e os coeficientes de correlação foram calculados durante 201516 e 2016-17 (Quadro 5).

Durante 2015-16, a temperatura máxima (r=-0,614*) mostrou uma correlação negativamente significativa com a praga. A população de traça-das-touceiras correlacionou-se de forma negativa não significativa com a temperatura mínima (r=-0,383), a humidade relativa matinal (r=-0,511), a evaporação (r=-0,396), a luz solar intensa (r=-0,524) e a velocidade do vento (r=-0,098). A humidade relativa da tarde (r=0,033) correlacionou-se de forma positiva e não significativa com a população de larvas da traça-do-tussolo.

Durante 2016-17, a praga correlacionou-se de forma significativamente negativa com a temperatura máxima (r=-0,638*). Verificou-se uma correlação negativa e não significativa entre a traça-das-areias e a temperatura mínima (r=-426), a evaporação (r=-0,497), a luz solar intensa (r=-0,399) e a velocidade do vento (r=-0,184). A correlação da larva da traça-das-areias com a humidade relativa da manhã e da tarde (r=0,223 e 0,449) foi positivamente não significativa.

4.3.6.2 Estudos de regressão

A regressão múltipla foi calculada entre os parâmetros climáticos e a população de larvas da traça-do-tussaco durante 2015-16 e 2016-17 e apresentada na Tabela 16 e na Tabela 17.

Os modelos de regressão elaborados em 2015-16 e 2016-17 são os seguintes

Modelo de regressão (2015-16)

$Y = 11$ $,574+(-0,120)B1 + (0,030)B2 + (-0,023)B3 + (-0,048)B4 + (-0,083) B_5 + (-0,443) B6 + (-0,158) B7 + 0,105$

Modelo de regressão (2016-17)

$Y = 16$ $,971 + (0,053)B1+ (-0,271)B2+ (-0,146)B3+ (-0,012)B4 + (-0,191) B_5 + (-0,421) B6 + (0,182) B7 + 0,194$

Tabela 16. Regressão múltipla dos parâmetros meteorológicos e larva da traça-das-

galhas na couve-flor (2015-16)

Parâmetros meteorológicos	Coeficientes Reg. (b)	SE(b)	Teste TT	Tabela T (0,05)
Temperatura máxima (^{0} C) (Bi)	-0.120	0.147	-0.819	2.776
Temperatura mínima (^{0} C) (B2)	0.030	0.048	0.610	2.776
Humidade relativa matinal (%) (B3)	-0.023	0.023	-0.994	2.776
R.H. nocturna (%) (B4)	-0.048	0.026	-1.845	2.776
Evaporação (B5)	-0.083	0.283	-0.293	2.776
Sol brilhante (horas) (Bβ)	-0.443	0.305	-1.451	2.776
Velocidade do vento (Km/hr) (B7)	-0.158	0.225	-0.705	2.776
Interceção (a) = ii,574 Coeficiente de determinação	(R Quadrado) = 0,953			

Tabela 17. Regressão múltipla dos parâmetros meteorológicos e larva da traça-das-galhas na couve-flor (2016-17)

Parâmetros meteorológicos	Coeficientes Reg. (b)	SE(b)	Teste TT	Tabela T (0,05)
Temperatura máxima (^{0} C) (B1)	0.053	0.134	0.397	2.776
Temperatura mínima (^{0} C) (B2)	-0.271	0.113	-2.398	2.776
Humidade relativa matinal (%) (B3)	-0.146	0.060	-2.445	2.776
R.H. nocturna (%) (B4)	-0.012	0.027	-0.431	2.776
Evaporação (B5)	-0.191	0.262	-0.731	2.776
Sol brilhante (horas) (B6)	-0.421	0.166	-2.532	2.776
Velocidade do vento (Km/hr) (B7)	0.053	0.134	0.397	2.776
Interceção (a) = 16,971 Coeficiente de determinação (R Square) = 0,840				

O coeficiente de determinação (R^2) entre os parâmetros meteorológicos e a população larvar da traça-das-crucíferas foi altamente significativo, mostrando a importância destes parâmetros na influência da abundância da traça-das-crucíferas.

A literatura sobre a traça da couve-flor não está disponível, pelo que não é possível discuti-la.

4.3.7 Broca da cabeça *Hellula undalis*

4.3.7.1 Estudos de correlação

A correlação entre a infestação da broca da cabeça e os parâmetros meteorológicos foi calculada para estimar o coeficiente de correlação (valor r) durante 2015-16 e 2016-17 e apresentada no Quadro 5.

Durante 2015-16, a correlação da broca da cabeça com a humidade relativa matinal (r=-0,797*) e a humidade relativa vespertina (r=-0,789*) foi negativamente significativa e positivamente significativa com a evaporação (r=0,620*). Foi registada uma correlação positiva não significativa entre a broca da cabeça e a temperatura máxima, a luz solar intensa e a velocidade do vento. A correlação entre a temperatura mínima e a broca da cabeça foi negativa e não significativa.

Durante 2016-17, a correlação da broca da cabeça com a humidade relativa matinal (r=-0,586*) foi negativamente significativa. Os restantes parâmetros meteorológicos correlacionaram-se de forma positiva e não significativa.

4.3.7.2   Estudos de regressão

A regressão múltipla foi calculada entre os parâmetros climáticos e a infestação da broca da cabeça na couve-flor durante 2015-16 e 2016-17 e apresentada no Quadro 18 e no Quadro 19, respetivamente.

Tabela 18. Regressão múltipla dos parâmetros meteorológicos e larva da broca da cabeça na couve-flor (2015-16)

Parâmetros meteorológicos	Coeficientes Reg. (b)	SE(b)	Teste TT	Tabela T (0,05)
Temperatura máxima (^{0} C) (Bi)	-0.039	0.807	-0.048	2.776
Temperatura mínima (^{0} C) (B2)	-0.063	0.266	-0.236	2.776
Humidade relativa matinal (%) (B3)	-0.106	0.127	-0.838	2.776
R.H. nocturna (%) (B4)	-0.114	0.144	-0.793	2.776
Evaporação (mm) (B5)	0.896	1.552	0.578	2.776
Sol brilhante (horas) (Bβ)	-0.742	1.674	-0.443	2.776
Velocidade do vento (Km/hr) (B7)	-0.593	1.233	-0.481	2.776
Interceção (a) = 17,368 **Coeficiente de determinação (R Square) = 0,905**				

Tabela 19. Regressão múltipla de parâmetros meteorológicos e larva da broca da cabeça em couve-flor durante 2016-17

Parâmetros meteorológicos	Coeficientes Reg. (b)	SE(b)	T Teste	Tabela T (0,05)
Temperatura máxima (^{0} C) (B1)	1.556	1.062	1.465	2.776
Temperatura mínima (^{0} C) (B2)	-1.106	0.896	-1.235	2.776
Humidade relativa matinal (%) (B3)	-0.402	0.474	-0.848	2.776
R.H. nocturna (%) (B4)	0.008	0.216	0.036	2.776
Evaporação (B5)	-2.208	2.070	-1.067	2.776
Sol brilhante (horas) (B6)	-1.275	1.316	-0.969	2.776
Velocidade do vento (Km/hr) (B7)	1.683	1.682	1.001	2.776
Interceção (a) = 12,520 **Coeficiente de determinação (R Square) = 0,593**				

Os modelos de regressão elaborados em 2015-16 e 2016-17 são os seguintes

Modelo de regressão (2015-16)

$Y = 17$ $,368 + (-0,039)\,B_1 + (-0,063)\,B_2 + (-0,106)B_3 + (-0,114)B_4 +$
$(0,896)\,B_5 + (-0,742)\,B_6 + (-0,593)\,B_7 + 0,575$

Modelo de regressão (2016-17)

$Y = 12$ $,520 + (1,556)B_1 + (-1,106)B_2 + (-0,402)B_3 + (0,008)\,B_4 +$
$(-2,208)\,B_5 + (-1,275)\,B_6 + (1,683)\,B_7 + 1,535$

Os parâmetros meteorológicos contribuíram para 90,5 por cento em 2015-16 e 59,3 por cento em 2016-17 da variação total na população da infestação da broca da cabeça na couve-flor. O coeficiente de determinação foi muito elevado em 2015-16, indicando que a previsão da infestação da broca da cabeça utilizando parâmetros meteorológicos era mais fiável.

Os resultados da presente investigação estão em concordância parcial com Patait *et al.,* (2008) que revelaram que, durante a estação das chuvas, a população de *H. undalis* foi afetada positivamente pela ação da temperatura mínima e dos dias de chuva e negativamente pela humidade relativa do meio-dia e pela precipitação. Durante o inverno, a humidade relativa do dia anterior e a temperatura máxima tiveram um efeito positivo e negativo na população de *H. undalis*, respetivamente.

4.4 Correlação e regressão dos inimigos naturais do afídeo na couve-flor com os parâmetros climáticos e o afídeo

4.4.1 Eggofsyrphidfly

4.4.1.1 Estudos de correlação

A correlação dos ovos da mosca do syrphid foi efectuada com os parâmetros meteorológicos e com o pulgão para calcular os coeficientes de correlação durante 2015-16 e 2016-17 (Quadro 20).

Durante 2015-16, os dados mostraram que a correlação entre o ovo da mosca syrphid e a temperatura mínima ($r = -0,628$ *) foi negativamente significativa, enquanto positivamente significativa com o pulgão ($r = 0,889$ *). Os outros parâmetros climáticos mostraram uma correlação não significativa.

Durante 2016-17, o ovo da mosca do syrphid foi correlacionado negativamente significativo com a temperatura mínima ($r=-0,576$*) e positivamente significativo com a população de afídeos ($r=0,738$*). A correlação foi negativamente não significativa com a temperatura máxima, a evaporação e a velocidade do vento. Por outro lado, a correlação positiva não significativa foi observada com a humidade relativa matinal, a humidade relativa vespertina e a luz solar intensa.

4.4.1.2 Estudos de regressão

A regressão múltipla do ovo da mosca do syrphid foi trabalhada com parâmetros climáticos e pulgão na couve-flor durante 2015-16 e 2016-17 para estimar o coeficiente de regressão e a interceção e apresentada no Quadro 21 e no Quadro 22, respetivamente.

Tabela 20. Correlação entre os parâmetros meteorológicos e as pragas de insectos na couve-flor durante 2015-16 e 2016-17

Parâmetros meteorológicos	Coeficiente de correlação (valor "r")							
	Ovo da mosca syrphid		Larva da mosca syrphid		Besouro joaninha		Pulgão mumificado	
	2015-16	2016-17	2015-16	2016-17	2015-16	2016-17	2015-16	2016-17
Temperatura máxima (⁰ C)	-0.558	-0.481	-0.485	-0.325	-0.556	-0.682*	-0.475	-0.131
Temperatura mínima (⁰ C)	-0.628*	-0.576*	-0.744*	-0.434	-0.489	-0.756*	-0.800*	-0.231
Humidade relativa matinal (%)	-0.117	0.225	-0.151	0.135	0.120	0.517	-0.262	-0.028
Humidade relativa da tarde (%)	-0.160	0.116	-0.444	0.171	0.060	0.039	-0.549	0.070
Evaporação (mm)	-0.376	-0.562	-0.279	-0.550	-0.463	-0.513	-0.202	-0.409
Sol brilhante (horas)	0.030	0.058	0.247	0.060	-0.108	0.040	0.352	0.076
Velocidade do vento (Km/hr)	-0.007	-0.370	-0.075	-0.284	-0.139	-0.515	0.056	-0.183
Pulgão	0.889*	0.738*	0.847*	0.690*	0.880*	0.301	0.790*	0.913*

N=12

* Significativo a 5%

Tabela 21. Regressão múltipla de ovos de mosca-sírfida com parâmetros meteorológicos e afídeos (2015-16)

Variáveis independentes	Coeficientes reg. (b)	SE(b)	Teste TT	Tabela T (0,05)
Temperatura máxima (⁰ C) (Bi)	0.676	0.970	0.696	3.i82
Temperatura mínima (⁰ C) (B2)	-0.203	0.267	-0.762	3.i82
Humidade relativa matinal (%) (B3)	-0.037	0.i84	-0.i99	3.i82
R.H. nocturna (%) (B4)	-0.060	0.i72	-0.348	3.i82
Evaporação (mm) (B5)	-i.236	2.105	-0.587	3.i82
Sol brilhante (horas) (Bβ)	-2.015	2.055	-0.98i	3.i82
Velocidade do vento (Km/hr) (B7)	0.863	i.74i	0.496	3.i82
Pulgão (Bs)	0.040	0.0i0	3.939	3.i82
Interceção (a) = 7,796				
Coeficiente de determinação (R Square) = 0,987				

Tabela 22. Regressão múltipla de ovos de mosca-sírfida com parâmetros

meteorológicos e afídeo (2016-17)

Variáveis independentes	Coeficientes Reg. (b)	SE(b)	Teste TT	Tabela T (0,05)
Temperatura máxima (^{0} C) (Bi)	0.246	0.491	0.501	3.182
Temperatura mínima (^{0} C) (B2)	-0.864	0.438	-1.974	3.182
Humidade relativa matinal (%) (B3)	-0.389	0.233	-1.670	3.182
R.H. nocturna (%) (B4)	-0.086	0.104	-0.831	3.182
Evaporação (mm) (B5)	-1.147	1.049	-1.094	3.182
Sol brilhante (horas) (B6)	-1.112	0.607	-1.833	3.182
Velocidade do vento (Km/hr) (B7)	0.869	0.793	1.096	3.182
Pulgão (B8)	0.014	0.007	1.980	3.182
Interceção (a) = 47,233 **Coeficiente de determinação (R Square) = 0,903**				

As equações de regressão foram estabelecidas para 2015-16 e 2016-17 da seguinte forma.

Equação de regressão (2015-16)

Y =7 ,796 + (0,676) Bi + (-0,203) B2 + (-0,037) B3 + (-0,060) B4 +

(-1,236) B5+(-2,015) B6+ (0,863) B7+ (0,040) B8 + 0,320

Equação de regressão (2016-17)

Y =47 ,233 + (0,246)B1+ (-0,864)B2+ (-0,389)B3+ (-0,086)B4 +

(-1,147) B5 + (-1,112) B6 + (0,869) B7 + (0,014) B8 + 0,698

O coeficiente de determinação (R^2) entre os ovos da mosca-sírfida e os parâmetros meteorológicos e o afídeo foi altamente significativo, mostrando a importância destes parâmetros na influência da abundância de ovos da mosca-sírfida.

4.4.2 Larva da mosca syrphid

4.4.2.1 Estudos de correlação

A correlação da larva da mosca syrphid com os parâmetros climáticos do afídeo na couve-flor foi calculada para estimar o coeficiente de correlação (valor r) durante 2015-16 e 2016-17 e apresentada no Quadro 20.

Durante 2015-16, observou-se uma correlação negativamente significativa da larva da mosca syrphid com a temperatura mínima (r=-0,744*) e positivamente significativa com o afídeo (r=0,847*). A temperatura máxima, a humidade relativa matinal, a humidade relativa vespertina, a evaporação e a velocidade do vento foram correlacionadas de forma negativa não significativa, enquanto positivamente não significativa com a luz solar intensa.

Durante 2016-17, a correlação da larva da mosca do syrphid com a população de afídeos (r=0,690*) foi positivamente significativa. A correlação entre a temperatura máxima, a temperatura mínima, a evaporação e a velocidade do vento foi negativamente não significativa, ao passo que foi positivamente não significativa com a humidade relativa matinal, a humidade relativa vespertina e a luz solar intensa.

4.4.2.2 Estudos de regressão

Os resultados da análise de regressão múltipla da larva da mosca do syrphid na couve-flor com parâmetros climáticos e afídeos durante 2015-16 e 2016-17 são apresentados no Quadro 23 e no Quadro 24, respetivamente.

Tabela 23. Regressão múltipla da larva da mosca do syrphid com parâmetros climáticos e afídeo (2015-16)

Variáveis independentes	Coeficientes Reg. (b)	SE(b)	Teste TT	Tabela T (0,05)
Temperatura máxima (^{0} C) (B1)	-0.162	1.765	-0.092	3.182
Temperatura mínima (^{0} C) (B2)	-0.001	0.485	-0.001	3.182
Humidade relativa matinal (%) (B3)	0.004	0.335	0.012	3.182
R.H. nocturna (%) (B4)	-0.285	0.313	-0.913	3.182
Evaporação (mm) (B5)	-0.070	3.831	-0.018	3.182
Sol brilhante (horas) (B6)	-2.177	3.739	-0.582	3.182
Velocidade do vento (Km/hr) (B7)	-0.689	3.167	-0.218	3.182
Pulgão (Bs)	0.041	0.018	2.228	3.182
Interceção (a) = 35,437 Coeficiente de determinação (R Square) = 0,974				

Tabela 24. Regressão múltipla da larva da mosca do syrphid com parâmetros climáticos e afídeo (2016-17)

Variáveis independentes	Coeficientes Reg. (b)	SE(b)	Teste TT	Tabela T (0,05)
Temperatura máxima (^{0} C) (B1)	0.936	0.790	1.185	3.182
Temperatura mínima (^{0} C) (B2)	-1.094	0.705	-1.552	3.182
Humidade relativa matinal (%) (B3)	-0.246	0.375	-0.655	3.182
R.H. nocturna (%) (B4)	-0.025	0.168	-0.147	3.182
Evaporação (mm) (B5)	-2.211	1.689	-1.309	3.182
Sol brilhante (horas) (B6)	-1.180	0.977	-1.207	3.182
Velocidade do vento (Km/hr) (B7)	1.510	1.278	1.182	3.182
Pulgão (B8)	0.015	0.012	1.247	3.182
Interceção (a) = 19,695 Coeficiente de determinação (R Square) = 0,797				

Os modelos de regressão elaborados em 2015-16 e 2016-17 são os seguintes

Equação de regressão (2015-16)

Y =35   ,437+ (-0,162)B_{1}+ (-0,001) B_{2}+ (0,004)B_{3} + (-0,285)B4 +
(-0,070) B_{5} + (-2,177) B_{6} + (-0,689) B7 + (0,041) B_{8}+ 0,583

Equação de regressão (2016-17)

Y =19   ,695+ (0,936)B_{1}+ (-1,094)B_{2}+ (-0,246)B_{3} + (-0,025)B4 +
(-2,211) B5 + (-1,180) B6 + (1,510) B7 + (0,015) B8 + 1,124

Os parâmetros meteorológicos e o afídeo contribuíram para 97,4% em 2015-16 e 79,7% em 2016-17 da variação total da população de larvas de mosca-sírfida na couve-flor. O coeficiente de determinação foi muito elevado, indicando que a previsão da população de larvas de mosca-sírfida utilizando a equação de regressão era mais fiável.

Mishra e Singh (2015) efectuaram estudos sobre a incidência sazonal de alguns insectos nocivos associados à couve durante o mês de dezembro de 2010 e referiram que os predadores eram muito sazonais e que a sua abundância numérica coincidia com a da praga. Wagle *et al.* (2005) referiram que os predadores afidófagos como *Syrphas spp.* apareceram mais ou menos com a população de afídeos (4th semana padrão). Os syrphids permaneceram activos até março (13th semana padrão). À medida que as populações de pragas diminuíram, a população de inimigos naturais também diminuiu.

Os resultados da presente investigação estão em conformidade com os dos investigadores acima referidos.

4.4.3 Besouro coccinelídeo

4.4.3.1   Estudos de correlação

O coeficiente de correlação foi calculado correlacionando a população de besouros joaninha com parâmetros climáticos e pulgões na couve-flor durante 2015-16 e 2016-17 e apresentado na Tabela 20.

Durante 2015-16, a correlação entre a joaninha e o pulgão (r=0,880*) foi positivamente significativa. A correlação negativa não significativa foi registada com a temperatura máxima, a temperatura mínima, a evaporação, a luz solar intensa e a velocidade do vento, enquanto a correlação positiva não significativa com a humidade relativa da manhã e da tarde.

Durante 2016-17, a temperatura máxima e a temperatura mínima (r=-0,682* e r=-0,756*) tiveram uma correlação negativa significativa. A correlação positiva não significativa foi observada com a humidade relativa matinal, a humidade relativa vespertina, a luz solar intensa e o pulgão. A correlação negativa não significativa foi registada com a evaporação e a velocidade do vento.

4.4.3.2   Estudos de regressão

O coeficiente de regressão (B) e o interceto (a) foram calculados por regressão múltipla para estabelecer as equações de regressão para 2015-16 e 2016-17 (quadros 25 e 26). As equações de regressão foram estabelecidas para 2015-16 e 2016-17 da seguinte forma.

Equação de regressão (2015-16)

$Y = 1,481 + (0,413) B1 + (-0,086)B2 + (0,064)B_3 +(-0,079) B_4 +$

$(-0,890) B5 + (-1,492) B6 + (0,646) B7 + (0,016) B8 + 0,134$

Tabela 25. Regressão múltipla do escaravelho da joaninha com parâmetros meteorológicos e afídeo (2015-16)

Variáveis independentes	Coeficientes Reg. (b)	SE(b)	Teste TT	Tabela T (0,05)
Temperatura máxima (^{0} C) (B1)	0.413	0.406	1.015	3.182
Temperatura mínima (^{0} C) (B2)	-0.086	0.112	-0.773	3.182
Humidade relativa matinal (%) (B3)	0.064	0.077	0.833	3.182
R.H. nocturna (%) (B4)	-0.079	0.072	-1.101	3.182
Evaporação (mm) (B5)	-0.890	0.882	-1.009	3.182
Sol brilhante (horas) (B6)	-1.492	0.861	-1.733	3.182
Velocidade do vento (Km/hr) (B7)	0.646	0.729	0.886	3.182
Pulgão (B8)	0.016	0.004	3.744	3.182
Interceção (a) = 1,481 Coeficiente de determinação (R Square) = 0,987				

Tabela 26. Regressão múltipla do escaravelho da joaninha com parâmetros meteorológicos e afídeo (2016-17)

Variáveis independentes	Coeficientes Reg. (b)	SE(b)	Teste TT	Tabela T (0,05)
Temperatura máxima (^{0} C) (B1)	-0.232	0.369	-0.628	3.182
Temperatura mínima (^{0} C) (B2)	-0.297	0.330	-0.900	3.182
Humidade relativa matinal (%) (B3)	-0.208	0.175	-1.187	3.182
R.H. nocturna (%) (B4)	-0.074	0.078	-0.939	3.182
Evaporação (mm) (B)5	-0.109	0.790	-0.139	3.182
Sol brilhante (horas) (B6)	-0.358	0.457	-0.784	3.182
Velocidade do vento (Km/hr) (B7)	0.069	0.597	0.116	3.182
Pulgão (B8)	-0.000	0.006	-0.089	3.182
Interceção (a) = 32,046 Coeficiente de determinação (R Square) = 0,777				

Equação de regressão (2016-17)

$$Y = 32{,}046 + (-0{,}232)\, B_i + (-0{,}297)\, B_2 + (-0{,}208)\, B_3 + (-0{,}074)\, B_4 + (-0{,}109)\, B_5 + (-0{,}358)\, B_6 + (0{,}069)\, B7 + (-0{,}000)\, B8 + 0{,}525$$

O elevado valor do coeficiente de determinação (R^2 = 99,7 e 77,7 por cento durante 2015-16 e 2016-17, respetivamente) mostrou que estes são os factores críticos para a manutenção da população do escaravelho da joaninha na couve-flor.

Resultados semelhantes foram registados por cientistas anteriores, como Chandra e Kushwaha (1987), que referiram que a população de *C. Septempunctata* estava positivamente correlacionada com a população de pulgão, *L. erysimi*. Bhaskar e Virakatamath (2002) investigaram a diversidade e a abundância de coccinelídeos afidófagos em campos de couve e mostraram que *Harmonia Octomaculata*, por si só, apresentava uma correlação positiva significativa com a população de afídeos, enquanto as outras espécies variavam consideravelmente.

No entanto, os resultados das presentes constatações contrastam com os de Patra *et al.* (2013), que referiram que tanto a temperatura máxima como a mínima tinham um papel importante no desenvolvimento da população de escaravelhos coccinelídeos.

4.4.4 Pulgão mumificado

4.4.4.1 Estudos de correlação

Os coeficientes de correlação foram calculados entre a população de joaninhas e os factores abióticos e bióticos (temperatura, humidade relativa, evaporação, horas de sol brilhante, velocidade do vento e pulgão) durante 2015-16 e 2016-17 e são apresentados no Quadro 20.

Durante 2015-16, a população de pulgões mumificados foi correlacionada de forma negativa significativa com a temperatura mínima (r=-0,800*) e positivamente significativa com a população de pulgões (r=0,790*). A correlação negativa não significativa foi observada com a temperatura máxima, a humidade relativa matinal, a humidade relativa vespertina e a evaporação. A correlação positiva não significativa foi observada com a luz solar intensa e a velocidade do vento.

Durante 2016-17, a população de pulgões mumificados correlacionou-se de forma positivamente significativa com os pulgões (r=0,913*). A temperatura máxima, a temperatura mínima, a humidade relativa matinal, a evaporação e a velocidade do vento correlacionaram-se de forma negativa e não significativa, enquanto a humidade relativa vespertina e a luz solar intensa se correlacionaram de forma positiva e não significativa.

4.4.4.2   Estudos de regressão

A regressão múltipla do pulgão mumificado foi trabalhada com parâmetros climáticos e população de pulgões na couve-flor durante 2015-16 e 2016-17 e apresentada na Tabela 27 e na Tabela 28 para estimar o coeficiente de regressão e a interceção para a equação de regressão.

Tabela 27. Regressão múltipla do pulgão mumificado com parâmetros climáticos e pulgão (2015-16)

Variáveis independentes	Coeficientes Reg. (b)	SE(b)	Teste TT	Tabela T (0,05)
Temperatura máxima (^{0} C) (B1)	5.450	10.067	0.541	3.182
Temperatura mínima (^{0} C) (B2)	-1.797	2.767	-0.649	3.182
Humidade relativa matinal (%) (B3)	0.914	1.910	0.479	3.182
R.H. nocturna (%) (B4)	-1.769	1.782	-0.993	3.182
Evaporação (mm) (B5)	-13.944	21.844	-0.638	3.182
Sol brilhante (horas) (B6)	-16.505	21.324	-0.774	3.182
Velocidade do vento (Km/hr) (B7)	10.142	18.063	0.562	3.182
Pulgão (B8)	0.059	0.105	0.564	3.182
Interceção (a) = 26,997 **Coeficiente de determinação (R Square) = 0,938**				

As equações de regressão foram estabelecidas para 2015-16 e 2016-17 da seguinte forma.

Equação de regressão (2015-16)

$Y = 26$,997+ (5,450)$_{B1}$+ (-1,797)$_{B2}$+ (0,914) B_3 + (-1,769) B4 +
(-13,944) B_5 + (-16,505) B6 + (10,142) B7 + (0,059) B8 + 3,326

Tabela 28. Regressão múltipla do pulgão mumificado com parâmetros climáticos e pulgão (2016-17)

Variáveis independentes	Coeficientes reg. (b)	SE(b)	Teste TT	Tabela T (0,05)
Temperatura máxima (^{0} C) (B1)	3.192	1.895	1.685	3.182
Temperatura mínima (^{0} C) (B2)	-2.398	1.691	-1.418	3.182
Humidade relativa matinal (%) (B3)	-0.276	0.899	-0.307	3.182
R.H. nocturna (%) (B4)	0.132	0.402	0.328	3.182
Evaporação (mm) (B5)	-5.921	4.051	-1.462	3.182
Sol brilhante (horas) (B6)	-4.337	2.344	-1.850	3.182
Velocidade do vento (Km/hr) (B7)	4.165	3.065	1.359	3.182
Pulgão (B8)	0.179	0.028	6.328	3.182
Interceção (a) = 1,450				

Coeficiente de determinação (R Square) = 0,964

Equação de regressão (2016-17)

Y =1 ,450 + (3,192) B1+ (-2,398)B2 + (-0,276) B3 + (0,132)B4 +

(-5,921) B5 + (-4,337) B6 + (4,165) B7 + (0,179) B8 + 2,695

O elevado valor do coeficiente de determinação (R^2 = 93,8 e 96,4 por cento durante 2015-16 e 2016-17, respetivamente) mostrou que estes são os factores críticos para a abundância da população de pulgão mumificado na couve-flor.

As conclusões de trabalhadores anteriores estão mais ou menos na linha do presente trabalho. Nematollahi *et al.*, (2014) relataram que no início da primavera, a relação parasitoide: pulgão era baixa (0,11 em média) enquanto a densidade de pulgões estava a aumentar. Em geral, o parasitoide tinha uma boa coincidência espacial com o seu hospedeiro afídeo. Laisvune e Laimutis (2008) observaram a maior parasitagem nos períodos em que o número de pulgões nas plantas era mais baixo, no final de julho (2003) e no início de agosto (2004), no final da sua ocorrência nas plantas.

4.5 Gestão do afídeo *Brevicoryne brassicae* na couve-flor com novos insecticidas

As presentes investigações foram realizadas para a gestão do pulgão *B. brassicae* na couve-flor com novos insecticidas durante 2015-16 e 2016-17. A primeira pulverização de insecticidas, que visava principalmente o pulgão, foi iniciada no pico de atividade do pulgão.

4.5.1 Pré-contagem

As observações sobre o número de pulgões um dia antes da pulverização são apresentadas no Quadro 29. A contagem prévia de pulgões não foi significativa, mostrando uma distribuição uniforme da população em todas as parcelas durante os anos de 2015-16 e 2016-17. Os dados agrupados também não foram significativos.

4.5.2 Um dia após a pulverização

Os dados sobre a eficácia de diferentes insecticidas a 1 DAS contra o afídeo são apresentados no quadro 30.

Durante 2015-16, as parcelas tratadas com ciantraniliprole 10,26 % OD (77,33/folha) registaram a população mais baixa de afídeos, a par do flonicamide 50 % WG, fipronil 5 % SC, clotianidina 50 % WDP, dinotefurano 20 % SG e acetamipride 20 % SP. As parcelas tratadas com imidaclopride 17,8 % SL (88,33/folha) registaram a população máxima de afídeos entre todos os tratamentos insecticidas.

Quadro 29. Contagem prévia de afídeos *Brevicoryne brassicae* em couve-flor

Tr. Não.	Tratamento	Dose (ml ou g/)ha	N.º de pulgões / folha		
			2015-16	2016-17	Agrupado
T1	Acetamipride 20 % SP	75 g	92.67 (9.66)*	77.00 (8.83)	84.83 (9.25)
T2	Buprofezina 25 % SC	1000 ml	93.33 (9.70)	76.67 (8.81)	85.00 (9.26)
T3	Clotianidina 50 % WDP	50 g	91.67 (9.61)	77.33 (8.84)	84.50 (9.23)
T4	Cianantraniliprolo 10,26 % DO	600 ml	93.67 (9.72)	78.67 (8.92)	86.17 (9.32)
T5	Dinotefurão 20 % SG	150 g	93.00 (9.67)	75.67 (8.75)	84.33 (9.21)
T6	Fipronil 5 % SC	1000 ml	92.33 (9.64)	78.67 (8.92)	85.50 (9.28)
T7	Flonicamida 50 % WG	150 g	92.00 (9.62)	76.67 (8.81)	84.33 (9.21)
T8	Imidaclopride 17,8 % SL	125 ml	92.67 (9.66)	78.67 (8.92)	85.67 (9.29)
T9	Tiametoxame 25 % GT	100 g	93.67 (9.69)	76.33 (8.79)	85.00 (9.24)
T10	Controlo (pulverização de água)	^B ^B ^B	93.33 (9.65)	76.67 (8.81)	85.00 (9.23)
	SE±		0.46	0.20	0.26
	CD a 5%		NS	NS	NS

* Os valores entre parênteses são valores transformados pela raiz quadrada.

Quadro 30. Eficácia de diferentes insecticidas 1 DAS contra afídeos *Brevicoryne brassicae* em couve-flor

Tr. Não.	Tratamento	Dose (ml ou g/ha)	N.º de pulgões / folha			Redução percentual (%)		
			2015 16	2016 17	Agrupado	2015-16	2016 17	Agrupado
T1	Acetamipride 20 % PE	75 g	84.67 [9.25]*	67.00 [8.24]	75.83 [8.75]	6.63 [14.91]#	8.67 [16.54]	7.65 [15.73]
T2	Buprofezina 25 % SC	1000 ml	85.67 [9.30]	68.67 [8.34]	77.17 [8.83]	6.26 [14.47]	5.85 [13.91]	6.05 [14.19]
T3	Clotianidina 50%WDP	50 g	81.67 [9.08]	65.67 [8.16]	73.67 [8.62]	9.03 [17.47]	10.69 [19.06]	9.86 [18.26]
T4	Cianantraniliprolo 10,26 % DO	600 ml	77.33 [8.84]	56.67 [7.59]	67.00 [8.22]	15.71 [23.33]	24.17 [29.41]	19.94 [26.37]
T5	Dinotefurano 20 % SG	150 g	83.33 [9.18]	65.67 [8.16]	74.50 [8.67]	8.45 [16.84]	8.72 [17.02]	8.58 [16.93]
T6	Fipronil 5 % SC	1000 ml	79.00 [8.94]	61.67 [7.91]	70.33 [8.43]	12.59 [20.76]	17.39 [24.52]	14.99 [22.64]
T7	Flonicamida 50%WG	150 g	77.67 [8.86]	59.00 [7.74]	68.33 [8.30]	13.48 [21.48]	19.02 [25.81]	16.25

								[23.64]
T8	Imidaclopride 17,8 % SL	125 ml	88.33 [9.45]	70.00 [8.42]	79.16 [8.94]	2.61 [9.03]	6.32 [13.36]	4.46 [11.19]
T9	Tiametoxame 25%WG	100 g	88.00 [9.43]	69.00 [8.37]	78.50 [8.90]	4.05 [11.52]	4.97 [12.51]	4.51 [12.02]
T10	Controlo (Pulverização de água)	- - -	91.33 [9.60]	73.0 0 [8.60]	82.16 [9.10]			
	SE +		0.15	0.17	0.10	0.88	2.07	1.29
	CD a 5%		0.45	0.52	0.30	2.66	6.26	3.89

* Os valores entre parênteses são valores transformados pela raiz quadrada.

Os valores entre parênteses são valores angulares transformados.

O tratamento mais eficaz durante 2016-17 foi o Cyantraniliprole 10,16 % OD (56,67/folha), que estava a par com o flonicamid 50 % WG (59,00/folha) e o fipronil 5 % SC (61,67/folha). Seguiram-se o dinotefurão a 20 % SG, a clotianidina a 50 % WDP, o acetamipride a 20 % SP, a buprofezina a 25 % SC, o tiametoxame a 25 % WG e o imidaclopride a 17,8 SL. A população mais elevada de afídeos foi observada nas parcelas de controlo.

Os dados agrupados de dois anos revelaram que o ciantraniliprole 10,16 % OD (67,00/folha) provou ser o inseticida mais eficaz na supressão da população de afídeos na couve-flor, a par do flonicamide 50 % WG (68,33/folha) e do fipronil 5 % SC (70,33/folha). Os melhores tratamentos seguintes foram a clotianidina 50% WDP (73,67/folha), dinotefurano 20% SG (74,50/folha), acetamipride 20% SP (75,83/folha), buprofezina 25% SC (77,17/folha) e tiametoxame 25% WG (78,50/folha). O inseticida menos eficaz foi o imidaclopride 17,8 % SL (79,16/folha).

Os dados sobre a redução percentual da população de pulgões devido à aplicação de diferentes insecticidas durante 2015-16 revelaram que o ciantraniliprole 10,16 % OD (15,71 %) foi significativamente superior na redução da população de pulgões, a par do flonicamide 50 % WG (13,48 %) e do fipronil 5 % SC (12,59 %). Estes foram seguidos por clotianidina 50% WDP (9,03%), dinotefurano 20% SG (8,45%) e acetamipride 20% SP (6,63%). A menor redução na população de pulgões foi observada em parcelas pulverizadas com imidaclopride 17,8% SL (2,61%).

Durante 2016-17, a maior redução na população de pulgões foi observada em parcelas tratadas com ciantraniliprole 10,16% OD (24,17%). Foi a par com flonicamida 50 % WG (19,02 %) e fipronil 5 % SC (17,39 %). Seguiram-se-lhes a clotianidina 50 % WDP, o dinotefurão 20 % SG, o acetamipride 20 % SP, a buprofezina 25 % SC, o imidaclopride 17,8 SL e o tiametoxame 25 % WG, que foram iguais entre si.

Os dados agregados de dois anos indicaram que o ciantraniliprole 10,16 % OD (19,94 %), o flonicamide 50 % WG (16,25 %) e o fipronil 5 % SC (14,99 %) foram os insecticidas mais eficazes na redução da população de afídeos na couve-flor, tendo sido semelhantes entre si. Os tratamentos seguintes mais eficazes foram a clotianidina 50% WDP (9,86%), o dinotefurão 20% SG (8,58%) e o acetamipride 20% SP (7,65%). Seguiram-se a buprofezina 25 % SC, o imidaclopride 17,8 SL e o tiametoxame 25 % WG.

4.5.3 Três dias após a pulverização

As observações do efeito de diferentes insecticidas na gestão dos afídeos na couve-flor aos 3 DAS são apresentadas no quadro 31.

Durante 2015-16, o ciantraniliprole 10,26 % OD (40,33/folha) registou uma população de afídeos significativamente mais baixa, exceto o flonicamide 50 % WG (43,33/folha) e o fipronil 5 % SC (45,33/folha), que foram iguais entre si. Seguiram-se a clotianidina 50 % WDP, a buprofezina 25 % SC, o dinotefurão 20 % SG, o acetamipride 20 % SP, o tiametoxame 25 % WG e o imidaclopride 17,8 SL.

Durante 2016-17, a população mínima de pulgões foi observada nas parcelas pulverizadas com ciantraniliprole 10,26 % OD (34,67/folha), que foi igual a flonicamida 50 % WG (34,67/folha), fipronil 5 % SC (38,00/folha), clotianidina 50 % WDP (43,67/folha), dinotefurano 20 % SG (45,00/folha) e acetamipride 20 % SP (46,33/folha). A maior população de pulgões foi observada nas parcelas tratadas com imidaclopride 17,8 % SL (56,67/folha) entre os tratamentos insecticidas.

Quadro 31. Eficácia de diferentes insecticidas 3 DAS contra afídeos *Brevicoryne brassicae* em couve-flor

Tr. Não.	Tratamento	Dose (ml ou g/ha)	N.º de pulgões / folha			Redução percentual (%)		
			2015 16	2016 17	Agrupado	2015 16	2016 17	Agrupado
T₁	Acetamipride 20 % PE	75 g	58.60 [7.72]*	46.33 [6.88]	52.46 [7.31]	32.16 [34.55]#	43.84 [41.44]	38.00 [38.06]
T₂	Buprofezina 25 % SC	1000 ml	55.67 [7.53]	49.33 [7.09]	52.50 [7.31]	36.01 [36.88]	39.89 [39.14]	37.95 [38.03]
T₃	Clotianidina 50%WDP	50 g	52.67 [7.32]	43.67 [6.67]	48.17 [6.96]	38.36 [38.27]	47.26 [43.41]	42.81 [40.87]
T₄	Cianantraniliprolo 10,26 % DO	600 ml	40.33 [6.43]	34.67 [5.97]	37.50 [6.14]	53.81 [47.18]	58.67 [49.99]	56.24 [48.58]
T₅	Dinotefurano 20 % SG	150 g	57.00 [7.61]	45.00 [6.78]	51.00 [7.17]	34.25 [35.82]	44.10 [41.56]	39.17 [38.74]
T₆	Fipronil 5 % SC	1000 ml	45.33 [6.81]	38.00 [6.24]	41.66 [6.48]	47.33 [43.47]	54.79 [47.73]	51.06 [45.61]
T₇	Flonicamida	150 g	43.33	34.67	39.00	49.48	57.46	53.47

	50%WG		[6.66]	[5.97]	[6.25]	[44.70]	[49.30]	[46.99]
T8	Imidaclopride 17,8 % SL	125 ml	65.00 [8.12]	56.67 [7.59]	60.87 [7.84]	24.76 [29.84]	32.64 [34.81]	28.70 [32.39]
T9	Tiametoxame 25%WG	100 g	62.33 [7.96]	53.33 [7.37]	57.83 [7.63]	28.62 [32.34]	34.71 [36.02]	31.66 [34.24]
T10	Controlo (Pulverização de água)	^B ^B ^B	87.00 [9.37]	82.00 [9.11]	84.50 [9.25]			
	SE +		0.18	0.16	0.16	0.94	1.34	0.87
	CD a 5%		0.53	0.48	0.49	2.83	4.04	2.63

* Os valores entre parênteses são valores transformados pela raiz quadrada.

\# Os valores entre parênteses são valores angulares transformados.

Os dados agrupados indicaram que havia diferenças significativas entre os tratamentos. A população de pulgões variou entre 37,50 e 84,50/folha em vários tratamentos. O tratamento mais superior para o manejo do pulgão na couve-flor foi o Cyantraniliprole 10,26 % OD (37,50/folha), que foi igual ao flonicamid 50 % WG (39,00/folha) e fipronil 5 % SC (41,66/folha). Seguiram-se a clotianidina 50 % WDP (48,17/folha), o dinotefurão 20 % SG (51,00/folha), o acetamipride 20 % SP (52,46/folha) e a buprofezina 25 % SC (52,50/folha), que foram iguais entre si. O imidaclopride 17,8 % SL foi o inseticida menos eficaz. A maior população de pulgões foi registada na parcela não tratada (84,50/folha).

Em 2015-16, os dados sobre a redução da população de pulgões devido à pulverização de vários insecticidas indicaram que o ciantraniliprole 10,16 % OD (53,81 %), a flonicamida 50 % WG (49,48 %) e o fipronil 5 % SC (47,33 %) foram os insecticidas mais eficazes na supressão da população de pulgões na couve-flor, que foram iguais entre si. Os insecticidas eficazes seguintes foram a clotianidina 50 % WDP (38,36 %), a buprofezina 25 % SC (36,01 %) e o dinotefurão 20 % SG (34,25 %). Seguiram-se o acetamipride 20 % SP, o tiametoxame 25 % WG e o imidaclopride 17,8 % SL.

A redução na população de pulgões devido à aplicação de tratamentos durante 2016-17 variou de 32,64 a 58,67 por cento. O imidaclopride 17,8 % SL (32,64 %) foi o menos eficaz na população de pulgões, a par do tiametoxame 25 % WG (34,71 %). A redução máxima da população de pulgões foi registada na pulverização com ciantraniliprole 10,16 % OD (58,67 %), que foi igual à do flonicamide 50 % WG (57,46 %) e do fipronil 5 % SC (54,79 %). Seguiram-se a clotianidina 50 % WDP, o dinotefurão 20 % SG, o acetamipride 20 % SP e a buprofezina 25 % SC.

Os dados agrupados de dois anos indicaram que o ciantraniliprole 10,16 % OD (56,24 %) proporcionou significativamente a maior redução percentual da praga, a par do flonicamide 50 % WG (53,47 %). Seguiram-se o fipronil 5 % SC, a clotianidina 50 % WDP, o dinotefurão 20 % SG, o acetamipride 20 % SP, a buprofezina 25 % SC, o tiametoxame 25 % WG e o imidaclopride 17,8 % SL.

4.5.4 Sete dias após a pulverização

As observações sobre a eficácia de diferentes insecticidas aos 7 DAS contra o pulgão da couve-flor em 2015-16, 2016-17 e em conjunto são apresentadas no quadro 32.

A população mais baixa de pulgões foi observada nas parcelas tratadas com ciantraniliprole 10,16 % OD (22,33/folha) durante 2015-16, que foi a par com flonicamid 50 % WG (26,67/folha), fipronil 5 % SC (31,67/folha), buprofezin 25 % SC (32,00/folha) e clothianidin 50 % WDP (33,33/folha). Seguiram-se o dinotefurão a 20% SG, o acetamipride a 20% SP, o tiametoxame a 25% WG e o imidaclopride a 17,8% SL. A população de afídeos mais elevada foi observada no controlo (83,67/folha).

Durante 2016-17, todos os tratamentos insecticidas reduziram significativamente os afídeos em relação ao controlo não tratado. As parcelas pulverizadas com ciantraniliprole 10,16 % OD (14,67/folha) apresentaram numericamente menos pulgões do que os outros tratamentos. Foi igual ao flonicamid 50 % WG (16,00/folha) e ao fipronil 5 % SC (17,67/folha). Os insecticidas eficazes seguintes foram a buprofezina 25 % SC (20,00/folha), a clotianidina 50 % WDP (22,67/folha) e o dinotefurano 20 % SG (24,00/folha).

Quadro 32. Eficácia de diferentes insecticidas 7 DAS contra afídeos *Brevicoryne brassicae* em couve-flor

Tr. Não.	Tratamento	Dose (ml ou g/ha)	N.º de pulgões / folha			Redução percentual (%)		
			2015 16	2016 17	Agrupado	2015-16	2016 17	Agrupado
T₁	Acetamipride 20 % PE	75 g	38.33 [6.27]	30.67 [5.63]	34.50 [5.96]	53.17 [46.80]#	59.99 [50.76]	56.58 [48.78]
T₂	Buprofezina 25 % SC	1000 ml	32.00 [5.74]	20.00 [4.58]	26.00 [5.16]	61.41 [51.58]	73.87 [59.25]	67.64 [55.41]
T₃	Clotianidina 50%WDP	50 g	33.33 [5.85]	22.67 [4.86]	28.00 [5.36]	59.01 [50.18]	70.58 [57.14]	64.79 [53.66]
T₄	Cianantraniliprolo 10,26 % DO	600 ml	22.33 [4.83]	14.67 [3.95]	18.50 [4.39]	73.12 [58.77]	81.37 [64.41]	77.24 [61.59]
T₅	Dinotefurano 20 % SG	150 g	35.33 [6.02]	24.00 [4.99]	29.66 [5.51]	57.14 [49.08]	67.98 [55.56]	62.56 [52.32]
T₆	Fipronil 5 % SC	1000 ml	31.67 [5.71]	17.67 [4.31]	24.67 [5.01]	61.33 [51.53]	77.53 [61.68]	69.43 [56.61]
T₇	Flonicamida 50%WG	150 g	26.67 [5.23]	16.00 [4.11]	21.33 [4.67]	67.63 [55.33]	78.92 [62.70]	73.27 [59.02]
T₈	Imidaclopride 17,8 % SL	125 ml	41.00 [6.46]	32.00 [5.74]	36.50 [6.10]	50.44 [45.24]	59.14 [50.25]	54.79 [47.74]

T₉	Tiametoxame 25%WG	100 g	38.00 [6.22]	28.00 [5.38]	33.00 [5.80]	54.30 [47.45]	63.15 [52.62]	58.72 [50.03]
T₁₀	Controlo (Pulverização de água)	- - -	83.67 [9.12]	76.33 [8.79]	80.00 [8.96]			
	SE +		0.37	0.17	0.22	1.04	1.11	0.79
	CD a 5%		1.11	0.50	0.66	3.13	3.35	2.40

* Os valores entre parênteses são valores transformados pela raiz quadrada.

Os valores entre parênteses são valores angulares transformados.

Entre os tratamentos insecticidas, o imidaclopride 17,8 % SL (32,00/folha) foi o menos eficaz, a par do tiametoxame 25 % WG e do acetamipride 20 % SP.

Os dados agrupados de dois anos indicaram que o ciantraniliprole 10,16 % OD (18,50/folha), o flonicamide 50 % WG (21,33/folha) e o fipronil 5 % SC (24,67/folha) foram superiores na gestão dos afídeos, que foram iguais entre si. Seguiram-se a buprofezina 25 % SC, a clotianidina 50 % WDP, o dinotefurano 20 % SG e o tiametoxame 25 % WG. O tratamento imidaclopride 17,8 % SL foi o menos eficaz no controlo dos afídeos. A maior população de pulgões foi observada na testemunha não tratada (80.00/folha).

Os dados sobre a redução percentual da população de pulgões devido à aplicação de tratamentos durante 2015-16 indicaram que o ciantraniliprole 10,16% OD (73,12%) foi significativamente superior na redução da população de pulgões do que outros tratamentos. O próximo inseticida eficaz foi a flonicamida (67,63%). Seguiram-se a buprofezina 25 % SC, o fipronil 5 % SC, a clotianidina 50 % WDP, o dinotefurão 20 % SG, o tiametoxame 25 % WG e o acetamipride 20 % SP. Entre todos os tratamentos insecticidas, o imidaclopride 17,8 % SL (50,44) registou a menor redução da população de afídeos.

Em 2016-17, as parcelas tratadas com ciantraniliprole 10,16 % OD (81,37 %) revelaram-se significativamente superiores a todos os insecticidas testados, com exceção do flonicamide (78,92 %) e do fipronil 5 % SC (77,53 %), que foram iguais entre si. Os melhores insecticidas seguintes foram a buprofezina 25 % SC e a clotianidina 50 % WDP. A menor redução da população de afídeos foi registada com o imidaclopride 17,8 % SL (59,14 %), a par do acetamipride 20 % SP (59,99 %) e do tiametoxame 25 % WG (63,15 %).

Os dados agrupados revelaram que a redução na população de pulgões variou de 54,79 a 77,24 por cento. Cyantraniliprole 10,16 % OD (77,24 %) registou a maior redução de afídeos. O segundo melhor tratamento foi o flonicamid (73,27%). Seguiram-se o fipronil

5 % SC (69,43 %), a buprofezina 25 % SC (67,64 %), a clotianidina 50 % WDP (64,79 %) e o dinotefurão 20 % SG (62,56 %). O inseticida menos eficaz foi o imidaclopride 17,8 % SL (54,79 %), a par do acetamipride 20 % SP (56,58 %) e do tiametoxame 25 % WG (58,72 %).

4.5.5 Quinze dias após a pulverização

Os dados sobre a eficácia de diferentes insecticidas aos 15 DAS contra o pulgão da couve-flor em 2015-16, 2016-17 e em conjunto são apresentados em 33.

Durante 2015-16, a aplicação de tratamentos insecticidas reduziu significativamente os afídeos em relação ao controlo não tratado. Cyantraniliprole 10.16 % OD (4.67/folha), flonicamid 50 % WG (6.00/folha) e fipronil 5 % SC (8.00/folha) mostraram menor população de pulgões que estavam em pé de igualdade. Seguiram-se a buprofezina a 25 % SC, a clotianidina a 50 % WDP, o dinotefurão a 20 % SG, o acetamipride a 20 % SP, o tiametoxame a 25 % WG e o imidaclopride a 17,8 % SL, que foram semelhantes entre si. A população de afídeos no controlo foi de 60,33/folha.

Durante 2016-17, entre os insecticidas avaliados, o ciantraniliprole 10,16 % OD (4,00/folha) apresentou a menor população de afídeos, que foi igual ao flonicamid 50 % WG (5,33/folha). Os próximos melhores tratamentos foram fipronil 5 % SC (8.00/folha) e buprofezin 25 % SC (8.33/folha). Seguiram-se a clotianidina 50 % WDP, o acetamipride 20 % SP, o dinotefurão 20 % SG, o imidaclopride 17,8 % SL e o tiametoxame 25 % WG. A testemunha não tratada registou a maior população de afídeos (52,00/folha).

Quadro 33. Eficácia de diferentes insecticidas aos 15 DAS contra afídeos *Brevicoryne brassicae* em couve-flor

Tr. Não.	Tratamento	Dose (ml ou g/ha)	N.º de pulgões / folha			Redução percentual (%)		
			2015 16	2016 17	Agrupado	2015 16	2016 17	Agrupado
T1	Acetamipride 20 % PE	75 g	14.00 [3.87]*	13.67 [3.83]	13.83 [3.85]	76.40 [61.02]#	73.77 [59.19]	75.08 [60.11]
T2	Buprofezina 25 % SC	1000 ml	10.33 [3.37]	8.33 [3.05]	9.33 [3.21]	82.86 [65.58]	83.97 [66.42]	83.41 [66.00]
T3	Clotianidina 50%WDP	50 g	11.67 [3.54]	12.67 [3.70]	12.17 [3.63]	80.45 [63.90]	75.84 [60.56]	78.14 [62.12]
T4	Cianantraniliprolo 10,26 % DO	600 ml	4.67 [2.36]	4.00 [2.23]	4.33 [2.30]	92.20 [74.01]	92.29 [74.02]	92.24 [74.01]
T5	Dinotefurano 20 % SG	150 g	12.33 [3.64]	16.33 [4.15]	14.33 [3.89]	79.91 [63.37]	67.91 [55.56]	73.91 [59.47]
T6	Fipronil 5 % SC	1000 ml	8.00 [2.99]	8.00 [3.00]	8.00 [2.99]	86.96 [68.82]	85.03 [67.20]	85.99 [68.01]
T7	Flonicamida	150 g	6.00	5.33	5.66	88.56	89.85	89.20

	50%WG		[2.57]	[2.49]	[2.53]	[71.37]	[71.59]	[71.48]
T8	Imidaclopride 17,8 % SL	125 ml	16.33 [4.16]	18.33 [4.39]	17.33 [4.28]	72.90 [58.63]	65.48 [54.03]	69.19 [56.33]
T9	Tiametoxame 25%WG	100 g	15.67 [4.03]	19.67 [4.54]	17.67 [4.29]	74.97 [60.10]	61.90 [51.88]	68.43 [55.99]
T10	Controlo (Pulverização de água)	^B ^B ^B	60.33 [7.82]	52.00 [7.27]	56.16 [7.54]			
	SE +		0.20	0.16	0.14	2.31	1.61	1.05
	CD a 5%		0.61	0.49	0.43	6.99	4.87	3.19

* Os valores entre parênteses são valores transformados pela raiz quadrada.

Os valores entre parênteses são valores angulares transformados.

Os dados agrupados de dois anos indicaram que o inseticida mais eficaz contra o afídeo na couve-flor, aos 15 DAS, foi o ciantraniliprole 10,16 % OD (4,33/folha), que foi igual ao flonicamide 50 % WG (5,66/folha). Os melhores tratamentos seguintes foram o fipronil 5 % SC, a buprofezina 25 % SC, a clotianidina 50 % WDP e o acetamipride 20 % SP. Entre todos os tratamentos insecticidas, as parcelas tratadas com tiametoxame 25 % WG (17,67/folha) foram iguais às tratadas com imidaclopride 17,8 % SL e dinotefurão 20 % SG. A testemunha não tratada registou uma população de pulgões de 56,16/folha.

Durante 2015-16, os dados sobre a redução percentual da população de pulgões indicaram que a supressão máxima foi observada nas parcelas tratadas com ciantraniliprole 10,16 % OD (92,20 %), que estava a par com flonicamida 50 % WG (88,56 %) e fipronil 5 % SC (86,96 %). Seguiram-se a buprofezina 25 % SC, a clotianidina 50 % WDP e o dinotefurão 20 % SG. A redução mínima foi registada nas parcelas pulverizadas com imidaclopride 17,8 % SL (72,90 %), que foi igual à do tiametoxame 25 % WG e do acetamipride 20 % SP.

A redução máxima na população de pulgões durante 2016-17 foi encontrada no tratamento com ciantraniliprole 10,16% OD (92,29%) e foi igual ao flonicamid 50% WG (89,85%). Os melhores insecticidas seguintes foram o fipronil 5 % SC, a buprofezina 25 % SC, a clotianidina 50 % WDP, o acetamipride 20 % SP e o dinotefurão 20 % SG. O tratamento menos eficaz foi o tiametoxame a 25 % (61,90 %), a par do imidaclopride a 17,8 % (SL).

Os dados agrupados revelaram que a redução da população de pulgões variou de 68,43 a 92,24%. Houve uma variação significativa na supressão da população de pulgões por diferentes insecticidas. Cianantraniliprole 10,16 % DO (92,24 %) e o flonicamide 50 % WG (89,20 %) foram os insecticidas mais eficazes, em pé de igualdade. Os melhores tratamentos seguintes foram o fipronil 5 % SC, a buprofezina 25

% SC, a clotianidina 50 % WDP, o acetamipride 20 % SP e o dinotefurão 20 % SG. O tratamento menos eficaz foi o tiametoxame 25 % WG (55,99 %), que foi igual ao imidaclopride 17,8 % SL (56,33 %).

4.5.6 Vinte e um dias após a pulverização

As observações sobre a população de pulgões nos diferentes tratamentos em 21st dias após a pulverização são apresentadas no Quadro 34.

Durante 2015-16, o número mais baixo de afídeos foi observado nas parcelas tratadas com ciantraniliprole 10,16 % OD (1,33/folha), que foi a par com flonicamid 50 % WG, dinotefuran 20 % SG, clothianidin 50 % WDP, fipronil 5 % SC e buprofezin 25 % SC. Os tratamentos menos eficazes foram o imidaclopride 17,8 % SL, o tiametoxame 25 % WG e o acetamipride 20 % SP. A testemunha não tratada (42,33 %) registou a maior população de afídeos.

A população de pulgões variou de 3,67 a 30,67/folha em diferentes tratamentos. O tratamento cyantraniliprole 10,16 % OD (3,67/folha) foi significativamente superior a todos os tratamentos, exceto buprofezin 25 % SC (5,33/folha) que foi igual a todos os outros. Os próximos melhores tratamentos foram flonicamid 50 % WG (8,33/folha) e fipronil 5 % SC (9,33/folha). Seguiram-se o acetamipride 20 % SP, a clotianidina 50 % WDP, o dinotefurão 20 % SG, o tiametoxame 25 % WG e o imidaclopride 17,8 % SL. O maior número de afídeos foi observado no controlo não tratado (30,67/folha).

Quadro 34. Eficácia de diferentes insecticidas aos 21 DAS contra afídeos *Brevicoryne brassicae* em couve-flor

Tr. Não.	Tratamento	Dose (ml ou g/ha)	N.º de pulgões / folha			Redução percentual (%)		
			2015 16	2016 17	Agrupado	2015 16	2016-17	Agrupado
T1	Acetamipride 20 % PE	75 g	4.33 [2.29]*	13.67 [3.83]	9.00 [3.06]	89.45 [71.70]#	55.50 [48.14]	72.47
T2	Buprofezina 25 % SC	1000 ml	3.00 [1.97]	5.33 [2.51]	4.16 [2.24]	93.35 [73.82]	82.40 [65.31]	87.87
T3	Clotianidina 50%WDP	50 g	2.67 [1.90]	14.00 [3.87]	8.33 [2.88]	94.00 [75.80]	54.51 [47.58]	74.25
T4	Cianantraniliprolo 10,26 % DO	600 ml	1.33 [1.41]	3.67 [2.14]	2.50 [1.78]	96.27 [75.17]	88.59 [70.42]	92.43
T5	Dinotefurano 20 % SG	150 g	3.00 [1.89]	14.67 [3.95]	8.83 [2.92]	93.86 [83.48]	51.11 [45.63]	74.98
T6	Fipronil 5 % SC	1000 ml	2.67 [1.91]	9.33 [3.20]	6.00 [2.55]	94.44 [80.73]	70.28 [57.03]	82.36
T7	Flonicamida 50%WG	150 g	1.67 [1.48]	8.33 [3.05]	5.00 [2.27]	94.94 [72.83]	72.37 [58.39]	83.65
T8	Imidaclopride 17,8 % SL	125 ml	5.00 [2.40]	20.33 [4.62]	12.66 [3.51]	88.02 [75.29]	35.23 [36.36]	61.62
T9	Tiametoxame 25%WG	100 g	4.33 [2.31]	19.67 [4.54]	12.00 [3.42]	90.77 [82.34]	35.53 [36.44]	63.15

T₁₀	Controlo (Pulverização de água)	^B ^B ^B	42.33 [6.57]	30.67 [5.62]	36.50 [6.10]	-	-	-
	SE +		0.28	0.16	0.17	4.05	2.60	1.80
	CD a 5%		0.83	0.48	0.50	NS	7.88	5.48

* Os valores entre parênteses são valores transformados pela raiz quadrada.

Os valores entre parênteses são valores angulares transformados.

Os resultados combinados de dois anos revelaram que Cyantraniliprole 10,16 % OD (2,50/folha), buprofezin 25 % SC (4,16/folha) e flonicamid 50 % WG (5,00/folha) foram os tratamentos mais eficazes contra os afídeos na couve-flor, que foram iguais entre si. Seguiram-se o fipronil 5 % SC, a clotianidina 50 % WDP e o dinotefurão 20 % SG. O tratamento menos eficaz foi o imidaclopride 17,8 % SL (12,66/folha), que foi igual ao tiametoxame 25 % WG e ao acetamipride 20 % SP. A testemunha não tratada registou o maior número de afídeos (36,50/folha).

Os dados sobre a redução percentual do pulgão devido à aplicação de diferentes insecticidas durante 2015-16 revelaram que não houve diferenças significativas entre os tratamentos. No entanto, a maior redução da população de pulgões foi observada no ciantraniliprole 10,16% OD (96,27%) e a menor foi no imidaclopride 17,8% SL (88,02%). Durante 2016-17, a redução máxima da população de pulgões foi registada em parcelas tratadas com ciantraniliprole 10,16 % OD (88,59 %), que foi igual à buprofezina 25 % SC (82,40 %). Seguiram-se o flonicamide 50 % WG, o fipronil 5 % SC, o acetamipride 20 % SP, a clotianidina 50 % WDP e o dinotefurão 20 % SG. A redução mínima da população de pulgões foi observada no tratamento com imidaclopride 17,8 % SL (35,23 %), que foi igual ao tiametoxame 25 % WG (35,53 %).

A literatura sobre a eficácia dos novos insecticidas contra o afídeo da couve-flor é muito escassa. Por conseguinte, é difícil discutir os resultados da investigação atual. No entanto, os resultados do presente estudo são aqui discutidos em conformidade com alguns resultados de investigadores abaixo indicados.

Muthukumar *et al,* (2007) relataram que a maior redução média por cento sobre o controle foi registada contra pulgões (78,8 e 61,6 para imidaclopride a 20 g ai/ha), 80,8 e 58,5 (tiametoxam a 75 g ai/ha) e 77,8 e 51,8 (cloridrato de cartap a 250 g ai/ha) após a primeira e segunda pulverização, respetivamente, durante 2005/06 e 80.8 e 68,2 para imidaclopride a 20 g ai/ha, 79,8 e 61,2 (tiametoxam a 75 g ai/ha) e 78,5 e 50,9 (cloridrato de cartap a 250 g ai/ha) após a primeira e segunda pulverização, respetivamente, durante 2006/07. Khedkar *et al.* (2012) observaram que entre os diferentes inseticidas sintéticos avaliados quanto à sua bioeficácia contra *L. erysimi*, imidacloprid 17,8 SL (0,008%), acetamiprid 20 SP (0,01%) e thiamerthoxam 25 WG (0,0125%) provaram ser mais eficazes, seguidos por acefato (0,075%), dimetoato (0,03%) e thiacloprid (0,024%). A clotianidina (0,025%), a flonicamida (0,015%) e o fosfamidão (0,03%) revelaram-se menos eficazes. Chandi e Kaur (2016) relataram que flonicamid @ 175 e 200 g/ha, imidacloprid @ 100 e 125 ml/ha, thiamethoxam @ 100 e 125 g/ha, acetamiprid @ 62,5 g/ha foram estatisticamente melhores na redução da população de pulgões do que outros tratamentos. Srivastava *et al*, (2016) indicou que, a redução percentual de pulgão no tratamento T4- acetamiprida 20%SP 0150g/ha mostrou melhor controle (83,05%) seguido por T3- acetamiprida 20%SP 0100g/ha (81.04%) seguido por T2- acetamiprid 20%SP 075g/ha (77,97%), T5- Dhanpreet 20%SP (77,91%) e o menor controle foi encontrado em T1- acetamiprid 20%SP 050g/ha. Dotasara *et al.*, (2017) revelaram que o imidaclopride 17,8 SL @ 0,2 g/litro reduziu a incidência de 87,53% do pulgão da mostarda seguido pelo fipronil 5 SC @ 1,0 ml/litro 83,56% de redução. Umeda e Fredman (2017) relataram que o fipronil (Rhone- Poulenc) não foi tão eficaz no controle dos pulgões em relação aos demais tratamentos.

O acefato (Orthene), o clorpirifos (Lorsban) e o nalede (Dibrom) foram altamente eficazes em relação ao controlo não tratado.

A maioria dos investigadores acima referidos realizou estudos sobre neonicotinóides contra afídeos em comparação com insecticidas convencionais. Assim, o imidaclopride e o acetamipride foram eficazes nos seus resultados. No entanto, os insecticidas mais recentes, como o ciantraniliprole, a flonicamida e a buprofezina, foram mais eficazes do que os insecticidas neonicotinóides. A razão provável para a menor eficácia dos neonicotinóides pode ser a sua utilização indiscriminada.

4.6 Gestão dos insectos lepidópteros pragas da couve-flor com os novos insecticidas

As presentes investigações foram realizadas para a gestão de pragas de insectos lepidópteros na couve-flor com novos insecticidas durante 2015-16 e 2016-17. A segunda pulverização de insecticidas, que visava principalmente as pragas de insectos lepidópteros, foi feita 21 dias após a primeira pulverização.

4.6.1 Traça-das-costas-de-diamante *Plutella Xylostella*

4.6.1.1　Pré-contagem

As observações sobre a contagem de larvas e pupas da traça-das-crucíferas (DBM) na couve-flor um dia antes da pulverização (pré-contagem) são apresentadas no quadro 35. Os resultados revelaram que não houve diferenças significativas entre todos os tratamentos, indicando a distribuição uniforme da população em todos os tratamentos durante os anos de 2015-16 e 2016-17. Os dados agrupados de dois anos também mostraram diferenças não significativas entre os tratamentos.

Quadro 35. Contagem prévia da traça-das-crucíferas *Plutella xylostella* em couve-flor

Tr. Não.	Tratamento	Dose (ml ou g/)ha	N.º de larvas e pupas / planta		
			2015-16	2016 17	Agrupado
T1	Clorantraniliprole 18,5 % SC	50 ml	8.73 (3.12)*	9.93 (3.31)	9.33 (3.21)
T2	Fipronil 5 % SC	1000 ml	8.47 (3.07)	9.60 (3.25)	9.03 (3.16)
T3	Tiodicarbe 75 % WP	1000 g	8.80 (3.13)	10.00 3.32)	9.40 (3.22)
T4	Benzoato de emamectina 5 % SG	150 g	8.60 (3.10)	9.87 (3.30)	9.23 (3.20)
T5	Novaluron 10% CE	750 ml	8.40 (3.06)	9.87 (3.29)	9.13 (3.18)
T6	Flubendiamida 20 % WG	50 g	9.00 (3.16)	9.93 (3.31)	9.46 (3.23)
T7	Clorfenapir 10 % SC	750 ml	8.80 (3.13)	9.67 (3.27)	9.23 (3.20)
T8	Diafentiurão 50 % WP	600 g	8.40 (3.06)	9.87 (3.30)	9.13 (3.18)
T9	Cianantraniliprole 10,26 % DO	600 ml	8.87 (3.14)	9.80 (3.29)	9.33 (3.21)
T10	Controlo (pulverização de água)	^B ^B ^B	8.87 (3.14)	9.87 (3.30)	9.37 (3.22)
	SE±		0.08	0.05	0.04
	CD a 5%		NS	NS	NS

* Os valores entre parênteses são valores transformados pela raiz quadrada.

4.6.1.2 Um dia após a pulverização

Os dados sobre a eficácia de diferentes insecticidas a 1 DAS contra a traça-das-crucíferas são apresentados no quadro 36.

Durante 2015-16, a população mais baixa de DBM (larvas e pupas) foi observada no benzoato de emamectina 5% SG (6,33/planta), que estava a par do ciantraniliprole 10,26% OD (6,73/planta), flubendiamida 20% WG (6,80/planta), tiodicarbe 75% WP (6,80/planta) e clorantraniliprole 18,5% SC (7,00/planta). Seguiram-se o fipronil 5 % SC, o clorfenapir 10 % SC, o novalurão 10 % EC e o diafentiurão 50 % WP. A população mais elevada de DBM foi registada no controlo não tratado (8,87/planta).

Durante 2016-17, o benzoato de emamectina 5 % SG (6,53/planta) foi significativamente superior a outros tratamentos, exceto o ciantraniliprole 10,26 % OD (6,67/planta), o clorantraniliprole 18,5 % SC (7,13/planta), a flubendiamida 20 % WG (7,20/planta), que foram iguais entre si. Seguiram-se o tiodicarbe 75 % WP, o clorfenapir 10 % SC, o fipronil 5 % SC, o novalurão 10 % EC e o diafentiurão 50 % WP. O controlo não tratado registou 9,73/planta de população de larvas e pupas de DBM.

Os dados agrupados de dois anos indicaram que a população variou entre 6,46 e 9,46/planta. O benzoato de emamectina 5 % SG (6,46/planta) registou a população mais baixa. No entanto, foi equiparado ao ciantraniliprole 10,26 % OD, flubendiamida 20 % WG, clorantraniliprole 18,5 % SC e tiodicarbe 75 % WP. Seguiram-se o clorfenapir 10 % SC, o fipronil 5 % SC, o novalurão 10 % CE e o diafentiurão 50 % WP. A população mais elevada foi registada no controlo não tratado (9,46/planta).

Table 36. Eficácia de diferentes insecticidas 1 DAS contra a traça-das-crucíferas *Plutella Xylostella* em couve-flor

Tr. Não.	Tratamento	Dose (ml ou g/ha)	N.º de larvas e pupas / planta			Redução percentual (%)		
			201516	201617	Agrupado	2015-16	201617	Agrupado
T1	Clorantraniliprolo 18,5 % SC	50 ml	7.00 [2.82]*	7.13 [2.85]	7.45 [2.84]	19.80 [26.40]#	27.19 [31.41]	23.49 [28.90]
T2	Fipronil 5 % SC	1000 ml	7.40 [2.90]	8.93 [3.15]	8.36 [3.02]	12.62 [20.78]	5.57 [13.34]	9.09 [17.06]
T3	Tiodicarbe 75 % WP	1000 g	6.80 [2.79]	7.60 [2.93]	7.00 [2.86]	22.77 [28.49]	22.80 [28.43]	22.78 [28.46]
T4	Emamectina benzoato 5%SG	150 g	6.33 [2.71]	6.53 [2.74]	6.46 [2.73]	26.35 [30.87]	32.93 [35.00]	29.64 [32.94]
T5	Novaluron 10 % CE	750 ml	8.00 [3.00]	9.27 [3.20]	8.53 [3.10]	4.78 [12.62]	4.56 [10.93]	4.67 [11.78]
T6	Flubendiamida 20%WG	50 g	6.80 [2.79]	7.20 [2.86]	6.50 [2.83]	24.52 [29.66]	26.56 [31.00]	25.54 [30.33]
T7	Clorfenapir 10 % SC	750 ml	7.53 [2.92]	8.33 [3.05]	7.56 [2.99]	14.41 [23.30]	12.65 [20.77]	13.53 [21.54]
T8	Diafentiurão 50%WP	600 g	8.27 [3.04]	9.47 [3.23]	9.43 [3.14]	1.69 [6.10]	2.62 [8.12]	2.15 [7.11]
T9	Cianantraniliprolo 10,26 % DO	600 ml	6.73 [2.78]	6.67 [2.77]	7.03 [2.77]	24.01 [29.31]	31.11 [33.87]	27.56 [31.59]
T10	Controlo (Pulverização de água)	^B ^B ^B	8.87 [3.14]	9.73 [3.28]	9.46 [3.21]			
	SE +		0.06	0.04	0.04	1.11	2.08	1.28
	CD a 5%		0.18	0.12	0.13	3.36	6.28	3.87

* Os valores entre parênteses são valores transformados pela raiz quadrada.

Os valores entre parênteses são valores angulares transformados.

A redução máxima de DBM foi observada no tratamento com benzoato de emamectina 5% SG (26,35%) em 2015-16, que foi igual ao tratamento com flubendiamida 20% WG (24,52%), ciantraniliprole 10,26% OD (24,01%) e tiodicarbe 75% WP (22,77%). Os melhores tratamentos seguintes foram o clorantraniliprole 18,5 % SC e o clorfenapir 10 % SC. O tratamento diafentiuron 50 % WP (1,69 %) registou a menor redução da população de afídeos entre todos os tratamentos.

Durante 2016-17, as parcelas tratadas com benzoato de emamectina 5% SG (32,93%) registaram a maior redução percentual em DBM, a par de ciantraniliprole 10,26% OD (31,11%), clorantraniliprole 18,5% SC (27,19%) e flubendiamida 20% WG (26,56%). Seguiram-se o tiodicarbe 75 % WP e o clorfenapir 10 % SC. O tratamento menos eficaz foi o diafentiurão 50 % WP (2,62 %), a par do novalurão 10 % EC e do fipronil 5 % SC.

Os dados agrupados de dois anos indicaram que o benzoato de emamectina 5% SG (29,64%), o ciantraniliprole 10,26% OD (27,56%) e a flubendiamida 20% WG (25,54%) foram os tratamentos mais eficazes para reduzir a MSF na couve-flor. Seguiram-se o clorantraniliprole 18,5 % SC, o tiodicarbe 75 % WP, o clorfenapir 10 % SC, o fipronil 5 % SC e o novalurão 10 % EC. A redução mínima do afídeo foi registada com diafentiurão 50% WP (2,15%).

4.6.1.3   Três dias após a pulverização

Os dados sobre o número de larvas e pupas de DBM e a percentagem de redução no terceiro dia após a pulverização são apresentados no quadro 37.

Durante 2015-16, a população mais baixa de larvas e pupas de DBM foi registada nas parcelas pulverizadas com benzoato de emamectina 5% SG (4,47/planta), seguida de flubendiamida 20% WG (4,60/planta), ciantraniliprole 10,26% OD

Table 37. Eficácia de diferentes insecticidas 3 DAS contra a traça-das-crucíferas *Plutella Xylostella* em couve-flor

Tr. Não.	Tratamento	Dose (ml ou g/ha)	N.º de larvas e pupas / planta			Redução percentual (%)		
			201516	201617	Agrupado	2015-16	201617	Agrupado
T₁	Clorantraniliprolo 18,5 % SC	50 ml	5.13 [2.47]*	5.20 [2.49]	5.16 [2.48]	40.89 [39.73]#	46.62 [43.04]	43.75 [41.38]
T₂	Fipronil 5 % SC	1000 ml	6.07 [2.66]	7.20 [2.86]	6.63 [2.76]	27.99 [31.92]	23.35 [28.84]	25.67 [30.38]
T₃	Tiodicarbe 75 % WP	1000 g	6.07 [2.66]	7.20 [2.86]	6.63 [2.76]	30.45 [33.47]	26.60 [31.03]	28.52 [32.25]

T_4	Emamectina benzoato 5%SG	150 g	4.47 [2.34]	4.73 [2.39]	4.60 [2.37]	47.66 [43.64]	51.05 [45.59]	49.35 [44.61]
T_5	Novaluron 10 % CE	750 ml	6.80 [2.79]	6.93 [2.81]	6.86 [2.80]	18.40 [25.39]	28.28 [32.11]	23.34 [28.75]
T_6	Flubendiamida 20%WG	50 g	4.60 [2.36]	5.20 [2.49]	4.90 [2.43]	48.42 [44.08]	46.58 [43.02]	47.50 [43.55]
T_7	Clorfenapir 10 % SC	750 ml	6.40 [2.72]	7.13 [2.85]	6.76 [2.78]	26.77 [31.14]	24.74 [29.77]	25.75 [30.46]
T_8	Diafentiurão 50%WP	600 g	7.00 [2.83]	7.87 [2.98]	7.43 [2.90]	16.06 [23.59]	18.50 [25.36]	17.28 [24.48]
T_9	Cianantraniliprolo 10,26 % DO	600 ml	4.87 [2.42]	4.87 [2.42]	4.87 [2.42]	44.79 [41.99]	49.37 [44.62]	47.08 [43.31]
T_{10}	Controlo (Pulverização de água)	- - -	8.80 [3.13]	9.67 [3.27]	9.23 [3.20]	-	-	-
	SE +		0.07	0.05	0.04	0.91	0.96	0.72
	CD a 5%		0.22	0.14	0.11	2.74	2.89	2.19

* Os valores entre parênteses são valores transformados pela raiz quadrada.

Os valores entre parênteses são valores angulares transformados.

(4,87/planta) e clorantraniliprole 18,5 % SC (5,13/planta), que foram iguais entre si. A população mais elevada foi observada nas parcelas pulverizadas com diafentiuron 50 % WP (7,00/planta) entre todos os insecticidas, o que foi igual aos restantes insecticidas. A testemunha não tratada registou 8,80 larvas e pupas por planta.

Em 2016-17, o benzoato de emamectina 5% SG (4,73/planta) foi o inseticida mais eficaz, a par do ciantraniliprole 10,26% OD (4,87/planta), do clorantraniliprole 18,5% SC (5,20/planta) e da flubendiamida 20% WG (5,20/planta). Seguiram-se o novalurão 10 % CE, o clorfenapir 10 % SC, o tiodicarbe 75 % WP, o fipronil 5 % SC e o diafentiurão 50 % WP. A população mais elevada foi registada no controlo não tratado (9,67/planta).

Os dados agrupados de dois anos revelaram que foi registado um mínimo de MSF com benzoato de emamectina 5% SG (4,60/planta), seguido de ciantraniliprole 10,26% OD (4,60/planta), flubendiamida 20% WG (4,90/planta) e clorantraniliprole 18,5% SC (5,16/planta), que foram iguais entre si. Estes foram seguidos por thiodicarb 75 % WP, fipronil 5 % SC e chlorfenapyr 10 % SC. A população máxima foi observada no diafentiuron 50 % WP, que foi igual ao novaluron 10 % EC. O controlo não tratado registou 9,23 larvas e pupas por planta.

Os dados sobre a redução percentual da população de larvas e pupas de FBD durante 2015-16 indicaram que a maior redução foi observada na flubendiamida 20% WG

(48,42%), que estava a par do benzoato de emamectina 5% SG (47,66%) e do ciantraniliprole 10,26% OD (44,79%). Seguiram-se o clorantraniliprole 18,5 % SC, o tiodicarbe 75 % WP, o fipronil 5 % SC e o clorfenapir 10 % SC. A menor redução foi registada no diafentiurão 50 % WP, que foi igual ao novalurão 10 % EC.

Durante 2016-17, o benzoato de emamectina 5 % SG (51,05 %) foi significativamente superior na redução da população de DBM em relação a outros tratamentos, exceto o ciantraniliprole 10,26 % OD (49,37 %), o clorantraniliprole 18,5 % SC (46,62 %) e a flubendiamida 20 % WG (46,58 %). Os melhores tratamentos seguintes foram o novalurão 10 % CE, o tiodicarbe 75 % WP, o clorfenapir 10 % SC e o fipronil 5 % SC. O diafentiurão 50 % WP (18,50 %) foi um inseticida significativamente menos eficaz.

Os dados agrupados de dois anos revelaram que o benzoato de emamectina 5% SG (49,35%), a flubendiamida 20% WG (47,50%) e o ciantraniliprole 10,26% OD (47,08%) foram os mais superiores na redução da população de MCF, que foi igual entre si. Seguiram-se o clorantraniliprole 18,5 % SC, o tiodicarbe 75 % WP, o clorfenapir 10 % SC, o fipronil 5 % SC e o novalurão 10 % EC. As parcelas tratadas com diafentiuron 50 % WP (17,28 %) registaram a menor redução de DBM.

4.6.1.4 Sete dias após a pulverização

As observações sobre a eficácia dos diferentes insecticidas aos 7 DAS contra a traça-das-crucíferas são apresentadas no quadro 38.

Durante 2015-16, a população de larvas e pupas de DBM variou de 2,93 a 8,87/planta em diferentes tratamentos. O benzoato de emamectina 5% SG (2,93/planta) foi o mais eficaz contra o DBM, a par do ciantraniliprole 10,26% OD (3,13/planta), flubendiamida 20% WG (3,20/planta) e clorantraniliprole 18,5% SC (3,67/planta). Seguiram-se o novalurão 10 % CE, o clorfenapir 10 % SC, o fipronil 5 % SC, o tiodicarbe 75 % WP e o diafentiurão 50 % WP. A população mais elevada foi registada no controlo não tratado (8,87/planta).

Table 38. Eficácia de diferentes insecticidas 7 DAS contra a traça-das-crucíferas *Plutella Xylostella* em couve-flor

Tr. Não.	Tratamento	Dose (ml ou g/ha)	N.º de larvas e pupas / planta			Redução percentual (%)		
			201516	201617	Agrupado	201516	201617	Agrupado
T₁	Clorantraniliprolo 18,5 % SC	50 ml	3.67 [2.15]*	3.53 [2.13]	3.60 [2.14]	57.95 [49.60]#	60.99 [51.34]	59.47 [50.47]
T₂	Fipronil 5 % SC	1000 ml	5.40 [2.53]	6.00 [2.64]	5.70 [2.59]	36.27 [37.01]	31.67 [34.23]	33.97 [35.62]
T₃	Tiodicarbe 75 % WP	1000 g	5.60 [2.57]	6.20 [2.68]	5.90 [2.62]	36.43 [37.10]	31.97 [34.39]	34.20 [35.75]

T₄	Emamectina benzoato 5%SG	150 g	2.93 [1.97]	3.33 [2.08]	3.13 [2.03]	65.90 [54.40]	62.89 [52.45]	64.39 [53.43]
T₅	Novaluron 10 % CE	750 ml	4.20 [2.28]	3.73 [2.17]	3.96 [2.23]	50.07 [45.02]	58.36 [49.80]	54.21 [47.41]
T₆	Flubendiamida 20%WG	50 g	3.20 [2.04]	3.67 [2.16]	3.43 [2.10]	64.34 [53.38]	59.52 [50.47]	61.93 [51.93]
T₇	Clorfenapir 10 % SC	750 ml	5.27 [2.50]	5.67 [2.58]	5.47 [2.54]	39.44 [38.77]	35.71 [36.63]	37.57 [37.70]
T₈	Diafentiurão 50%WP	600 g	5.93 [2.63]	7.07 [2.84]	6.50 [2.74]	29.40 [32.83]	21.17 [27.02]	25.28 [30.18]
T₉	Cianantraniliprolo 10,26 % DO	600 ml	3.13 [2.03]	3.47 [2.11]	3.50 [2.07]	64.68 [53.53]	61.27 [51.49]	63.97 [52.51]
T₁₀	Controlo (Pulverização de água)	- - -	8.87 [3.14]	9.00 [3.16]	8.93 [3.15]			
	SE +		0.08	0.05	0.04	2.13	1.45	1.22
	CD a 5%		0.25	0.14	0.12	6.43	4.40	3.69

* Os valores entre parênteses são valores transformados pela raiz quadrada.

Os valores entre parênteses são valores angulares transformados.

Em 2016-17, o diafentiuron 50 % WP (7,07/planta) foi significativamente inferior no controlo da DBM. As parcelas tratadas com benzoato de emamectina 5% SG (3,33 / planta) registaram menos população de DBM que estava a par com ciantraniliprole 10,26% OD (3,47 / planta), clorantraniliprole 18,5% SC (3,53 / planta), flubendiamida 20% WG (3,67 / planta) e novaluron 10% EC (3,73%). Seguiram-se o clorfenapir 10 % SC, o fipronil 5 % SC e o tiodicarbe 75 % WP. A população mais elevada foi registada no controlo não tratado (9,00/planta) entre todos os tratamentos.

Os dados agrupados de dois anos indicaram que o benzoato de emamectina 5% SG (3,13/planta), o ciantraniliprole 10,26% OD (3,50/planta), a flubendiamida 20% WG (3,43/planta) e o clorantraniliprole 18,5% SC (3,60/planta) foram os insecticidas mais eficazes contra a podridão cinzenta bacteriana, sendo semelhantes entre si. Os melhores tratamentos seguintes foram o novalurão 10 % CE, o clorfenapir 10 % SC e o fipronil 5 % SC. O inseticida menos eficaz foi o diafentiurão 50 % WP (6,50/planta), que se equiparou ao tiodicarbe 75 % WP (5,90/planta).

Os dados sobre a redução percentual na população de DBM durante 2015-16 indicaram que a redução máxima foi alcançada pela pulverização de benzoato de emamectina 5 % SG (65,90 %), que foi a par com ciantraniliprole 10,26 % OD (64,68 %), flubendiamida 20 % WG (64,34 %) e clorantraniliprole 18,5 % SC (57,95 %). Seguiram-se o novalurão 10 % CE, o clorfenapir 10 % SC, o tiodicarbe 75 % WP, o fipronil 5 % SC e o diafentiurão 50 % WP.

Em 2016-17, o diafentiurão 50 % WP (21,17 %) foi o inseticida menos eficaz na redução da podridão cinzenta. O inseticida mais eficaz contra a podridão cinzenta foi o benzoato de emamectina 5% SG (62,89%), a par do ciantraniliprole 10,26% OD (61,27%), do clorantraniliprole 18,5% SC (60,99%), da flubendiamida 20% WG (59,52%) e do novalurão 10% EC (58,36%). Os melhores tratamentos seguintes foram o clorfenapir 10 % SC, o tiodicarbe 75 % WP e o fipronil 5 % SC.

Os dados agrupados de dois anos revelaram que o benzoato de emamectina 5% SG (64,39%), o ciantraniliprole 10,26% OD (63,97%), a flubendiamida 20% WG (61,93%) e o clorantraniliprole 18,5% SC (59,47%) foram superiores na redução da MSF, que foi igual entre si. Seguiram-se o novalurão 10 % CE, o clorfenapir 10 % SC, o tiodicarbe 75 % WP e o fipronil 5 % SC. A percentagem de redução da MSF foi significativamente menor no diafentiurão 50% WP (25,28%).

4.6.1.5   Quinze dias após a pulverização

O quadro 39 apresenta as observações sobre o efeito dos diferentes insecticidas aos 15 DAS contra a magreza.

Em 2015-16, registaram-se diferenças significativas entre os tratamentos. O controlo não tratado registou uma população máxima de DBM. No entanto, entre todos os insecticidas, o número de larvas e pupas DBM foi significativamente maior nas parcelas tratadas com diafentiuron 50 % WP (4,40 / planta). A população mais baixa foi registada com o ciantraniliprole 10,26 % OD (0,87/planta), que foi equivalente ao benzoato de emamectina 5% SG (1,00/planta), ao clorantraniliprole 18,5% SC (1,20/planta), à flubendiamida 20% WG (1,27/planta) e ao novalurão 10% EC (1,47/planta). Os insecticidas eficazes seguintes foram o clorfenapir 10 % SC, o tiodicarbe 75 % WP e o fipronil 5 % SC.

Tabela 39. Eficácia de diferentes insecticidas 15 DAS contra a traça-das-crucíferas _Plutella xylostella_ em couve-flor

Tr. Não.	Tratamento	Dose (ml ou g/ha)	N.º de larvas e pupas / planta			Redução percentual (%)		
			201516	201617	Agrupado	201516	201617	Agrupado
T₁	Clorantraniliprolo 18,5 % SC	50 ml	1.20 [1.48]*	1.20 [1.48]	1.20 [1.48]	84.66 [67.10]#	84.09 [66.87]	84.37 [66.99]
T₂	Fipronil 5 % SC	1000 ml	2.47 [1.86]	2.53 [1.88]	2.50 [1.87]	67.86 [55.44]	65.83 [54.26]	66.84 [54.85]
T₃	Tiodicarbe 75 % WP	1000 g	2.20 [1.78]	2.47 [1.86]	2.33 [1.82]	72.66 [58.53]	68.48 [55.82]	70.57 [57.18]
T₄	Emamectina benzoato 5%SG	150 g	1.00 [1.41]	1.07 [1.43]	1.03 [1.42]	87.21 [69.38]	86.29 [68.45]	86.75 [68.91]
T₅	Novaluron	750 ml	1.47	1.53	1.50	80.55	79.83	80.19

	10 % CE		[1.57]	[1.59]	[1.58]	[63.97]	[63.43]	[63.70]
T_6	Flubendiamida 20%WG	50 g	1.27 [1.50]	1.33 [1.52]	1.30 [1.51]	84.33 [66.66]	82.51 [65.47]	83.42 [66.06]
T_7	Clorfenapir 10 % SC	750 ml	1.87 [1.69]	2.53 [1.88]	2.20 [1.78]	76.09 [60.86]	66.07 [54.44]	71.08 [57.65]
T_8	Diafentiurão 50%WP	600 g	4.40 [2.32]	4.67 [2.38]	4.53 [2.35]	41.92 [40.35]	38.64 [38.33]	40.28 [39.39]
T_9	Cianantraniliprolo 10,26 % DO	600 ml	0.87 [1.36]	1.13 [1.46]	1.00 [1.41]	89.34 [71.00]	85.15 [67.35]	87.24 [69.17]
T_{10}	Controlo (Pulverização de água)	- - -	8.00 [3.00]	7.67 [2.94]	7.83 [2.97]			
	SE +		0.08	0.07	0.06	2.16	2.12	1.63
	CD a 5%		0.23	0.22	0.17	6.52	6.43	4.92

* Os valores entre parênteses são valores transformados pela raiz quadrada.

Os valores entre parênteses são valores angulares transformados.

Em 2016-17, o benzoato de emamectina 5% SG (1,07/planta) foi o tratamento mais eficaz, a par do ciantraniliprole 10,26% OD (1,13/planta), do clorantraniliprole 18,5% SC (1,20/planta), da flubendiamida 20% WG (1,33/planta) e do novalurão 10% EC (1,53/planta). Seguiram-se o clorfenapir 10 % SC, o tiodicarbe 75 % WP e o fipronil 5 % SC. As parcelas tratadas com diafentiuron 50 % WP (4,67/planta) registaram a população máxima de todos os insecticidas.

Os dados agrupados de dois anos revelaram que o número de larvas e pupas DBM variou de 1,00 a 7,83/planta. Houve diferenças significativas entre os tratamentos. A população mais elevada foi registada na testemunha não tratada (7,83/planta). No entanto, entre os insecticidas, a população foi significativamente máxima no diafentiurão 50% WP (4,53/planta). O cianantraniliprole 10,26 % OD (1,00/planta) registou uma população mínima de MCF, a par do benzoato de emamectina 5 % SG (1,03/planta), do clorantraniliprole 18,5 % SC (1,20/planta), da flubendiamida 20 % WG (1,30/planta) e do novalurão 10 % EC (1,50/planta). Seguiram-se o clorfenapir 10 % SC, o tiodicarbe 75 % WP e o fipronil 5 % SC.

Os dados sobre a percentagem de redução da população de MCF durante 2015-16 variaram entre 41,92% e 89,34%. A redução significativamente mais baixa foi registada com diafentiuron 50 % WP (41,92%). A maior redução foi observada nas parcelas pulverizadas com ciantraniliprole 10,26% OD (89,34%). No entanto, foi igual ao benzoato de emamectina 5% SG (87,21%), clorantraniliprole 18,5% SC (84,66%) e flubendiamida 20% WG (84,33%). Os melhores tratamentos seguintes foram o novalurão 10 % CE, o clorfenapir 10 % SC, o tiodicarbe 75 % WP e o fipronil 5 % SC.

Em 2016-17, observou-se uma redução máxima da população de magnesite calcinada no benzoato de emamectina 5% SG (86,29%), a par do ciantraniliprole 10,26% OD (85,15%), do clorantraniliprole 18,5% SC (84,09%), da flubendiamida 20% WG (82,51%) e do novalurão 10% EC (79,83%). Seguiram-se o tiodicarbe 75 % WP, o clorfenapir 10 % SC e o fipronil 5 % SC. Entre todos os insecticidas testados, o diafentiurão 50 % WP (38,64 %) foi o insecticida significativamente menos eficaz contra a podridão cinzenta bacteriana.

A população de DBM variou de 40,28% a 87,24% em diferentes tratamentos no caso de dados agrupados de dois anos. O diafentiurão 50 % WP (40,28 %) foi um tratamento significativamente menos eficaz. Os tratamentos de ciantraniliprole 10,26 % OD, benzoato de emamectina 5 % SG, clorantraniliprole 18,5 % SC e flubendiamida 20 % WG deram significativamente a maior redução percentual da praga com 87,24, 86,75, 84,37 e 83,42%, respetivamente. Seguiram-se o novalurão 10 % CE, o clorfenapir 10 % SC, o tiodicarbe 75 % WP e o fipronil 5 % SC.

4.6.1.6   Vinte e um dias após a pulverização

Os dados obtidos sobre a eficácia dos diferentes insecticidas aos 21st dias após a pulverização são apresentados no quadro 40.

Durante 2015-16, o ciantraniliprole 10,26 % OD (0,13/planta) foi significativamente superior a todos os tratamentos, exceto o benzoato de emamectina 5 % SG (0,20/planta), que foram iguais entre si. Os melhores tratamentos seguintes foram o clorantraniliprole 18,5 % SC, flubendiamide 20 % WG, novaluron 10 % EC, chlorfenapyr 10 % SC, thiodicarb 75 % WP. As parcelas tratadas com diafentiurão 50 %

Quadro 40. Eficácia de diferentes insecticidas 21 DAS contra a traça-das-crucíferas *Plutella Xylostella* em couve-flor

Tr. Não.	Tratamento	Dose (ml ou g/ha)	N.º de larvas e pupas /planta			Redução percentual (%)		
			201516	201617	Agrupado	201516	201617	Agrupado
T₁	Clorantraniliprolo 18,5 % SC	50 ml	0.60 [1.26]*	0.27 [1.12]	0.43 [1.19]	91.98 [73.72]#	95.85 [80.62]	91.91
T₂	Fipronil 5 % SC	1000 ml	2.33 [1.82]	2.33 [1.82]	2.33 [1.82]	68.48 [55.82]	62.44 [52.24]	65.46
T₃	Tiodicarbe 75 % WP	1000 g	1.93 [1.71]	2.00 [1.73]	1.96 [1.72]	75.05 [60.01]	69.47 [56.44]	72.26
T₄	Emamectina benzoato 5%SG	150 g	0.20 [1.09]	0.20 [1.09]	0.20 [1.09]	97.31 [82.41]	96.95 [81.85]	97.13
T₅	Novaluron 10 % CE	750 ml	1.13 [1.46]	0.53 [1.24]	0.83 [1.35]	84.64 [66.98]	91.73 [73.32]	88.18
T₆	Flubendiamida 20%WG	50 g	0.67 [1.29]	0.33 [1.15]	0.50 [1.22]	91.43 [73.00]	94.91 [77.36]	93.17
T₇	Clorfenapir 10 % SC	750 ml	1.40 [1.55]	1.67 [1.63]	1.53 [1.59]	80.97 [64.45]	73.37 [59.09]	77.17

T_8	Diafentiurão 50%WP	600 g	2.73 [1.93]	3.00 [2.00]	2.86 [1.96]	62.71 [52.36]	53.61 [47.06]	58.16
T_9	Cianantraniliprolo 10,26 % DO	600 ml	0.13 [1.06]	0.20 [1.09]	0.16 [1.08]	98.38 [84.01]	96.78 [81.63]	97.58
T_{10}	Controlo (Pulverização de água)	- - -	7.73 [2.95]	6.47 [2.73]	7.10 [2.84]			
	SE +		0.05	0.06	0.04	2.35	3.09	2.42
	CD a 5%		0.15	0.17	0.12	7.10	9.33	7.31

* Os valores entre parênteses são valores transformados pela raiz quadrada.

Os valores entre parênteses são valores angulares transformados.

WP (2,73/planta), o fipronil 5 % SC (2,33/planta) foi o menos eficaz de todos os insecticidas, que foram iguais entre si. A testemunha não tratada (7,73/planta) registou a população mais elevada de DBM.

A população de DBM variou de 0,20 a 6,47/planta durante 2016-17. Diafenthiuron 50% WP (3,00/planta) foi significativamente menos eficaz contra DBM. Cyantraniliprole 10,26% OD (0,20/planta), benzoato de emamectina 5% SG (0,20/planta), clorantraniliprole 18,5% SC (0,27/planta), flubendiamida 20% WG (0,33/planta) e novaluron 10% EC (0,53/planta) foram os insecticidas mais eficazes, que se mostraram iguais entre si. Seguiram-se-lhes o clorfenapir 10 % SC, o tiodicarbe 75 % WP e o fipronil 5 % SC.

Os dados agrupados de dois anos revelaram que o ciantraniliprole 10,26 % OD, o benzoato de emamectina 5 % SG e o clorantraniliprole 18,5 % SC se revelaram muito eficazes contra a podridão cinzenta da couve-flor, registando 0,16, 0,20 e 0,43/planta, respetivamente, de larvas e pupas da podridão cinzenta. Seguiram-se-lhes a flubendiamida 20 % WG, o novalurão 10 % EC, o clorfenapir 10 % SC, o tiodicarbe 75 % WP e o fipronil 5 % SC. O inseticida menos eficaz foi o diafentiurão 50 % WP (2,86 /planta). A população mais elevada foi registada no controlo não tratado (7,10/planta).

Os dados sobre a percentagem de redução de DBM durante 2015-16 variaram entre 62,71 e 98,38 por cento. O ciantraniliprole 10,26% OD foi o mais eficaz, seguido do benzoato de emamectina 5% SG, com 98,38% e 97,31% de redução em relação ao controlo, respetivamente. Os próximos melhores tratamentos foram clorantraniliprole 18,5 % SC, flubendiamida 20 % WG, novaluron 10 % EC, clorfenapir 10 % SC e tiodicarbe 75 % WP. A menor redução foi observada no diafentiuron 50% WP (62,71%), que foi estatisticamente igual ao fipronil 5% SC (68,48%).

Em 2016-17, a redução máxima foi registada no benzoato de emamectina 5% SG (96,95%), que foi estatisticamente igual ao ciantraniliprole 10,26% OD (96,78%), clorantraniliprole 18,5% SC (95,85%), flubendiamida 20% WG (94,91%) e novalurão

10% EC (91,73%). Seguiram-se o clorfenapir 10 % SC, o tiodicarbe 75 % WP, o fipronil 5 % SC e o diafentiurão 50 % WP.

Os dados agrupados de dois anos indicaram que o ciantraniliprole 10,26 % DO, o benzoato de emamectina 5 % SG, a flubendiamida 20 % WG e o clorantraniliprole 18,5 % SC se revelaram insecticidas muito eficazes contra a podridão cinzenta bacteriana, com 97,58, 97,13, 93,17 e 91,91 % de redução, respetivamente. Seguiram-se-lhes o novalurão 10 % CE, o clorfenapir 10 % SC, o tiodicarbe 75 % WP, o fipronil 5 % SC e o diafentiurão 50 % WP.

4.6.2 Lagarta comedora de folhas de tabaco *Spodoptera Htura*

4.6.2.1   Pré-contagem

A observação apresentada na Tabela 41 revelou que a população de larvas da lagarta comedora de folhas do tabaco *5. Htura* foi estatisticamente uniforme, variando de 0,67 a 0,80/planta em 2015-16, 0,87 a 1,00/planta em 2016-17 e 0,77 a 0,86/planta em dados agrupados de dois anos antes da aplicação do inseticida (1 dia antes da pulverização).

Tabela 41. Pré-contagem de larvas solitárias da lagarta comedora de folhas de tabaco *Spodoptera Htura* em couve-flor

Tr. Não.	Tratamento	Dose (ml ou g/h)[a]	N.º de larvas e pupas / planta		
			2015 16	2016-17	Agrupado
T₁	Clorantraniliprole 18,5 % SC	50 ml	0.67 (1.29)*	0.87 (1.37)	0.77 (1.33)
T₂	Fipronil 5 % SC	1000 ml	0.73 (1.32)	0.87 (1.37)	0.80 (1.34)
T₃	Tiodicarbe 75 % WP	1000 g	0.67 (1.28)	1.00 (1.41)	0.83 (1.35)
T₄	Benzoato de emamectina 5 % SG	150 g	0.67 (1.30)	0.93 (1.39)	0.80 (1.34)
T₅	Novaluron 10% CE	750 ml	0.67 (1.28)	0.87 (1.37)	0.77 (1.32)
T₆	Flubendiamida 20 % WG	50 g	0.73 (1.31)	0.93 (1.39)	0.83 (1.35)
T₇	Clorfenapir 10 % SC	750 ml	0.73 (1.31)	0.93 (1.39)	0.83 (1.35)
T₈	Diafentiurão 50 % WP	600 g	0.73 (1.32)	0.87 (1.37)	0.80 (1.34)
T₉	Cianantraniliprole 10,26 % DO	600 ml	0.80 (1.34)	0.93 (1.39)	0.86 (1.36)
T₁₀	Controlo (pulverização de água)	^B ^B ^B	0.73 (1.31)	0.87 (1.37)	0.80 (1.34)
	SE±		0.08	0.03	0.04
	CD a 5%		NS	NS	NS

* Os valores entre parênteses são valores transformados pela raiz quadrada.

4.6.2.2 Um dia após a pulverização

Durante 2015-16, não houve diferenças significativas entre os tratamentos. A população de larvas variou de 0,40 a 0,73/planta em todos os tratamentos. A população mínima foi registada no benzoato de emamectina 5 % SG (Tabela 42).

Em 2016-17, verificou-se uma variação significativa na eficácia dos insecticidas contra *S. iitura*. O benzoato de emamectina 5% SG foi o inseticida mais eficaz, seguido do ciantraniliprole 10,26% OD, do clorantraniliprole 18,5% SC e da flubendiamida 20% WG, com uma população de pragas de 0,53, 0,60, 0,60 e 0,67/planta, respetivamente. Estes tratamentos foram iguais entre si. Seguiram-se o novalurão 10 % CE, o clorfenapir 10 % SC, o fipronil 5 % SC, o tiodicarbe 75 % WP e o diafentiurão 50 % WP.

Os dados agrupados de dois anos indicaram que não houve diferença significativa entre os tratamentos. A população de larvas variou de 0,46 a 0,80/planta nos diferentes tratamentos.

Durante 2015-16, a redução da população de larvas em diferentes tratamentos variou significativamente. A redução máxima foi observada nas parcelas tratadas com ciantraniliprole 10,26 % OD (43,89 %), que foi igual a todos os outros tratamentos, exceto tiodicarbe 75 % WP, novalurão 10 % EC e diafentiurão 50 % WP.

Em 2016-17, o inseticida mais eficaz foi o benzoato de emamectina 5% SG (43,33%), a par do ciantraniliprole 10,26% OD (35,00%), do clorantraniliprole 18,5% SC (30,00%), da flubendiamida 20% WG (28,33%) e do clorfenapir 10% SC (13,98%). O inseticida menos eficaz foi o diafentiurão 50 % WP, a par do novalurão 10 % EC, do fipronil 5 % SC e do tiodicarbe 75 % WP.

Table 42. Eficácia de diferentes insecticidas 1 DAS contra larvas solitárias da lagarta do tabaco *Spodoptera Htura* em couve-flor

Tr. Não.	Tratamento	Dose (ml ou g/ha)	N.º de larvas / planta			Redução percentual (%)		
			201516	201617	Agrupado	201516	201617	Agrupado
T₁	Clorantraniliprolo 18,5 % SC	50 ml	0.40 [1.18]*	0.60 [1.26]	0.50 [1.22]	41.67 [39.98]#	30.00 [33.06]	33.83 [36.52]
T₂	Fipronil 5 % SC	1000 ml	0.60 [1.26]	0.80 [1.34]	0.70 [1.30]	16.67 [19.99]	6.67 [8.85]	11.67 [14.42]
T₃	Tiodicarbe 75 % WP	1000 g	0.60 [1.26]	0.87 [1.37]	0.73 [1.31]	5.56 [8.03]	12.22 [16.88]	8.89 [12.45]
T₄	Emamectina benzoato 5%SG	150 g	0.40 [1.18]	0.53 [1.24]	0.46 [1.21]	41.67 [39.98]	43.33 [41.14]	42.50 [40.56]
T₅	Novaluron 10 % CE	750 ml	0.60 [1.25]	0.80 [1.34]	0.70 [1.30]	4.76 [7.40]	6.67 [8.85]	5.71 [8.13]
T₆	Flubendiamida 20%WG	50 g	0.53 [1.23]	0.67 [1.29]	0.60 [1.26]	31.67 [33.84]	28.33 [31.92]	30.00 [32.88]
T₇	Clorfenapir 10 % SC	750 ml	0.60 [1.26]	0.80 [1.34]	0.70 [1.30]	16.67 [19.78]	13.98 [21.96]	15.32 [23.04]
T₈	Diafentiurão 50%WP	600 g	0.73 [1.32]	0.87 [1.37]	0.80 [1.34]	0.00 [0.00]	0.00 [0.00]	0.00 [0.00]
T₉	Cianantraniliprolo 10,26 % DO	600 ml	0.47 [1.21]	0.60 [1.26]	0.53 [1.24]	43.89 [41.31]	35.00 [36.14]	39.44 [38.72]
T₁₀	Controlo (Pulverização de água)	^B ^B ^B	0.73 [1.31]	0.87 [1.37]	0.80 [1.34]			
	SE +		0.07	0.03	0.04	7.40	7.49	5.44
	CD a 5%		NS	0.08	NS	22.38	22.65	16.45

* Os valores entre parênteses são valores transformados pela raiz quadrada.

\# Os valores entre parênteses são valores angulares transformados.

Os dados agrupados de dois anos indicaram que a maior redução na população larvar foi registada nas parcelas pulverizadas com benzoato de emamectina 5% SG (42,50%), que foi igual ao ciantraniliprole 10,26% OD (39,44%), clorantraniliprole 18,5% SC (33,83%) e flubendiamida 20% WG (30,00%). As parcelas tratadas com diafentiurão 50 % WP registaram uma redução nula da população, que foi igual à do novalurão 10 % CE, fipronil 5 % SC e tiodicarbe 75 % WP.

4.6.2.3 Três dias após a pulverização

As observações sobre a contagem de larvas de *S. litura* durante 2015-16 (quadro 43) revelaram que o ciantraniliprole 10,26 % OD (0,13/planta), o clorantraniliprole 18,5 % SC (0,13/planta), o benzoato de emamectina 5 % SG (0,20/planta) e a flubendiamida 20 % WG (0,20/planta) foram mais eficazes e iguais entre si. Seguiram-se o novalurão 10 % CE, o clorfenapir 10 % SC, o tiodicarbe 75 % WP, o fipronil 5 % SC e o diafentiurão 50 % WP. A contagem máxima de larvas foi obtida no controlo não tratado (0,67/planta).

Em 2016-17, verificou-se que o benzoato de emamectina 5 % SG, o ciantraniliprole 10,26 % OD, a flubendiamida 20 % WG e o clorantraniliprole 18,5 % SC foram estatisticamente iguais entre si, com uma população larvar de 0,13, 0,20, 0,20 e 0,27/planta, respetivamente. Seguiram-se o novalurão 10 % CE, o clorfenapir 10 % SC, o tiodicarbe 75 % WP, o fipronil 5 % SC e o diafentiurão 50 % WP. O controlo não tratado registou a contagem máxima de larvas (0,67/planta).

Table 43. Eficácia de diferentes insecticidas 3 DAS contra larvas solitárias da lagarta comedora de folhas do tabaco *Spodoptera Htura* em couve-flor

Tr. Não.	Tratamento	Dose (ml ou g/ha)	N.º de larvas / planta			Redução percentual (%)		
			201516	201617	Agrupado	2015-16	201617	Agrupado
T1	Clorantraniliprolo 18,5 % SC	50 ml	0.13 (1.06]*	0.27 (1.12]	0.20 (1.09]	80.56 (68.23]#	61.11 (51.47]	70.83
T2	Fipronil 5 % SC	1000 ml	0.53 (1.24]	0.53 (1.24]	0.53 (1.24]	20.83 (22.58]	19.86 (25.42]	20.34
T3	Tiodicarbe 75 % WP	1000 g	0.47 (1.21]	0.53 (1.24]	0.50 (1.22]	38.89 (38.02]	30.28 (33.18]	34.58
T4	Emamectina benzoato 5%SG	150 g	0.20 (1.09]	0.13 (1.06]	0.16 (1.08]	75.00 (64.99]	82.78 (69.62]	78.89
T5	Novaluron 10 % CE	750 ml	0.40 (1.18]	0.37 (1.17]	0.38 (1.17]	59.52 (55.76]	44.78 (42.00]	52.15
T6	Flubendiamida 20%WG	50 g	0.20 (1.09]	0.20 (1.09]	0.20 (1.09]	76.25 (65.58]	71.81 (63.02]	74.03
T7	Clorfenapir 10 % SC	750 ml	0.47 (1.21]	0.43 (1.20]	0.45 (1.20]	33.33 (34.77]	39.96 (39.21]	36.64
T8	Diafentiurão 50%WP	600 g	0.53 (1.24]	0.60 (1.21]	0.56 (1.25]	22.22 (28.02]	10.45 (18.86]	16.33
T9	Cianantraniliprolo 10,26 % DO	600 ml	0.13 (1.06]	0.20 (1.09]	0.16 (1.08]	82.92 (69.80]	71.81 (57.92]	77.36
T10	Controlo (Pulverização de água)	- - -	0.67 (1.29]	0.67 (1.29]	0.67 (1.29]			
	SE +		0.04	0.03	0.03	11.29	8.63	9.63

| | CD a 5% | | 0.11 | 0.09 | 0.09 | 34.13 | 26.10 | 29.10 |

* Os valores entre parênteses são valores transformados pela raiz quadrada.

Os valores entre parênteses são valores angulares transformados.

Os dados agregados de dois anos indicaram que o benzoato de emamectina 5 % SG, o ciantraniliprole 10,26 % 0D, a aubendiamida 20 % WG, o clorantraniliprole 18,5% SC e o novalurão 10 % EC foram iguais entre si na redução da população larvar. O diafentiurão 50 % WP foi o inseticida menos eficaz contra *5. litura* aos 3rd dias após a pulverização. A maior população foi observada no controlo não tratado (o.67/planta).

Os dados sobre a redução da população de larvas durante 2015-16 revelaram que as parcelas tratadas com ciantraniliprole 10,26 % 0D (82,92 %) registaram a redução máxima, que foi igual à do clorantraniliprole 18,5 % SC, Aubendiamide 20 % WG, benzoato de emamectina 5 % SG, novaluron 10 % EC e tiodicarbe 75 % WP. A menor redução foi observada com o fipronil 5 % SC.

Em 2016-17, a maior redução foi registada no benzoato de emamectina 5% SG (82,78%), a par da Aubendiamida 20% WG, do ciantraniliprole 10,26% 0D e do clorantraniliprole 18,5% SC. Seguiram-se o novalurão 10 % CE, o clorfenapir 10 % SC, o tiodicarbe 75 % WP, o fipronil 5 % SC e o diafentiurão 50 % WP.

Os dados agrupados de dois anos revelaram que a pulverização de benzoato de emamectina 5% SG (78,89%) obteve a maior redução da população larvar de *5. litura*, a par do ciantraniliprole 10,26 % OD (77,36 %), da aubendiamida 20 % WG (74,03 %) e do clorantraniliprole 18,5 % SC (70,83 %). Seguiram-se o novalurão 10 % CE, o clorfenapir 10 % SC, o tiodicarbe 75 % WP, o fipronil 5 % SC e o diafentiurão 50 % WP.

Table 44. Eficácia de diferentes insecticidas 7 DAS contra larvas solitárias da lagarta do tabaco *Spodoptera Htura* em couve-flor

Tr. Não.	Tratamento	Dose (ml ou g/ha)	N.º de larvas / planta			Redução percentual (%)		
			201516	201617	Agrupado	2015-16	201617	Agrupado
T₁	Clorantraniliprolo 18,5 % SC	50 ml	0.00 [1.00]*	0.00 [1.00]	0.00 [1.00]	100.00 [90.00]#	100.00 [90.00]	100.00
T₂	Fipronil 5 % SC	1000 ml	0.27 [1.12]	0.33 [1.15]	0.30 [1.14]	50.93 [45.52]	37.78 [37.38]	44.35
T₃	Tiodicarbe 75 % WP	1000 g	0.13 [1.06]	0.20 [1.09]	0.016 [1.08]	74.07 [64.38]	68.15 [60.85]	71.11
T₄	Emamectina benzoato 5%SG	150 g	0.00 [1.00]	0.00 [1.00]	0.00 [1.00]	100.00 [90.00]	100.00 [90.00]	100.00
T₅	Novaluron 10 % CE	750 ml	0.00 [1.00]	0.07 [1.03]	0.03 [1.02]	100.00 [90.00]	83.33 [74.99]	91.66
T₆	Flubendiamida 20%WG	50 g	0.00 [1.00]	0.00 [1.00]	0.00 [1.00]	100.00 [90.00]	100.00 [90.00]	100.00
T₇	Clorfenapir 10 % SC	750 ml	0.20 [1.09]	0.27 [1.12]	0.23 [1.11]	70.37 [62.17]	53.33 [46.90]	61.85

T_8	Diafentiurão 50%WP	600 g	0.33 [1.15]	0.33 [1.15]	0.33 [1.15]	37.04 [36.95]	37.74 [37.90]	37.39
T_9	Cianantraniliprolo 10,26 % DO	600 ml	0.00 [1.00]	0.00 [1.00]	0.00 [1.00]	100.00 [90.00]	100.00 [90.00]	100.00
T_{10}	Controlo (Pulverização de água)	^B ^B ^B	0.47 [1.21]	0.53 [1.24]	0.50 [1.22]			
	SE +		0.03	0.02	0.02	7.03	7.74	7.21
	CD a 5%		0.09	0.07	0.06	21.27	23.40	21.65

* Os valores entre parênteses são valores transformados pela raiz quadrada.

Os valores entre parênteses são valores angulares transformados.

4.6.2.4 Sete dias após a pulverização

Os dados sobre o efeito dos diferentes insecticidas contra a lagarta do tabaco aos 7 DAS são apresentados no quadro 44.

As observações sobre a contagem de larvas e a percentagem de redução em 2015-16, 2016-17 e em conjunto revelaram que a percentagem de controlo foi registada em benzoato de emamectina 5% SG, ciantraniliprole 10,26% OD, clorantraniliprole 18,5% SC e flubendiamida 20% WG. Seguiram-se o novalurão 10 % CE, o tiodicarbe 75 % WP, o clorfenapir 10 % SC, o fipronil 5 % SC e o diafentiurão 50 % WP.

Depois disso, a população larvar da lagarta comedora de folhas de tabaco foi quase nula em todos os tratamentos. Por isso, os dados relativos aos 15 e 21 DAS não foram incluídos.

4.6.3 *Crocidolomia binotalis*

4.6.3.1   Pré-contagem

Os dados sobre a pré-contagem de larvas de *C. binotalis* em couve-flor durante 2015-16, 2016-17 e agrupados são apresentados na Tabela 45. A contagem de larvas variou de 3,00 a 3,47/planta, 2,47 a 2,67/planta e 2,73 a 3,07/planta durante 2015-16, 2016-17 e agrupamento de dois anos, respetivamente. Não houve diferenças significativas entre os tratamentos durante os dois anos.

4.6.3.2   Um dia após a pulverização

O quadro 46 apresenta as observações sobre a eficácia dos diferentes insecticidas a 1 DAS contra a larva da lagarta das folhas.

Tabela 45. Contagem prévia de larvas de *Crocidolomia binotalis* em couve-flor

Tr. Não.	Tratamento	Dose (ml ou g/h)[a]	N.º de larvas e pupas / planta		
			2015 16	2016 17	Agrupado
T_1	Clorantraniliprole 18,5 % SC	50 ml	3.13 (2.03)*	2.47 (1.86)	2.80 (1.95)
T_2	Fipronil 5 % SC	1000 ml	3.20	2.53	2.86

			(2.05)	(1.87)	(1.96)
T₃	Tiodicarbe 75 % WP	1000 g	3.47 (2.11)	2.60 (1.89)	3.03 (2.00)
T₄	Benzoato de emamectina 5 % SG	150 g	3.00 (2.00)	2.67 (1.91)	2.83 (1.95)
T₅	Novaluron 10% CE	750 ml	3.40 (2.09)	2.60 (1.89)	3.00 (1.99)
T₆	Flubendiamida 20 % WG	50 g	3.40 (2.09)	2.67 (1.91)	3.03 (2.00)
T₇	Clorfenapir 10 % SC	750 ml	3.00 (2.00)	2.47 (1.86)	2.73 (1.93)
T₈	Diafentiurão 50 % WP	600 g	3.27 (2.06)	2.53 (1.88)	2.90 (1.97)
T₉	Cianantraniliprole 10,26 % DO	600 ml	3.47 (2.11)	2.67 (1.91)	3.07 (2.01)
T₁₀	Controlo (pulverização de água)	^B ^B ^B	3.40 (2.10)	2.47 (1.86)	2.93 (1.98)
	SE±		0.05	0.07	0.05
	CD a 5%		NS	NS	NS

* Os valores entre parênteses são valores transformados pela raiz quadrada.

Table 46. Eficácia de diferentes insecticidas 1 DAS contra larvas de *Crocidolomia binotalis* em couve-flor

Tr. Não.	Tratamento	Dose (ml ou g/ha)	N.º de larvas / planta			Redução percentual (%)		
			201516	201617	Agrupado	2015-16	201617	Agrupado
T₁	Clorantraniliprolo 18,5 % SC	50 ml	2.40 [1.84]*	1.67 [1.63]	2.03 [1.74]	23.47 [28.91]#	32.76 [34.87]	28.11 [31.89]
T₂	Fipronil 5 % SC	1000 ml	2.87 [1.96]	2.40 [1.84]	2.63 [1.90]	10.33 [18.61]	5.79 [11.31]	8.06 [14.96]
T₃	Tiodicarbe 75 % WP	1000 g	2.60 [1.90]	2.33 [1.82]	2.46 [1.86]	24.95 [29.95]	10.37 [18.61]	17.66 [24.28]
T₄	Emamectina benzoato 5%SG	150 g	2.00 [1.73]	1.53 [1.59]	1.76 [1.66]	33.33 [35.26]	43.21 [41.07]	38.27 [38.22]
T₅	Novaluron 10 % CE	750 ml	3.33 [2.08]	2.47 [1.86]	2.90 [1.97]	1.67 [4.30]	5.71 [11.31]	3.69 [7.81]
T₆	Flubendiamida 20%WG	50 g	2.47 [1.86]	1.80 [1.67]	2.13 [1.77]	27.37 [31.50]	32.48 [34.72]	29.92 [33.11]
T₇	Clorfenapir 10 % SC	750 ml	2.67 [1.91]	2.20 [1.78]	2.43 [1.85]	10.99 [19.20]	11.31 [19.24]	11.15 [19.22]
T₈	Diafentiurão 50%WP	600 g	3.20 [2.10]	2.47 [1.86]	2.83 [1.95]	1.85 [4.54]	2.78 [5.59]	2.31 [5.07]
T₉	Cianantraniliprolo 10,26 % DO	600 ml	1.93 [1.71]	1.60 [1.61]	1.76 [1.66]	44.21 [41.66]	40.47 [39.48]	42.34 [40.57]
T₁₀	Controlo (Pulverização de água)	- - -	3.40 [2.10]	2.47 [1.86]	12.93 [1.98]			
	SE +		0.04	0.07	0.05	2.46	3.59	2.55

CD a 5%		0.12	0.21	0.14	7.45	10.85	7.72

* Os valores entre parênteses são valores transformados pela raiz quadrada.

Os valores entre parênteses são valores angulares transformados.

Durante 2015-16, o ciantraniliprole 10,26 % OD (1,93/planta) registou uma população larvar significativamente mais baixa em todos os tratamentos, exceto o benzoato de emamectina 5 % SG (2,00/planta), que foi igual ao outro. Seguiram-se o clorantraniliprole 18,5 % SC e a flubendiamida 20 % WG, o clorfenapir 10 % SC, o tiodicarbe 75 % WP e o fipronil 5 % SC. Entre todos os tratamentos insecticidas, o novalurão 10 % CE foi o menos eficaz, a par do diafentiurão 50 % WP. No entanto, o controlo não tratado registou a maior contagem de larvas (3,40/planta).

Em 2016-17, o benzoato de emamectina 5% SG (1,53/planta) revelou-se o inseticida mais eficaz, a par do ciantraniliprole 10,26% OD (1,60/planta), do clorantraniliprole 18,5% SC (1,67/planta), da flubendiamida 20% WG (1,80/planta) e do clorfenapir 10% SC (2,20/planta). As parcelas tratadas com diafentiuron 50 % WP (2,47/planta) e novaluron 10 % EC (2,47/planta) foram menos eficazes contra a broca das folhas.

Os dados agrupados de dois anos indicaram que o benzoato de emamectina 5% SG, o ciantraniliprole 10,26% OD, o clorantraniliprole 18,5% SC e a flubendiamida 20% WG foram os mais eficazes e iguais entre si, registando a contagem de larvas de 1,76, 1,76, 2,03 e 2,13/planta, respetivamente. Seguiram-se o clorfenapir 10 % SC, o tiodicarbe 75 % WP, o fipronil 5 % SC, o diafentiurão 50 % WP e o novalurão 10 % EC.

Durante 2015-16, o ciantraniliprole 10,26 % OD e o benzoato de emamectina 5 % SG revelaram-se muito eficazes contra a lagarta-das-folhas *C. binotalis* na couve-flor, o que proporcionou uma redução de 44,21 e 33,33 por cento em relação ao controlo, respetivamente. Os melhores tratamentos seguintes foram flubendiamida 20 % WG, tiodicarbe 75 % WP, clorantraniliprole 18,5 % SC, clorfenapir 10 % SC e fipronil 5 % SC. O tratamento menos eficaz foi o diafentiurão 50 % WP e o novalurão 10 % EC, que registaram apenas 1,85 e 1,67 por cento de redução da população larvar.

Os dados sobre a redução percentual da população de larvas de lagarta-das-folhas durante 2016-17 revelaram que o benzoato de emamectina 5% SG foi um inseticida superior que reduziu a população em 43,21%. Foi igual ao ciantraniliprole 10,26 % OD (40,47 %), clorantraniliprole 18,5 % SC (32,76 %) e flubendiamida 20 % WG (32,48 %). Seguiram-se o clorfenapir 10 % SC e o tiodicarbe 75 % WP. A redução mínima foi registada no diafentiurão 50 % WP (2,78 %), que foi igual ao novalurão 10 % EC e ao fipronil 5 % SC.

Os dados agrupados de dois anos revelaram que o ciantraniliprole 10,26 % OD provou ser o inseticida mais eficaz na supressão da lagarta-das-folhas, com uma redução máxima de 42,34 %, a par do benzoato de emamectina 5 % SG (38,27 %) e da flubendiamida 20 % WG (29,92 %). Os melhores tratamentos seguintes foram o clorantraniliprole 18,5 % SC, o tiodicarbe 75 % WP, o clorfenapir 10 % SC e o fipronil 5 % SC. A redução mínima foi registada no diafentiurão 50% WP (2,31%), que foi igual ao novalurão 10% CE (3,69%).

4.6.3.3 Três dias após a pulverização

Os dados sobre o efeito de diferentes tratamentos insecticidas na população de larvas de *C. binotalis* na couve-flor aos 3 DAS são apresentados no quadro 47.

Table 47. Eficácia de diferentes insecticidas 3 DAS contra larvas de *Crocidolomia binotalis* em couve-flor

Tr. Não.	Tratamento	Dose (ml ou g/ha)	N.º de larvas / planta			Redução percentual (%)		
			201516	201617	Agrupado	2015-16	201617	Agrupado
T1	Clorantraniliprolo 18,5 % SC	50 ml	0.90 [1.38]*	0.73 [1.31]	0.81 [1.34]	70.10 [56.85]#	64.24 [53.65]	67.17 [55.04]
T2	Fipronil 5 % SC	1000 ml	2.03 [1.74]	1.53 [1.59]	1.78 [1.68]	34.04 [35.69]	28.83 [32.35]	31.43 [34.10]
T3	Tiodicarbe 75 % WP	1000 g	2.00 [1.73]	1.33 [1.52]	1.66 [1.63]	40.07 [39.27]	36.42 [36.47]	38.24 [38.20]
T4	Emamectina benzoato 5%SG	150 g	0.67 [1.28]	0.53 [1.23]	0.60 [1.26]	78.04 [62.78]	78.17 [62.70]	78.10 [62.74]
T5	Novaluron 10 % CE	750 ml	1.20 [1.48]	1.10 [1.45]	1.15 [1.47]	49.52 [44.72]	45.11 [42.06]	47.31 [43.46]
T6	Flubendiamida 20%WG	50 g	0.90 [1.38]	0.73 [1.31]	0.81 [1.34]	72.48 [58.36]	66.24 [55.74]	69.36 [56.39]
T7	Clorfenapir 10 % SC	750 ml	1.27 [1.50]	1.20 [1.48]	1.23 [1.49]	55.13 [48.14]	41.92 [40.30]	48.52 [44.22]
T8	Diafentiurão 50%WP	600 g	2.40 [1.84]	1.73 [1.65]	2.06 [1.75]	23.12 [28.38]	17.56 [22.42]	20.34 [25.40]
T9	Cianantraniliprolo 10,26 % DO	600 ml	0.40 [1.18]	0.60 [1.26]	0.50 [1.22]	88.07 [70.14]	75.25 [60.72]	81.66 [65.43]
T10	Controlo (Pulverização de água)	- - -	3.27 [2.06]	2.07 [1.75]	2.67 [1.91]			
	SE +		0.06	0.07	0.05	3.97	4.85	3.31
	CD a 5%		0.19	0.21	0.15	12.01	14.68	10.02

* Os valores entre parênteses são valores transformados pela raiz quadrada.

Os valores entre parênteses são valores angulares transformados.

Durante 2015-16, houve diferenças estatisticamente significativas entre os tratamentos. O ciantraniliprole 10,26 % OD (0,40/planta) foi significativamente superior a todos os tratamentos, exceto o benzoato de emamectina 5 % SG (0,67/planta), que foi igual entre si. Os melhores tratamentos seguintes foram o clorantraniliprole 18,5% SC, a flubendiamida 20% WG, o novalurão 10% EC e o clorfenapir 10% SC. Entre todos os insecticidas, a população larvar máxima foi registada com diafentiurão 50% WP (2,40/planta), a par de tiodicarbe 75% WP e fipronil 5% SC. No entanto, a população larvar mais elevada foi registada no controlo não tratado (3,27/planta) entre todos os tratamentos.

Durante 2016-17, a população larvar mais baixa foi observada no benzoato de emamectina 5% SG (0,53/planta), que estava a par do ciantraniliprole 10,26% OD (0,60/planta), clorantraniliprole 18,5% SC (0,73/planta) e flubendiamida 20% WG (0,73/planta). Seguiram-se o novalurão 10 % CE, o clorfenapir 10 % SC, o tiodicarbe 75 % WP, o fipronil 5 % SC e o diafentiurão 50 % WP. A maior população de larvas foi registada no controlo não tratado (2,07/planta).

A população larvar de *C. binotalis* em dados agrupados de dois anos variou entre 0,50 e 2,67/planta. Os tratamentos mais eficazes foram o ciantraniliprole 10,26 % OD (0,50/planta), o benzoato de emamectina 5% SG (0,60/planta), o clorantraniliprole 18,5% SC (0,81/planta) e a flubendiamida 20% WG (0,81/planta), que foram iguais entre si. Estes foram seguidos por novaluron 10 % EC, chlorfenapyr 10 % SC, thiodicarb 75 % WP, fipronil 5 % SC e diafenthiuron 50 % WP. O controlo não tratado registou a maior população de larvas (2,67/planta).

Em 2015-16, o ciantraniliprole 10,26 % OD, o benzoato de emamectina 5 % SG e a flubendiamida 20 % WG foram os insecticidas mais eficazes, que foram iguais entre si, proporcionando 88,07, 78,04 e 72,48 por cento de redução da população larvar. Os melhores tratamentos seguintes foram o clorantraniliprole 18,5 % SC, o clorfenapir 10 % SC e o novaluron 10 % EC. As parcelas tratadas com diafentiurão 50 % WP (23,12 %) registaram a menor redução, a par do tiodicarbe 75 % WP e do fipronil 5 % SC.

Durante 2016-17, a redução percentual da população de larvas em diferentes tratamentos variou de 17,56 a 78,17%. A redução significativamente mais elevada foi registada no benzoato de emamectina 5% SG (78,17%). No entanto, foi igual ao ciantraniliprole 10,26 % OD (75,25 %), flubendiamida 20 % WG (66,24 %) e clorantraniliprole 18,5 % SC (64,24 %). Seguiram-se o novalurão 10 % CE, o clorfenapir 10 % SC, o tiodicarbe 75 % WP, o fipronil 5 % SC e o diafentiurão 50 % WP.

Os dados agrupados de dois anos revelaram que a redução máxima foi registada no ciantraniliprole 10,26 % OD (81,66 %), que foi igual ao benzoato de emamectina 5 % SG

(78,10 %) e à flubendiamida 20 % WG (69,36 %). Os melhores tratamentos seguintes foram o clorantraniliprole 18,5 % SC, o clorfenapir 10 % SC, o novalurão 10 % EC e o tiodicarbe 75 % WP. A menor redução foi observada no diafentiuron 50% WP (25,40%), que foi igual ao fipronil 5% SC (31,43%).

4.6.3.4 Sete dias após a pulverização

Os dados relativos à eficácia dos diferentes insecticidas aos 7 DAS contra a larva da lagarta-do-cartucho-das-folhas são apresentados no quadro 48.

Em 2015-16, o número de larvas de lagarta-do-cartucho variou de 0,00 a 2,60/planta. O ciantraniliprole 10,26 % OD (0,00/planta) foi um inseticida significativamente superior ao benzoato de emamectina 5 % SG (0,13/planta), ao clorantraniliprole 18,5 % SC (0,20/planta) e à flubendiamida 20 % WG (0,20/planta). Os melhores tratamentos seguintes foram o novalurão 10 % CE, o tiodicarbe 75 % WP, o clorfenapir 10 % SC e o fipronil 5 % SC. Entre os tratamentos insecticidas, o diafentiurão 50 % WP (1,47/planta) registou uma população larvar significativamente máxima. No entanto, a maior população foi observada no controlo não tratado (2,60/planta).

Em 2016-17, o ciantraniliprole 10,26 % OD, o benzoato de emamectina 5 % SG, o clorantraniliprole 18,5 % SC, a flubendiamida 20 % WG e o novalurão 10 % EC foram os insecticidas mais eficazes, que se equipararam entre si e registaram uma contagem de larvas de 0,07, 0,07, 0,13, 0,20 e 0,27/planta, respetivamente. Seguiram-se o tiodicarbe 75 % WP e o clorfenapir 10 % SC. O inseticida menos eficaz foi o diafentiurão 50 % WP (1,31/planta), a par do fipronil 5 % SC (0,93/planta).

Os dados sobre a percentagem de redução durante 2015-16 revelaram que o ciantraniliprole 10,26 % OD (100 %) foi significativamente superior a todos os tratamentos, exceto o benzoato de emamectina 5 % SG (93,75 %), que foi igual ao outro. Os melhores tratamentos seguintes foram a flubendiamida 20% WG, o clorantraniliprole 18,5% SC, o novalurão 10% EC, o tiodicarbe 75% WP, o clorfenapir 10% SC e o fipronil 5% SC. O tratamento menos eficaz foi o diafentiurão 50 % WP (40,88 %).

Table 48. Eficácia de diferentes insecticidas 7 DAS contra larvas de *Crocidolomia binotalis* em couve-flor

Tr. Não.	Tratamento	Dose (ml ou g/ha)	N.º de larvas / planta			Redução percentual (%)		
			201516	201617	Agrupado	2015-16	201617	Agrupado
T₁	Clorantraniliprolo 18,5 % SC	50 ml	0.20 [1.09]*	0.13 [1.06]	0.16 [1.08]	91.86 [76.44]#	91.67 [76.21]	91.76
T₂	Fipronil 5 % SC	1000 ml	0.80 [1.34]	0.93 [1.39]	0.86 [1.36]	66.30 [54.71]	47.83 [43.74]	57.06

T₃	Tiodicarbe 75 % WP	1000 g	0.47 [1.21]	0.47 [1.21]	0.47 [1.21]	82.88 [65.94]	75.38 [60.72]	79.13
T₄	Emamectina benzoato 5%SG	150 g	0.13 [1.06]	0.07 [1.03]	0.10 [1.05]	93.75 [78.12]	97.06 [84.23]	95.40
T₅	Novaluron 10 % CE	750 ml	0.40 [1.18]	0.27 [1.12]	0.33 [1.15]	85.20 [67.57]	85.24 [71.27]	85.22
T₆	Flubendiamida 20%WG	50 g	0.20 [1.09]	0.20 [1.09]	0.20 [1.09]	92.35 [77.06]	87.88 [79.54]	90.11
T₇	Clorfenapir 10 % SC	750 ml	0.60 [1.26]	0.47 [1.21]	0.53 [1.24]	73.46 [59.25]	72.88 [58.69]	73.17
T₈	Diafentiurão 50%WP	600 g	1.47 [1.57]	1.13 [1.46]	1.30 [1.51]	40.88 [39.64]	33.91 [30.33]	37.39
T₉	Cianantraniliprolo 10,26 % DO	600 ml	0.00 [1.00]	0.07 [1.03]	0.03 [1.02]	100.00 [90.00]	96.88 [84.05]	98.44
T₁₀	Controlo (Pulverização de água)	- - -	2.60 [1.90]	1.73 [1.65]	2.16 [1.77]			
	SE +		0.04	0.04	0.03	4.16	5.57	5.10
	CD a 5%		0.12	0.13	0.10	12.58	16.84	15.25

* Os valores entre parênteses são valores transformados pela raiz quadrada.

Os valores entre parênteses são valores angulares transformados.

Em 2016-17, houve diferenças significativas na eficácia dos diferentes insecticidas. Foi registada uma redução mínima da população larvar nas parcelas tratadas com diafentiurão 50 % WP (33,91 %), a par do fipronil 5 % SC (47,83 %). O benzoato de emamectina 5% SG (97,06%) foi superior na redução da população de larvas e igual ao ciantraniliprole 10,26% OD (96,88%), clorantraniliprole 18,5% SC (91,67%), flubendiamida 20% WG (87,88%) e novalurão 10% EC (85,24%). Seguiram-se o tiodicarbe 75 % WP e o clorfenapir 10 % SC.

Os dados agrupados de dois anos revelaram que a percentagem de redução variou entre 37,39 e 98,44%. O cianantraniliprole 10,26 % de OD, o benzoato de emamectina 5 % de SG, o clorantraniliprole 18,5 % de SC, a flubendiamida 20 % de WG e o novalurão 10 % de CE foram insecticidas eficazes contra as larvas da lagarta-do-cartucho, tendo permitido uma redução de 98,44 %, 95,40 %, 91,76 %, 90,11 % e 85,22 % da população de larvas. Seguiram-se-lhes o tiodicarbe 75 % WP, o clorfenapir 10 % SC, o fipronil 5 % SC e o diafentiurão 50 % WP.

4.6.3.5 Quinze dias após a pulverização

Os dados sobre o efeito dos diferentes insecticidas contra a larva do bicho-da-folha aos 15 DAS são apresentados no quadro 49.

Em 2015-16, a população de larvas variou entre 0,00 e 0,80/planta. Todos os insecticidas proporcionaram um controlo eficaz da lagarta das folhas. Não se registou qualquer população larvar em benzoato de emamectina 5% SG, ciantraniliprole 10,26% OD, clorantraniliprole 18,5% SC, flubendiamida 20% WG e novalurão 10% EC. As parcelas tratadas com tiodicarbe 75 % WP, fipronil 5 % SC e diafentiurão

Table 49. Eficácia de diferentes insecticidas 15 DAS contra larvas de *Crocidolomia binotalis* em couve-flor

Tr. Não.	Tratamento	Dose (ml ou g/ha)	N.º de larvas / planta			Redução percentual (%)		
			201516	201617	Agrupado	2015-16	201617	Agrupado
T₁	Clorantraniliprolo 18,5 % SC	50 ml	0.00 [1.00]*	0.00 [1.00]	0.00 [1.00]	100.00 [90.00]#	100.00 [90.00]	100.00
T₂	Fipronil 5 % SC	1000 ml	0.20 [1.09]	0.20 [1.09]	0.20 [1.09]	71.14 [57.76]	89.98 [74.78]	80.56
T₃	Tiodicarbe 75 % WP	1000 g	0.13 [1.06]	0.07 [1.03]	0.10 [1.05]	86.19 [71.97]	95.83 [83.09]	91.01
T₄	Emamectina benzoato 5%SG	150 g	0.00 [1.00]	0.00 [1.00]	0.00 [1.00]	100.00 [90.00]	100.00 [90.00]	100.00
T₅	Novaluron 10 % CE	750 ml	0.00 [1.00]	0.00 [1.00]	0.00 [1.00]	100.00 [90.00]	100.00 [90.00]	100.00
T₆	Flubendiamida 20%WG	50 g	0.00 [1.00]	0.00 [1.00]	0.00 [1.00]	100.00 [90.00]	100.00 [90.00]	100.00
T₇	Clorfenapir 10 % SC	750 ml	0.27 [1.12]	0.07 [1.03]	0.17 [1.08]	61.90 [52.06]	93.94 [81.58]	77.92
T₈	Diafentiurão 50%WP	600 g	0.47 [1.21]	0.27 [1.12]	0.37 [1.17]	43.19 [41.00]	81.35 [64.96]	62.27
T₉	Ciananatraniliprolo 10,26 % DO	600 ml	0.00 [1.00]	0.00 [1.00]	0.00 [1.00]	100.00 [90.00]	100.00 [90.00]	100.00
T₁₀	Controlo (Pulverização de água)	- - -	0.80 [1.34]	1.47 [1.57]	1.13 [1.45]			
	SE +		0.02	0.03	0.02	4.08	4.80	4.53
	CD a 5%		0.07	0.08	0.06	12.35	14.53	13.60

* Os valores entre parênteses são valores transformados pela raiz quadrada.

Os valores entre parênteses são valores angulares transformados.

50 % WP registou 0.13, 0.20 e 0.471arvae/planta. O controle não tratado registrou uma população larval significativamente maior (0,80/p1ant).

Durante 2016-17, todos os tratamentos insecticidas foram significativamente eficazes contra a larva do bicho-da-folha em relação ao controlo não tratado. O diafentiurão 50 % WP foi o inseticida menos eficaz. Não se registou qualquer população larvar no benzoato de emamectina 5% SG, ciantraniliprole 10,26% OD, clorantraniliprole 18,5% SC, flubendiamida 20% WG e novalurão 10% EC. Seguiram-se o tiodicarbe 75 % WP, o clorfenapir 10 % SC e o fipronil 5 % SC.

Os dados agrupados de dois anos mostraram que as parcelas tratadas com benzoato de emamectina 5% SG, ciantraniliprole 10,26% OD, clorantraniliprole 18,5% SC, flubendiamida 20% WG e novalurão 10% EC controlaram completamente a lagarta-das-folhas. Seguiram-se o tiodicarbe 75 % WP, o clorfenapir 10 % SC, o fipronil 5 % SC e o diafentiurão 50 % WP. O controlo não tratado registou uma população larvar significativamente mais elevada (1,13/planta) em relação a todos os outros tratamentos.

Os dados sobre a percentagem de redução da população larvar em 2015-16, 2016-17 e em conjunto indicaram que a percentagem de controlo foi alcançada com os insecticidas benzoato de emamectina 5% SG, ciantraniliprole 10,26% OD, clorantraniliprole 18,5% SC, flubendiamida 20% WG e novalurão 10% EC. Seguiram-se-lhes o tiodicarbe 75 % WP, o fipronil 5 % SC, o clorfenapir 10 % SC e o diafentiurão 50 % WP.

Após quinze dias, a população diminuiu para zero ou muito baixa em todos os tratamentos, incluindo o controlo não tratado.

4.6.4. *Trichoplusia ni*

4.6.4.1   Pré-contagem

As observações sobre a contagem de larvas de semilopa em couve-flor um dia antes (pré-contagem) são apresentadas na Tabela 50. A população de larvas variou de 0,53 a 0,67/planta, 0,67 a 0,80/planta e 0,60 a 0,73/planta durante 2015-16, 2016-17 e em conjunto de dois anos, respetivamente. Houve diferenças não significativas mostrando uma distribuição uniforme da população.

4.6.4.2   Um dia após a pulverização

Os dados relativos à eficácia dos diferentes insecticidas contra o semilouco aos 1 DAS são apresentados no quadro 51.

Durante 2015-16, o ciantraniliprole 10,26 % OD (0,20/planta), o benzoato de emamectina 5 % SG (0,20/planta), o clorantraniliprole 18,5 % SC (0,27/planta) e a flubendiamida 20 % WG (0,27/planta) registaram uma população larvar mínima e em pé de igualdade. Seguiram-se o clorfenapir 10 % SC, o novalurão 10 % EC, o fipronil 5 % SC, o tiodicarbe 75 % WP e o diafentiurão 50 % WP. A população mais elevada foi registada no controlo não tratado (0,60/planta).

Durante 2016-17, os resultados não foram significativos e a população variou de 0,27 a 0,67/planta. No entanto, a menor população foi observada em ciantraniliprole 10,26 % OD (0,27/planta) e benzoato de emamectina 5 % SG (0,27/planta).

Os dados agrupados de dois anos revelaram que os tratamentos mais eficazes foram o ciantraniliprole 10,26 % OD (0,23/planta), o benzoato de emamectina 5 % SG (0,23/planta), o clorantraniliprole 18,5 % SC (0,30/planta), a flubendiamida 20 %

Tabela 50. Contagem prévia de larvas de *Trichoplusia ni* em couve-flor

Tr. Não.	Tratamento	Dose (ml ou g/h)[a]	N.º de larvas e pupas / planta		
			201516	201617	Agrupado
T₁	Clorantraniliprole 18,5 % SC	50 ml	0.53 (1.24)*	0.73	0.63

Tr.	Tratamento	Dose	2015-16	2016-17	Agrupado
				(1.32)	(1.28)
T₂	Fipronil 5 % SC	1000 ml	0.53 (1.24)	0.67 (1.29)	0.60 (1.26)
T₃	Tiodicarbe 75 % WP	1000 g	0.67 (1.29)	0.73 (1.31)	0.70 (1.30)
T₄	Benzoato de emamectina 5 % SG	150 g	0.60 (1.26)	0.73 (1.32)	0.66 (1.29)
T₅	Novaluron 10% CE	750 ml	0.53 (1.24)	0.80 (1.34)	0.66 (1.29)
T₆	Flubendiamida 20 % WG	50 g	0.60 (1.26)	0.73 (1.31)	0.66 (1.28)
T₇	Clorfenapir 10 % SC	750 ml	0.53 (1.24)	0.67 (1.29)	0.60 (1.26)
T₈	Diafentiurão 50 % WP	600 g	0.53 (1.24)	0.67 (1.29)	0.60 (1.26)
T₉	Cianantraniliprole 10,26 % DO	600 ml	0.67 (1.29)	0.80 (1.34)	0.73 (1.31)
T₁₀	Controlo (pulverização de água)	^B ^B ^B	0.60 (1.26)	0.67 (1.29)	0.63 (1.28)
	SE±		0.03	0.06	0.04
	CD a 5%		NS	NS	NS

* Os valores entre parênteses são valores transformados pela raiz quadrada.

Table 51. eficácia de diferentes insecticidas 1 DAS contra larvas de *Trichoplusia ni* em couve-flor

Tr. Não.	Tratamento	Dose (ml ou g/ha)	N.º de larvas / planta			Redução percentual (%)		
			2015-16	2016-17	Agrupado	2015-16	2016-17	Agrupado
Ti	Clorantraniliprolo 18,5 % SC	50 ml	0.27 [1.12]*	0.33 [1.15]	0.30 [1.14]	50.00 [44.98]#	55.56 [48.23]	52.78
T₂	Fipronil 5 % SC	1000 ml	0.47 [1.21]	0.40 [1.18]	0.43 [1.20]	11.11 [11.75]	41.11 [39.81]	26.11
T₃	Tiodicarbe 75 % WP	1000 g	0.53 [1.23]	0.47 [1.21]	0.50 [1.22]	19.44 [21.74]	38.89 [38.49]	29.16
T₄	Emamectina benzoato 5%SG	150 g	0.20 [1.09]	0.27 [1.12]	0.23 [1.11]	66.67 [54.72]	63.89 [53.22]	65.28
T₅	Novaluron 10 % CE	750 ml	0.47 [1.21]	0.60 [1.26]	0.53 [1.24]	8.33 [10.00]	26.11 [30.60]	17.22
T₆	Flubendiamida 20%WG	50 g	0.27 [1.12]	0.33 [1.15]	0.30 [1.14]	55.56 [48.23]	66.67 [59.99]	61.11
T₇	Clorfenapir 10 % SC	750 ml	0.40 [1.18]	0.40 [1.18]	0.43 [1.20]	24.53 [29.69]	38.89 [38.49]	25.00
T₈	Diafentiurão 50%WP	600 g	0.53 [1.24]	0.53 [1.24]	0.53 [1.24]	0.00 [0.00]	17.78 [20.60]	8.89
T₉	Cianantraniliprolo 10,26 % DO	600 ml	0.20 [1.09]	0.27 [1.12]	0.23 [1.11]	72.22 [63.23]	75.00 [64.99]	73.61
Tio	Controlo (Pulverização de água)	- - -	0.60 [1.26]	0.67 [1.29]	0.63 [1.28]			
	SE +		0.03	0.05	0.03	9.29	7.06	9.42
	CD a 5%		0.10	NS	0.09	28.09	21.36	28.26

* Os valores entre parênteses são valores transformados pela raiz quadrada.

Os valores entre parênteses são valores angulares transformados.

WG (0,30/planta), clorfenapir 10 % SC (0,43/planta) e fipronil 5 % SC (0,43/planta). Seguiram-se o tiodicarbe 75 % WP, o diafentiurão 50 % WP e o novalurão 10 % EC.

Os dados sobre a redução percentual durante 2015-16 indicaram que o ciantraniliprole 10,26 % OD (72,22 %) registou a redução máxima na população larvar, que foi igual ao benzoato de emamectina 5 % SG (66,67 %), flubendiamida 20 % WG (55,56 %) e clorantraniliprole 18,5 % SC (44,98 %). As parcelas tratadas com diafentiuron 50 % WP registaram uma redução nula e o mesmo aconteceu com os restantes tratamentos.

Durante 2016-17, a redução máxima foi registada nas parcelas tratadas com ciantraniliprole 10,26 % OD (75,00 %), que foi igual à flubendiamida 20 % WG (66,67 %), benzoato de emamectina 5 % SG (63,89 %) e clorantraniliprole 18,5 % SC (55,56 %). A redução mínima foi observada no diafentiurão 50 % WP (17,178 %) e a par com os restantes tratamentos, exceto o fipronil 5 % SC.

Os dados agrupados de dois anos indicaram que o ciantraniliprole 10,26 % OD, o benzoato de emamectina 5 % SG, a flubendiamida 20 % WG e o clorantraniliprole 18,5 % SC foram os insecticidas mais eficazes contra o semilopardo, proporcionando uma redução da população de 73,61, 65,28, 61,11 e 52,78 por cento, respetivamente. O diafentiurão (50 % WP) foi o menos eficaz na supressão do bicho-da-seda e igual aos restantes insecticidas.

4.6.4.3 Três dias após a pulverização

Os dados sobre o efeito de diferentes insecticidas contra o semilouco aos 3 DAS são apresentados no quadro 52.

Durante 2015-16, 2016-17 e nos dois anos combinados, verificou-se que a população larvar nas parcelas pulverizadas com Cyantraniliprole 10,26 % OD, benzoato de emamectina 5 % SG, flubendiamida 20 % WG e Chlorantraniliprole 18,5 % SC era zero. Seguiram-se o tiodicarbe 75 % WP, o clorfenapir 10 % SC, o novalurão 10 % EC, o fipronil 5 % SC e o diafentiurão 50 % WP.

Os dados sobre a redução percentual da população de larvas durante 2015-16, 2016-17 e agrupados de dois anos indicaram que o controlo percentual foi alcançado com ciantraniliprole 10,26 % OD, benzoato de emamectina 5 % SG, flubendiamida 20 % WG e clorantraniliprole 18,5 % SC. Seguiram-se o tiodicarbe 75 % WP, o clorfenapir 10 % SC, o novalurão 10 % EC, o fipronil 5 % SC e o diafentiurão 50 % WP.

4.6.4.4 Sete dias após a pulverização

Os dados sobre a eficácia dos diferentes insecticidas contra o bicho-mineiro na couve-flor, aos 7 DAS, durante 2015-16, 2016-17 e nos dois anos anteriores, revelaram que o número de larvas foi zero e a redução foi de 100 % com ciantraniliprole 10,26 % OD, benzoato de emamectina 5 % SG, flubendiamida 20 % WG e clorantraniliprole 18,5 % SC. Todos os insecticidas reduziram eficazmente o semilouco (quadro 53).

A atividade do semilouco foi observada durante alguns períodos e, após sete dias de pulverização, a população era nula ou muito baixa em todos os tratamentos.

Table 52. Eficácia de diferentes insecticidas 3 DAS contra larvas de *Trichoplusia ni* em couve-flor

Tr. Não.	Tratamento	Dose (ml ou g/ha)	N.º de larvas / planta			Redução percentual (%)		
			201516	201617	Agrupado	2015-16	201617	Agrupado
T₁	Clorantraniliprolo 18,5 % SC	50 ml	0.00 [1.00]*	0.00 [1.00]	0.00 [1.00]	100.00 [90.00]#	100.00 [90.00]	100.00
T₂	Fipronil 5 % SC	1000 ml	0.30 [1.14]	0.23 [1.11]	0.26 [1.12]	43.40 [41.21]	42.50 [40.69]	42.95
T₃	Tiodicarbe 75 % WP	1000 g	0.20 [1.09]	0.07 [1.03]	0.13 [1.06]	69.44 [56.47]	88.89 [78.24]	79.16
T₄	Emamectina benzoato 5%SG	150 g	0.00 [1.00]	0.00 [1.00]	0.00 [1.00]	100.00 [90.00]	100.00 [90.00]	100.00
T₅	Novaluron 10 % CE	750 ml	0.27 [1.13]	0.20 [1.09]	0.23 [1.11]	49.06 [44.46]	56.67 [53.84]	52.86
T₆	Flubendiamida 20%WG	50 g	0.00 [1.00]	0.00 [1.00]	0.00 [1.00]	100.00 [90.00]	100.00 [90.00]	100.00
T₇	Clorfenapir 10 % SC	750 ml	0.27 [1.12]	0.07 [1.03]	0.17 [1.08]	50.00 [44.98]	77.78 [71.75]	63.89
T₈	Diafentiurão 50%WP	600 g	0.40 [1.18]	0.27 [1.12]	0.33 [1.15]	25.00 [24.99]	26.67 [26.11]	25.83
T₉	Cianantraniliprolo 10,26 % DO	600 ml	0.00 [1.00]	0.00 [1.00]	0.00 [1.00]	100.00 [90.00]	100.00 [90.00]	100.00
T₁₀	Controlo (Pulverização de água)	^B ^B ^B	0.60 [1.26]	0.40 [1.18]	0.50 [1.22]			
	SE +		0.02	0.03	0.02	8.72	10.92	8.59
	CD a 5%		0.07	0.09	0.06	26.36	33.03	25.80

* Os valores entre parênteses são valores transformados pela raiz quadrada.

\# Os valores entre parênteses são valores angulares transformados.

Table 53. Eficácia de diferentes insecticidas 7 DAS contra larvas de *Trichoplusia ni* em couve-flor

Tr. Não.	Tratamento	Dose (ml ou g/ha)	N.º de larvas / planta			Redução percentual (%)		
			201516	201617	Agrupado	2015-16	201617	Agrupado
T₁	Clorantraniliprolo 18,5 % SC	50 ml	0.00 [1.00]*	0.00 [1.00]	0.00 [1.00]	100.00 [90.00]#	100.00 [90.00]	100.00
T₂	Fipronil 5 % SC	1000 ml	0.13 [1.06]	0.07 [1.03]	0.10 [1.05]	63.89 [58.23]	86.67 [76.92]	75.28

T_3	Tiodicarbe 75 % WP	1000 g	0.00 [1.00]	0.07 [1.03]	0.03 [1.02]	100.00 [90.00]	77.78 [71.75]	88.89
T_4	Emamectina benzoato 5%SG	150 g	0.00 [1.00]	0.00 [1.00]	0.00 [1.00]	100.00 [90.00]	100.00 [90.00]	100.00
T_5	Novaluron 10 % CE	750 ml	0.07 [1.03]	0.00 [1.00]	0.03 [1.02]	75.00 [70.00]	100.00 [90.00]	87.50
T_6	Flubendiamida 20%WG	50 g	0.00 [1.00]	0.00 [1.00]	0.00 [1.00]	100.00 [90.00]	100.00 [90.00]	100.00
T_7	Clorfenapir 10 % SC	750 ml	0.07 [1.03]	0.00 [1.00]	0.03 [1.02]	83.33 [75.00]	100.00 [90.00]	91.66
T_8	Diafentiurão 50%WP	600 g	0.13 [1.06]	0.07 [1.03]	0.10 [1.05]	62.50 [57.40]	73.33 [68.85]	67.91
T_9	Cianantraniliprolo 10,26 % DO	600 ml	0.00 [1.00]	0.00 [1.00]	0.00 [1.00]	100.00 [90.00]	100.00 [90.00]	100.00
T_{10}	Controlo (Pulverização de água)	^B ^B ^B	0.47 [1.21]	0.20 [1.09]	0.33 [1.15]			
	SE +		0.02	0.02	0.02	11.62	10.87	10.36
	CD a 5%		0.07	0.05	0.05	NS	NS	NS

* Os valores entre parênteses são valores transformados pela raiz quadrada.

Os valores entre parênteses são valores angulares transformados.

4.6.5 Traça-das-touceiras *Orgyia* spp.

4.6.5.1 Pré-contagem

As observações apresentadas na Tabela 54 revelaram que a população larval de *Orgyia* spp. foi estatisticamente uniforme, variando de 0,87 a 1,07/planta em 2015-16, 0,73 a 0,87/planta em 2016-17 e 0,86 a 0,97/planta em dados agrupados de dois anos antes da aplicação do inseticida (1 dia antes da pulverização).

4.6.5.2 Um dia após a pulverização

Os dados relativos à eficácia dos diferentes insecticidas contra a larva da traça-das-touceiras ao 1 DAS são apresentados no quadro 55.

Durante 2015-16, a população de larvas variou de 0,47 a 1,00/planta. As parcelas tratadas com ciantraniliprole 10,26 % OD (0,47/planta) registaram a população mais baixa, a par do benzoato de emamectina 5 % SG (0,53/planta), clorantraniliprole 18,5 % SC (0,53/planta) e flubendiamida 20 % WG (0,67/planta). Seguiram-se o clorfenapir 10 % SC, o tiodicarbe 75 % WP, o fipronil 5 % SC, o diafentiurão 50 % WP e o novalurão 10 % EC.

Em 2016-17, os insecticidas mais eficazes foram o ciantraniliprole 10,26 % OD (0,33/planta), o benzoato de emamectina 5 % SG (0,33/planta), o clorantraniliprole 18,5 % SC (0,40/planta) e a flubendiamida 20 % WG (0,47/planta), que se equipararam entre si. Seguiram-se o clorfenapir 10 % SC, o tiodicarbe 75 % WP, o fipronil 5 % SC, o novalurão 10 % EC e o diafentiurão 50 % WP.

Quadro 54. Contagem prévia de larvas de *Orgyia* spp. em couve-flor

Tr. Não.	Tratamento	Dose (ml ou g/)[ha]	N.º de larvas e pupas / planta		
			2015 16	2016 17	Agrupado
T₁	Clorantraniliprole 18,5 % SC	50 ml	1.00 (1.41)*	0.87 (1.36)	0.93 (1.39)
T₂	Fipronil 5 % SC	1000 ml	0.93 (1.39)	0.80 (1.34)	0.86 (1.36)
T₃	Tiodicarbe 75 % WP	1000 g	0.93 (1.39)	0.87 (1.36)	0.90 (1.37)
T₄	Benzoato de emamectina 5 % SG	150 g	1.07 (1.44)	0.87 (1.36)	0.97 (1.40)
T₅	Novaluron 10% CE	750 ml	1.00 (1.41)	0.80 (1.34)	0.90 (1.38)
T₆	Flubendiamida 20 % WG	50 g	1.00 (1.41)	0.73 (1.32)	0.86 (1.36)
T₇	Clorfenapir 10 % SC	750 ml	0.87 (1.37)	0.87 (1.36)	0.87 (1.36)
T₈	Diafentiurão 50 % WP	600 g	0.87 (1.37)	0.80 (1.34)	0.83 (1.35)
T₉	Cianantraniliprole 10,26 % DO	600 ml	1.07 (1.44)	0.87 (1.37)	0.97 (1.40)
T₁₀	Controlo (pulverização de água)	^B ^B ^B	0.93 (1.39)	0.80 (1.34)	0.86 (1.36)
	SE±		0.03	0.04	0.02
	CD a 5%		NS	NS	NS

* Os valores entre parênteses são valores transformados pela raiz quadrada.

\# Os valores entre parênteses são valores angulares transformados.

Table 55. Eficácia de diferentes insecticidas 1 DAS contra larvas da traça-das-areias *Orgyia* spp. em couve-flor

Tr. Não.	Tratamento	Dose (ml ou g/ha)	N.º de larvas / planta			Redução percentual (%)		
			201516	201617	Agrupado	2015-16	201617	Agrupado
T₁	Clorantraniliprolo 18,5 % SC	50 ml	0.53 [1.24]*	0.40 [1.18]	0.46 [1.21]	46.67 [43.06]#	55.56 [48.23]	51.11 [45.64]
T₂	Fipronil 5 % SC	1000 ml	0.73 [1.31]	0.67 [1.29]	0.70 [1.30]	22.22 [28.02]	13.33 [17.70]	17.77 [22.86]
T₃	Tiodicarbe 75 % WP	1000 g	0.73 [1.32]	0.67 [1.29]	0.70 [1.30]	21.67 [27.70]	17.78 [20.60]	19.72 [24.15]
T₄	Emamectina benzoato 5%SG	150 g	0.53 [1.24]	0.33 [1.15]	0.43 [1.20]	50.00 [44.98]	61.11 [51.47]	55.55 [48.23]
T₅	Novaluron 10 % CE	750 ml	1.00 [1.41]	0.73 [1.31]	0.86 [1.36]	0.00 [0.00]	6.67 [8.85]	3.33 [4.43]
T₆	Flubendiamida 20%WG	50 g	0.67 [1.29]	0.47 [1.21]	0.57 [1.25]	32.78 [34.82]	36.11 [36.74]	34.44 [35.78]
T₇	Clorfenapir	750	0.73	0.60	0.66	16.09	26.67	21.38

	10 % SC	ml	[1.31]	[1.26]	[1.29]	[23.65]	[25.77]	[27.54]
T₈	Diafentiurão 50%WP	600 g	0.87 [1.37]	0.73 [1.32]	0.80 [1.34]	0.00 [0.00]	6.67 [8.85]	3.33 [4.43]
T₉	Cianantraniliprolo 10,26 % DO	600 ml	0.47 [1.21]	0.33 [1.15]	0.40 [1.18]	56.67 [48.83]	61.67 [51.90]	59.17 [50.36]
T₁₀	Controlo (Pulverização de água)	- - -	0.93 [1.36]	0.80 [1.34]	0.86 [1.36]			
	SE +		0.03	0.03	0.02	3.64	7.72	3.50
	CD a 5%		0.09	0.10	0.06	11.00	23.35	10.58

* Os valores entre parênteses são valores transformados pela raiz quadrada.

\# Os valores entre parênteses são valores angulares transformados.

Os dados agrupados de dois anos revelaram que a população larvar era mais baixa no ciantraniliprole 10,26 % OD (0,40/planta), que estava a par do benzoato de emamectina 5 % SG (0,43/planta) e do clorantraniliprole 18,5 % SC (0,46/planta). Os melhores tratamentos seguintes foram a flubendiamida 20 % WG, o clorfenapir 10 % SC, o tiodicarbe 75 % WP e o fipronil 5 % SC. O novalurão 10 % CE e o diafentiurão 50 % WP foram os insecticidas menos eficazes.

Os dados sobre a redução percentual da população de larvas durante 2015-16 mostraram que as parcelas tratadas com ciantraniliprole 10,26 % OD (56,67 %) deram a máxima redução, que foi igual ao benzoato de emamectina 5 % SG (50,00 %) e clorantraniliprole 18,5 % SC (46,67 %). Os melhores tratamentos seguintes foram a flubendiamida 20 % WG, o fipronil 5 % SC, o tiodicarbe 75 % WP e o clorfenapir 10 % SC. O novalurão 10 % CE e o diafentiurão 50 % WP foram os insecticidas menos eficazes.

Durante 2016-17, o ciantraniliprole 10,26 % OD (61,67 %), o benzoato de emamectina 5 % SG (61,11 %), o clorantraniliprole 18,5 % SC (55,56 %) e a flubendiamida 20 % WG (36,11 %) foram eficazes na redução da população larvar e foram iguais entre si. Os restantes tratamentos foram iguais entre si.

Os dados agrupados de dois anos indicaram que o ciantraniliprole 10,26 % OD, o benzoato de emamectina 5 % SG e o clorantraniliprole 18,5 % SC se revelaram os insecticidas mais eficazes, proporcionando uma redução de 59,17, 55,55 e 51,11 por cento da população larvar, respetivamente. Os próximos melhores tratamentos foram flubendiamida 20% WG e clorfenapir 10% SC. Seguiram-se o tiodicarbe 75 % WP, o fipronil 5 % SC, o novalurão 10 % EC e o diafentiurão 50 % WP.

4.6.5.3 Três dias após a pulverização

Os dados sobre o efeito dos diferentes insecticidas contra a larva da traça-das-areias aos 3 DAS são apresentados no quadro 56.

Em 2015-16, as parcelas tratadas com Cyantraniliprole 10,26 % 0D, benzoato de emamectina 5 % SG, Chlorantraniliprole 18,5 SC e flubendiamide 20 % WG foram superiores, registando uma população larvar de 0,07, 0,13, 0,13 e 0,13/planta, respetivamente. Seguiram-se o clorfenapir 10 % SC, o tiodicarbe 75 % WP, o fipronil 5 % SC, o diafentiurão 50 % WP e o novalurão 10 % EC. A população mais elevada foi registada no controlo não tratado (0,80/planta).

Durante 2016-17, a população de larvas variou de 0,07 a 0,67/planta em vários tratamentos. Ciantraniliprole 10,26 % OD (0,07/planta), benzoato de emamectina 5 % SG (0,07/planta), flubendiamida 20 % WG (0,07/planta), clorantraniliprole 18,5 SC (0,13/planta), tiodicarbe 75 % WP (0,27/planta) e clorfenapir 10 % SC (0,27/planta) foram os mais eficazes contra a larva da traça-das-areias. Seguiram-se o fipronil 5 % SC, o novalurão 10 % EC e o diafentiurão 50 % WP.

Os dados agrupados de dois anos indicaram que a população larvar mais baixa foi observada nas parcelas pulverizadas com ciantraniliprole 10,26 % OD (0,07/planta), que foi igual ao benzoato de emamectina 5 % SG (0,10/planta), flubendiamida 20 % WG (0,10/planta) e clorantraniliprole 18,5 SC (0,13/planta). Seguiram-se o clorfenapir 10 % SC, o tiodicarbe 75 % WP, o fipronil 5 % SC, o novalurão 10 % EC e o diafentiurão 50 % WP.

Os dados sobre a redução percentual da população larvar em 2015-16 revelaram que a maior redução foi registada com o ciantraniliprole (10,26 %)

Table 56. Eficácia de diferentes insecticidas 3 DAS contra larvas de *Orgyia* spp. em couve-flor

Tr. Não.	Tratamento	Dose (ml ou g/ha)	N.º de larvas / planta			Redução percentual (%)		
			201516	201617	Agrupado	2015-16	201617	Agrupado
T₁	Clorantraniliprolo 18,5 % SC	50 ml	0.13 [1.06]*	0.13 [1.06]	0.13 [1.06]	86.39 [72.08]#	82.18 [69.28]	84.28
T₂	Fipronil 5 % SC	1000 ml	0.50 [1.22]	0.33 [1.15]	0.41 [1.19]	37.50 [37.76]	56.67 [53.84]	47.08
T₃	Tiodicarbe 75 % WP	1000 g	0.40 [1.18]	0.27 [1.12]	0.33 [1.15]	50.00 [45.00]	68.33 [60.95]	59.16
T₄	Emamectina benzoato 5%SG	150 g	0.13 [1.06]	0.07 [1.03]	0.10 [1.05]	86.11 [71.95]	88.89 [78.24]	87.50
T₅	Novaluron 10 % CE	750 ml	0.67 [1.29]	0.40 [1.18]	0.53 [1.24]	23.33 [28.84]	40.56 [39.35]	31.94
T₆	Flubendiamida 20%WG	50 g	0.13 [1.06]	0.07 [1.03]	0.10 [1.05]	86.11 [71.95]	89.58 [78.66]	87.84
T₇	Clorfenapir 10 % SC	750 ml	0.40 [1.18]	0.27 [1.13]	0.33 [1.15]	46.55 [43.02]	62.94 [57.85]	54.74
T₈	Diafentiurão 50%WP	600 g	0.60 [1.26]	0.53 [1.24]	0.56 [1.25]	18.75 [24.82]	19.86 [25.42]	19.30
T₉	Cianantraniliprolo	600	0.07	0.07	0.07	93.06	91.67	92.36

T_10	10,26 % DO	ml	[1.03]	[1.03]	[1.03]	[80.94]	[79.99]	
	Controlo (Pulverização de água)	- - -	0.80 [1.34]	0.67 [1.29]	0.73 [1.32]			
	SE +		0.03	0.03	0.02	7.03	10.14	7.89
	CD a 5%		0.08	0.11	0.06	21.25	30.67	23.56

* Os valores entre parênteses são valores transformados pela raiz quadrada.

\# Os valores entre parênteses são valores angulares transformados.

OD (93,06 %) e a par com clorantraniliprole 18,5 SC (86,39 %), benzoato de emamectina 5 % SG (86,11 %), flubendiamida 20 % WG (86,11 %). Os tratamentos seguintes, por ordem decrescente, foram o tiodicarbe 75 % WP, o clorfenapir 10 % SC, o fipronil 5 % SC, o novalurão 10 % EC e o diafentiurão 50 % WP.

Em 2016-17, verificaram-se diferenças significativas na eficácia de vários insecticidas. O cianantraniliprole 10,26 % OD (91,67 %) revelou-se o mais eficaz, a par da flubendiamida 20 % WG (89,58 %), do benzoato de emamectina 5 % SG (88,89 %), do clorantraniliprole 18,5 SC (82,18 %), do tiodicarbe 75 % WP (68,33 %), do clorfenapir 10 % SC (62,94 %) e do fipronil 5 % SC (56,67 %). Os tratamentos menos eficazes foram o novalurão 10 % CE e o diafentiurão 50 % WP.

Os dados agrupados de dois anos indicaram que os insecticidas mais eficazes foram o ciantraniliprole 10,26 % OD, a flubendiamida 20 % WG, o benzoato de emamectina 5 % SG e o clorantraniliprole 18,5 SC, que proporcionaram uma redução de 92,36, 87,84, 87,50 e 84,28 por cento da população larvar. Os melhores tratamentos seguintes foram seguidos por tiodicarbe 75 % WP, clorfenapir 10 % SC e fipronil 5 % SC. O insecticida menos eficaz foi o diafentiurão 50 % WP (19,30 %) e o novalurão 10 % EC (31,94 %).

4.6.5.4 Sete dias após a pulverização

Os dados sobre o efeito de diferentes insecticidas aos 7 DAS contra a larva da traça-das-areias são apresentados no quadro 57.

Em 2015-16, 2016-17 e no conjunto dos dois anos, verificou-se que todos os insecticidas foram eficazes contra a larva da traça-do-tussolo. A população de larvas

Table 57. Eficácia de diferentes insecticidas 7 DAS contra larvas da traça-das-areias *Orgyia* spp. em couve-flor

Tr. Não.	Tratamento	Dose (ml ou g/ha)	N.º de larvas / planta			Redução percentual (%)		
			201516	201617	Agrupado	2015-16	201617	Agrupado
T_1	Clorantraniliprolo 18,5 % SC	50 ml	0.00	0.00 [1.00]	0.00 [1.00]	100.00 [90.00]#	100.00 [90.00]	100.00

			[1.00]*					
T₂	Fipronil 5 % SC	1000 ml	0.13 [1.06]	0.13 [1.06]	0.13 [1.06]	75.00 [64.83]	56.67 [53.84]	65.83
T₃	Tiodicarbe 75 % WP	1000 g	0.07 [1.03]	0.07 [1.03]	0.07 [1.03]	83.33 [75.00]	86.11 [76.59]	84.72
T₄	Emamectina benzoato 5%SG	150 g	0.00 [1.00]	0.00 [1.00]	0.00 [1.00]	100.00 [90.00]	100.00 [90.00]	100.00
T₅	Novaluron 10 % CE	750 ml	0.13 [1.06]	0.00 [1.00]	0.06 [1.03]	74.44 [64.62]	100.00 [90.00]	87.22
T₆	Flubendiamida 20%WG	50 g	0.00 [1.00]	0.00 [1.00]	0.00 [1.00]	100.00 [90.00]	100.00 [90.00]	100.00
T₇	Clorfenapir 10 % SC	750 ml	0.07 [1.03]	0.00 [1.00]	0.03 [1.02]	88.89 [78.24]	100.00 [90.00]	94.44
T₈	Diafentiurão 50%WP	600 g	0.20 [1.09]	0.13 [1.06]	0.16 [1.08]	51.39 [45.81]	52.50 [51.43]	51.84
T₉	Cianantraniliprolo 10,26 % DO	600 ml	0.00 [1.00]	0.00 [1.00]	0.00 [1.00]	100.00 [90.00]	100.00 [90.00]	100.00
T₁₀	Controlo (Pulverização de água)	^B ^B ^B	0.47 [1.21]	0.27 [1.12]	0.37 [1.17]			
	SE +		0.02	0.02	0.01	9.34	9.36	9.10
	CD a 5%		0.06	0.05	0.04	28.24	28.29	27.28

* Os valores entre parênteses são valores transformados pela raiz quadrada.

\# Os valores entre parênteses são valores angulares transformados.

foi nulo nas parcelas tratadas com Cyantraniliprole 10,26 % 0D, flubendiamide 20 % WG, benzoato de emamectina 5 % SG e chlorantraniliprole 18,5 SC. Os melhores tratamentos seguintes foram o clorfenapir 10 % SC, o tiodicarbe 75 % WP, o fipronil 5 % SC e o novalurão 10 % EC. A população larvar mais elevada foi observada com diafentiurão 50 % WP.

Os dados sobre a redução percentual da população de larvas durante 2015-16, 2016-17 e o agrupamento de dois anos indicaram que se registou uma redução de 100% no ciantraniliprole 10,26 % 0D, flubendiamida 20 % WG, benzoato de emamectina 5 % SG e clorantraniliprole 18,5 SC. Seguiram-se o clorfenapir 10 % SC, o tiodicarbe 75 % WP, o novalurão 10 % EC, o fipronil 5 % SC e o diafentiurão 50 % WP.

Mais tarde, a população larvar da traça-das-areias diminuiu para zero ou muito baixa em todos os tratamentos. Por conseguinte, os dados posteriores a este período não são incluídos.

Leibee *et al.*, (1995) referiram que o benzoato de emamectina isolado, *a Bta isolada*, o benzoato de emamectina alternado com a *Bta e o* mevinfos se revelaram eficazes. *O Btk* foi menos eficaz do que o *Bta* em dois locais. Joseph *et al.*, (2002) observaram que o benzoato de emamectina era consistentemente o inseticida mais tóxico contra muitas

* Os valores entre parênteses são valores transformados pela raiz quadrada.

\# Os valores entre parênteses são valores angulares transformados.

larvas de lepidópteros. Arora *et al.,* (2003) revelaram que o clorantraniliprole 18,5 SC @ 25 g a.i/ha foi o mais eficaz entre os inseticidas novos e comumente usados contra larvas de 3rd instares de *P. xylostella.* Sannaveerappanavar *et al.,* (2003) recomendaram que o novaluron pode ser efetivamente rotacionado com o NSKE para o manejo da traça-das-crucíferas. Mohite e Patil (2005) revelaram que spinosad 2.5 SC a 15 g a.i./ ha e Chlorantraniliprole 18.5 SC @ 50 g/ha resultaram em um controle significativamente melhor das larvas de DBM por um período de uma semana. Matthew (2007) relatou que Chlorantraniliprole, pyridalyl e flumendiamide reduziram a densidade da traça-das-crucíferas, mas não mostraram diferença significativa em relação ao benzoato de emamectina. Shivalingaswamy *et al.,* (2008) observaram que o benzoato de emamectina foi eficaz contra todos os três insectos, mesmo na dose mais baixa, ou seja, 7,50 g a.i/ha contra a broca do brinjal e a broca do fruto e a traça diamante e a 5,00 g a.i./ ha contra a broca do fruto do quiabo. Bhushan *et al.,* (2010) relataram que Lufenuron foi altamente eficaz contra *5. Htara* em batata seguido por novaluron e clorfenapir. Yadav *et al.,* (2012) relataram que, em experimentos de campo, o ciantraniliprole na taxa de 70 e 80 g a.i/ha foi mais eficaz e a par com o spinosad na redução da população de *5. Htara.* Gadhiya *et al.,* (2014) revelaram que, entre nove inseticidas, clorantraniliprole (0,006%), espinosade (0,018%) e benzoato de emamectina (0,002%) foram considerados mais eficazes e estatisticamente iguais entre si na proteção da cultura do amendoim contra a infestação de *H. armigera* e *5. litara.* Nukala *et al.,* (2015) indicaram que o benzoato de emamectina 0,005 por cento, clorpirifos 0,05 por cento, cipermetrina 0,016 por cento e clorantraniliprole 0,006 por cento podem ser sugeridos aos agricultores para a gestão de *5. litara* no amendoim.

Foram encontrados resultados mais ou menos semelhantes, em concordância com as conclusões dos presentes inquéritos.

4.7 Efeito de diferentes insecticidas nos inimigos naturais dos insectos pragas da couve-flor

A primeira pulverização visava principalmente os afídeos. Assim, são apresentadas as observações sobre o efeito dos diferentes insecticidas após a primeira pulverização nos inimigos naturais dos afídeos (ovos e larvas de mosca-sírfida, escaravelho coccinelídeo e afídeo mumificado). A segunda pulverização foi dirigida contra insectos lepidópteros, sendo incluídas as observações sobre o efeito da segunda pulverização no escaravelho coccinelídeo.

4.7.1 Larvas da mosca syrphid

As observações sobre o efeito dos diferentes insecticidas nas larvas da mosca syrphid na couve-flor um dia antes da pulverização (pré-contagem), 1 DAS e 3 DAS são apresentadas no quadro 58.

4.7.1.1   Pré-contagem

A pré-contagem de larvas de mosca syrphid durante 2015-16, 2016-17 e agrupamento de dois anos não foi significativa. Variou de 4,60 a 4,80/planta, 3,27 a 3,60/planta e 4,00 a 4,13/planta durante 2015-16, 2016-17 e agrupamento de dois anos, respetivamente.

4.7.1.2   Um dia após a pulverização

Durante 2015-16, a população de larvas de mosca syrphid variou de 3,07 a 4,73 / planta em vários tratamentos. A testemunha não tratada registou a população mais elevada, a par do ciantraniliprole 10,16 % OD, da buprofezina 25 % SC, do flonicamide 50 % WG, do tiametoxame 25 % WG e da clotianidina 50 % WDP. O fipronil 5 % SC foi o mais tóxico de todos os insecticidas imidaclopride 17,8 % SL, acetamipride 20 % SP e dinotefurão 20 % SG.

Durante 2016-17, houve diferenças significativas do efeito de vários insecticidas sobre as larvas da mosca syrphid. A população mais baixa foi observada nas parcelas tratadas com fipronil 5 % SC (2,07/planta) e imidaclopride 17,8 % SL (2,07/planta). A testemunha não tratada registou a população máxima e foi equiparada à buprofezina 25 % SC, ao tiametoxame 25 % WG, ao ciantraniliprole 10,16 % OD e ao flonicamide 50 % WG.

Os dados agrupados de dois anos mostraram que, a 1 DAS, a população mais elevada de larvas foi observada no controlo não tratado (4,06/planta). A buprofezina 25 % SC (3,80/planta), o ciantraniliprole 10,16 % OD (3,77/planta) e o flonicamide 50 % WG (3,66/planta) foram os insecticidas mais seguros de todos e iguais à testemunha não tratada. Os insecticidas menos tóxicos que se seguiram foram o tiametoxame 25 % WG, a clotianidina 50 % WDP, o dinotefurão 20 % SG e o acetamipride 20 % SP. Os insecticidas mais nocivos para as larvas da mosca syrphid foram o fipronil 5 % SC (2,57/planta) e o imidaclopride 17,8 % SL (2,63/planta), que foram semelhantes entre si.

4.7.1.3   Três dias após a pulverização

Em 2015-16, a população de larvas foi significativamente mais elevada no controlo não tratado (5,07/planta) do que nos outros tratamentos. Entre os insecticidas, a buprofezina 25 % SC (4,07/planta) registou a população máxima de larvas, a par do ciantraniliprole

10,16 % OD (3,60/planta) e do flonicamide 50 % WG (3,60/planta). Seguiram-se o tiametoxame 25 % WG, a clotianidina 50 % WDP, o dinotefurão 20 % SG e o acetamipride 20 % SP. O inseticida mais tóxico foi o fipronil 5 % SC (1,93/planta) e o imidaclopride 17,8 % SL (2,27/planta).

As observações sobre a larva da mosca syrphid durante 2016-17 revelaram que a população variou de 0,73 a 3,67/planta em diferentes tratamentos. O controlo sem tratamento foi estatisticamente significativo em relação a todos os tratamentos com insecticidas. Entre os inseticidas, o inseticida mais seguro para a larva foi a buprofezina 25 % SC (2,87/planta), seguida pelo ciantraniliprole 10,16 % OD (2,67/planta), flonicamida 50 % WG (2,40/planta) e tiametoxam 25 % WG (2,40/planta), que foram iguais entre si. O efeito mais prejudicial sobre a larva foi observado devido à pulverização de imidaclopride 17,8% SL (0,73/planta), que foi igual aos restantes tratamentos.

Os dados agregados de dois anos indicaram que a buprofezina 25 % SC (2,87/planta) e o ciantraniliprole 10,16 % OD (2,67/planta) foram os insecticidas mais seguros do que os outros insecticidas, que estavam ao mesmo nível. Seguiram-se o flonicamide 50 % WG, o tiametoxame 25 % WG, a clotianidina 50 % WDP e o dinotefurão 20 % SG. As parcelas tratadas com fipronil 5 % SC (1,36/planta) e imidaclopride 17,8 % SL (1,50/planta) registaram a população mais baixa. O controlo não tratado registou a população mais elevada do que os outros tratamentos.

Os dados relativos ao efeito dos diferentes insecticidas sobre as larvas da mosca syrphid na couve-flor aos 7 DAS, 15 DAS e 21 DAS são apresentados no quadro 59.

4.7.1.4 Sete dias após a pulverização

Durante 2015-16, verificou-se que as parcelas tratadas com fipronil 5 % SC (2,07/planta) registaram uma população mínima de larvas e a par com imidaclopride 17,8 % SL (2,53/planta). A população foi significativamente mais elevada no controlo não tratado

Table 58. Efeito de diferentes insecticidas sobre as larvas da mosca syrphid na couve-flor (Precount, 1 DAS e 3 DAS)

Tr. No.	Tratamento	Dose (ml ou g/ha)	N.º de larvas / planta								
			Pré-contagem			IDAS			3DAS		
			2015-16	2016-17	Agrupado	2015-16	2016-17	Agrupado	2015-16	2016-17	Agrupado
T₁	Acetamipride 20 % SP	75 g	4.67 (2.38)*	3.47 (2.11)	4.07 (2.25)	3.40 (2.10)	2.60 (1.90)	3.00 (2.00)	2.47 (1.86)	0.93 (1.39)	1.70 (1.62)
T₂	Buprofezina 25 % SC	1000ml	4.60 (2.36)	3.60 (2.14)	4.10 (2.25)	4.40 (2.32)	3.20 (2.05)	3.80 (2.19)	4.07 (2.25)	2.87 (1.96)	3.47 (2.11)
T₃	Clotianidina 50 %	50 g	4.73	3.47	4.10	3.93	2.60	3.26	2.87	1.07	1.97

Tr. No.	Tratamento	Dose (ml ou g/ha)	2015-16	2016-17	Agrupado	2015-16	2016-17	Agrupado	2015-16	2016-17	Agrupado
	WDP		(2.39)	(2.11)	(2.25)	(2.22)	(1.90)	(2.06)	(1.97)	(1.44)	(1.70)
T$_4$	Cianantraniliprole 10,26 % DO	600 ml	4.80 (2.41)	3.40 (2.10)	4.10 (2.25)	4.47 (2.34)	3.07 (2.02)	3.77 (2.18)	3.60 (2.14)	2.67 (1.91)	3.13 (2.03)
T$_5$	Dinotefurão 20 % SG	150 g	4.73 (2.39)	3.20 (2.05)	3.96 (2.22)	3.73 (2.17)	2.40 (1.84)	3.06 (2.01)	2.80 (1.95)	1.00 (1.41)	1.90 (1.68)
T$_6$	Fipronil 5 % SC	1000ml	4.73 (2.39)	3.27 (2.06)	4.00 (2.23)	3.07 (2.02)	2.07 (1.75)	2.57 (1.88)	1.93 (1.71)	0.80 (1.34)	1.36 (1.53)
T$_7$	Flonicamida 50 % WG	150 g	4.67 (2.38)	3.60 (2.14)	4.13 (2.26)	4.33 (2.31)	3.00 (2.00)	3.66 (2.15)	3.60 (2.14)	2.40 (1.84)	3.00 (1.99)
T$_8$	Imidaclopride 17,8 % SL	125 ml	4.67 (2.38)	3.40 (2.10)	4.03 (2.24)	3.20 (2.05)	2.07 (1.75)	2.63 (1.90)	2.27 (1.81)	0.73 (1.31)	1.50 (1.56)
T$_9$	Tiametoxame 25 % WG	100g	4.60 (2.36)	3.40 (2.10)	4.00 (2.23)	4.00 (2.23)	3.20 (2.05)	3.60 (2.14)	2.93 (1.98)	2.40 (1.84)	2.66 (1.91)
T$_{10}$	Controlo (pulverização de água)	—	4.67 (2.38)	3.40 (2.10)	4.03 (2.24)	4.73 (2.39)	3.40 (2.10)	4.06 (2.25)	5.07 (2.46)	3.67 (2.16)	4.37 (2.31)
	SE±		0.06	0.03	0.04	0.06	0.04	0.03	0.05	0.04	0.03
	CD a 5%		NS	NS	NS	0.17	0.11	0.10	0.14	0.13	0.10

* Os valores entre parênteses são valores transformados em raiz quadrada.

Tabela 59. Efeito de diferentes insecticidas nas larvas da mosca-sírfida na couve-flor (7 DAS, 15 DAS e 21 DAS)

Tr. No.	Tratamento	Dose (ml ou g/ha)	N.º de larvas / planta								
			7 DAS			15 DAS			21 DAS		
			2015-16	2016-17	Agrupado	2015-16	2016-17	Agrupado	2015-16	2016-17	Agrupado
T$_1$	Acetamipride 20 % SP	75 g	2.67 (1.91)*	0.73 (1.32)	1.70 (1.61)	1.33 (1.52)	0.53 (1.24)	0.93 (1.38)	0.87 (1.37)	0.20 (1.09)	0.53 (1.23)
T$_2$	Buprofezina 25 % SC	1000ml	4.27 (2.29)	2.60 (1.89)	3.43 (2.09)	3.07 (2.02)	2.00 (1.73)	2.53 (1.87)	1.93 (1.71)	1.20 (1.48)	1.56 (1.59)
T$_3$	Clotianidina 50 % WDP	50 g	3.13 (2.03)	0.73 (1.32)	1.93 (1.67)	1.47 (1.57)	0.60 (1.26)	1.03 (1.42)	0.93 (1.39)	0.33 (1.15)	0.63 (1.27)
T$_4$	Cianantraniliprole 10,26 % DO	600 ml	3.87 (2.20)	2.07 (1.75)	2.97 (1.98)	2.73 (1.93)	1.40 (1.55)	2.06 (1.74)	1.67 (1.63)	0.80 (1.34)	1.23 (1.49)
T$_5$	Dinotefurão 20 % SG	150 g	3.13 (2.03)	0.80 (1.34)	1.96 (1.69)	1.60 (1.61)	0.60 (1.26)	1.10 (1.44)	0.93 (1.39)	0.33 (1.15)	0.63 (1.27)
T$_6$	Fipronil 5 % SC	1000ml	2.07 (1.75)	0.47 (1.21)	1.27 (1.48)	0.87 (1.37)	0.27 (1.12)	0.57 (1.24)	0.40 (1.18)	0.13 (1.06)	0,26 (1.12)
T$_7$	Flonicamida 50 % WG	150 g	4.00 (2.23)	2.00 (1.73)	3.00 (1.98)	2.93 (1.98)	1.20 (1.48)	2.06 (1.73)	1.80 (1.67)	1.07 (1.44)	1.43 (1.55)
T$_8$	Imidaclopride 17,8 % SL	125 ml	2.53 (1.88)	0.53 (1.23)	1.53 (1.56)	1.07 (1.44)	0.33 (1.15)	0.70 (1.30)	0.53 (1.24)	0.13 (1.06)	0.33 (1.15)
T$_9$	Tiametoxame 25 % WG	100g	3.20 (2.05)	1.80 (1.67)	2.50 (1.86)	1.60 (1.61)	1.20 (1.48)	1.40 (1.55)	1.13 (1.46)	1.00 (1.41)	1.06 (1.44)
T$_{10}$	Controlo (pulverização de água)	—	5.67 (2.58)	3.00 (2.00)	4.33 (2.29)	4.47 (2.34)	2.60 (1.90)	3.53 (2.12)	3.07 (2.02)	1.80 (1.67)	2.43 (1.84)
	SE±		0.04	0.04	0.03	0.03	0.05	0.03	0.05	0.04	0.04

| **CD a 5%** | | 0.13 | 0.12 | 0.09 | 0.10 | 0.15 | 0.08 | 0.14 | 0.13 | 0.11 |

* Os valores entre parênteses são valores transformados em raiz quadrada.

(5,67/planta). Entre os insecticidas, a buprofezina 25 % SC (4,27/planta) registou a população máxima, a par do flonicamide 50 % WG (4,00/planta) e do ciantraniliprole 10,16 % OD (3,87/planta). Seguiram-se o tiametoxame a 25 % WG, a clotianidina a 50 % WDP, o dinotefurão a 20 % SG e o acetamipride a 20 % SP.

Durante 2016-17, houve diferenças estatisticamente significativas entre os diferentes tratamentos. A testemunha não tratada (3,00/planta) foi significativamente superior a todos os tratamentos, com exceção da buprofezina 25 % SC (2,60/planta), que foi igual a todos os outros. Os insecticidas menos nocivos que se seguiram foram o ciantraniliprole 10,16 % OD, a flonicamida 50 % WG, o tiametoxame 25 % WG e o dinotefurão 20 % SG. O fipronil 5 % SC (0,47/planta) registou a população mais baixa, a par do imidaclopride 17,8 % SL, do acetamipride 20 % SP e da clotianidina 50 % WDP.

Os dados agregados de dois anos indicaram que o inseticida mais seguro para a larva da mosca syrphid foi a buprofezina 25 % SC (3,43/planta), que registou a população mais elevada de todos os insecticidas. Os insecticidas menos nocivos que se seguiram foram o flonicamide 50 % WG, o ciantraniliprole 10,16 % OD, o tiametoxame 25 % WG, o dinotefurão 20 % SG, a clotianidina 50 % WDP e o acetamipride 20 % SP. Os insecticidas mais tóxicos foram o fipronil 5 % SC (1,27/planta) e o imidaclopride 17,8 % SL (1,53/planta). A testemunha não tratada (4,33/planta) registou uma população significativamente mais elevada do que todos os tratamentos.

4.7.1.5 Quinze dias após a pulverização

Durante 2015-16, registaram-se diferenças estatisticamente significativas entre os tratamentos. A testemunha não tratada (4,47/planta) registou um número significativamente mais elevado de larvas da mosca syrphid. Entre os insecticidas, a buprofezina 25 % SC (3,07/planta) foi significativamente mais segura para as larvas do que qualquer outro inseticida. Seguiram-se o flonicamide 50 % WG, o ciantraniliprole 10,16 % OD, o tiametoxame 25 % WG, o dinotefurão 20 % SG, a clotianidina 50 % WDP e o acetamipride 20 % SP. A população mais baixa foi observada nas parcelas tratadas com fipronil 5 % SC (0,87/planta), que foi igual ao imidaclopride 17,8 % SL (1,07/planta).

Em 2016-17, verificou-se que o inseticida mais tóxico foi o fipronil 5 % SC (0,27/planta), a par do imidaclopride 17,8 % SL, do acetamipride 20 % SP, da clotianidina 50 % WDP e do dinotefurão 20 % SG. O inseticida mais seguro foi a buprofezina 25 % SC (2,00/planta), que registou o maior número de larvas de todos os insecticidas. Os melhores tratamentos seguintes foram o ciantraniliprole 10,16 % OD, flonicamid 50 % WG e thiamethoxam 25 % WG. A maior larva foi observada no controlo não tratado (2,60/planta) entre todos os tratamentos.

Os dados agrupados de dois anos indicaram que a população de larvas variou de 0,57 a 3,53/planta. A população de larvas foi estatisticamente significativa no controlo não tratado (3,53/planta). Entre os tratamentos com insecticidas, as parcelas pulverizadas com buprofezina 25 % SC (2,53/planta) registaram a população máxima. Os insecticidas menos nocivos que se seguiram foram o flonicamide 50 % WG, o ciantraniliprole 10,16 % OD, o tiametoxame 25 % WG, o dinotefurão 20 % SG, a clotianidina 50 % WDP e o acetamipride 20 % SP. Os efeitos mais nocivos foram os do fipronil 5 % SC.

4.7.1.6   Vinte e um dias após a pulverização

Os dados sobre o efeito de vários insecticidas nas larvas da mosca syrphid durante 2016-17 revelaram que as parcelas tratadas com fipronil 5 % SC (0,40/planta) registaram a população mais baixa e a par com imidacloprid 17,8 % SL (0,53/planta). As parcelas pulverizadas com buprofezina a 25 % SC (1,93/planta) registaram a população máxima e a maior segurança para as larvas de mosca-sryphid entre todos os insecticidas. Foi igual ao flonicamid 50% WG (1,80/planta) e ao cyantraniliprole 10,16% OD (1,67/planta). Os melhores tratamentos seguintes foram o tiametoxame 25 % WG, dinotefurano 20 % SG, clotianidina 50 % WDP e acetamipride 20 % SP. A população mais elevada foi observada no controlo não tratado (3,07/planta) entre todos os tratamentos.

Em 2016-17, a população de larvas foi significativamente maior no controlo não tratado (1,80/planta). Entre todos os insecticidas, a população máxima foi observada na buprofezina 25 % SC (1,20/planta), que estava a par com flonicamida 50 % WG, tiametoxame 25 % WG e ciantraniliprole 10,16 % OD. Seguiram-se o dinotefurão a 20 % SG, a clotianidina a 50 % WDP e o acetamipride a 20 % SP. A população mais baixa foi registada com fipronil 5 % SC (0,13/planta) e imidaclopride 17,8 % SL (0,13/planta).

Os dados agrupados de dois anos revelaram que a buprofezina 25 % SC (1,56/planta) registou a população máxima e maior segurança para as larvas da mosca syrphid, a par da flonicamida 50 % WG e do ciantraniliprole 10,16 % OD. Seguiram-se-lhes o tiametoxame (25 % WG), o dinotefurão (20 % SG) e a clotianidina (50 % WDP). O inseticida mais nocivo foi o fipronil 5 % SC (0,26/planta), a par do imidaclopride 17,8 % SL e do acetamipride 20 % SP. A população significativamente mais elevada foi observada na testemunha não tratada (2,43/planta) entre todos os tratamentos.

4.7.2 Escaravelho Coccinellid

4.7.2.1 Primeira pulverização

Os dados sobre a população de besouros joaninha um dia antes, 1 DAS e 3 DAS da primeira pulverização são apresentados no Quadro 60.

4.7.2.1.1 Pré-contagem

A contagem prévia do escaravelho joaninha não foi significativa em 2015-16, 2016-17 e no conjunto dos dois anos. A população variou entre 1,47 e 1,67, 1,20 e 1,33 e 1,34 e 1,47/planta em 2015-16, 2016-17 e no conjunto dos dois anos, respetivamente.

4.7.2.1.2 Um dia após a pulverização

Os dados sobre o escaravelho joaninha um dia após a pulverização não foram significativos em 2015-16, 2016-17 e no conjunto dos dois anos.

4.7.2.1.3 Três dias após a pulverização

Durante 2015-16, o controlo não tratado registou a população mais elevada (1,47/planta), a par de flonicamida 50 % WG (1,40/planta), buprofezina 25 % SC (1,33/planta), ciantraniliprole 10,16 % OD (1,27/planta) e tiametoxame 25 % WG (1,13/planta). A população mais baixa foi registada com fipronil 5 % SC (0,73/planta), que foi igual aos restantes tratamentos.

Durante 2016-17, a população máxima de besouros joaninhas foi observada no controlo não tratado (1,33/planta). No entanto, foi igual com buprofezina 25 % SC (1,20/planta), flonicamida 50 % WG (1,13/planta), ciantraniliprole 10,16 % OD (1,07/planta), tiametoxame 25 % WG (1,00/planta) e clotianidina 50 % WDP (0,93/planta). O tratamento fipronil 5 % SC (0,40/planta) registou uma população mínima que foi igual à dos restantes tratamentos.

Os dados agregados de dois anos revelaram que a testemunha não tratada registou a população mais elevada de escaravelho (1,41/planta), o que foi igual ao buprofezin 25 % SC (1,31/planta), flonicamid 50 % WG (1,31/planta) e cyantraniliprole 10,16 % OD (1,21/planta). A população mais baixa foi observada no fipronil 5 % SC (0,69/planta), que foi igual à dos restantes insecticidas.

Os dados sobre a população de besouros joaninha aos 7 DAS, 15 DAS e 21 DAS da primeira pulverização são apresentados no Quadro 61.

4.7.2.1.4 Sete dias após a pulverização

Em 2015-16, a testemunha não tratada (1,53/planta) registou a população mais elevada de joaninhas, a par da buprofezina 25 % SC (1,40/planta), flonicamida 50 % WG

(1,33/planta), ciantraniliprole 10,16 % OD (1,33/planta) e tiametoxame 25 % WG (1,27/planta). A população mais baixa foi registada com fipronil 5 % SC (0,80/planta), que foi igual à dos restantes insecticidas.

Em 2016-17, observou-se uma tendência semelhante. Entre os insecticidas, a buprofezina 25 % SC registou a população mais elevada, enquanto o fipronil 5 % SC registou a população mais baixa.

Os dados agrupados de dois anos indicaram que a população máxima de joaninhas foi observada no controlo não tratado (1,50/planta), que foi igual ao buprofezin 25 % SC (1,33/planta), flonicamid 50 % WG (1,23/planta) e

Tabela 60. Efeito de diferentes insecticidas sobre a joaninha da couve-flor (Precount, 1 DAS e 3 DAS) após a primeira pulverização

Tr. No.	Tratamento	Dose (ml ou g/ha)	N.º de lac			escaravelho (adultos e larvas) / planta					
			Pré-contagem			IDAS			3DAS		
			2015-16	2016-17	Agrupado	2015-16	2016-17	Agrupado	2015-16	2016-17	Agrupado
T_1	Acetamipride 20 % SP	75 g	1.60 (1.61)	1.20 (1.48)	1.40 (1.55)	1.27 (1.50)	1.07 (1.44)	1.17 (1.47)	1.00 (1.41)	0.87 (1.37)	1.01 (1.42)
T_2	Buprofezina 25 % SC	1000ml	1.67 (1.63)	1.27 (1.50)	1.47 (1.57)	1.53 (1.59)	1.27 (1.50)	1.40 (1.55)	1.33 (1.53)	1.20 (1.48)	1.31 (1.52)
T_3	Clotianidina 50 % WDP	50 g	1.60 (1.61)	1.20 (1.48)	1.40 (1.55)	1.33 (1.53)	1.07 (1.44)	1.20 (1.48)	1.00 (1.41)	0.93 (1.39)	0.96 (1.40)
T_4	Cianantraniliprole 10,26 % DO	600 ml	1.53 (1.59)	1.13 (1.46)	1.33 (1.53)	1.47 (1.57)	1.13 (1.46)	1.30 (1.52)	1.27 (1.51)	1.07 (1.44)	1.21 (1.49)
T_5	Dinotefurão 20 % SG	150 g	1.60 (1.61)	1.20 (1.48)	1.40 (1.55)	1.33 (1.53)	1.00 (1.41)	1.17 (1.47)	0.93 (1.39)	0.87 (1.36)	0.99 (1.41)
T_6	Fipronil 5 % SC	1000ml	1.67 (1.63)	1.27 (1.50)	1.47 (1.57)	1.07 (1.44)	0.80 (1.34)	0.94 (1.39)	0.73 (1.32)	0.40 (1.18)	0.69 (1.30)
T_7	Flonicamida 50 % WG	150 g	1.53 (1.59)	1.33 (1.53)	1.43 (1.56)	1.53 (1.59)	1.27 (1.50)	1.40 (1.55)	1.40 (1.55)	1.13 (1.46)	1.31 (1.52)
T_8	Imidaclopride 17,8 % SL	125 ml	1.60 (1.61)	1.33 (1.53)	1.47 (1.57)	1.27 (1.50)	0.87 (1.36)	1.07 (1.44)	0.87 (1.37)	0.53 (1.24)	0.82 (1.35)
T_9	Tiametoxame 25 % WG	100g	1.47 (1.57)	1.20 (1.48)	1.34 (1.53)	1.40 (1.55)	1.20 (1.48)	1.30 (1.52)	1.13 (1.46)	1.00 (1.41)	1.06 (1.43)
T_{10}	Controlo (pulverização de água)	—	1.53 (1.59)	1.20 (1.48)	1.37 (1.54)	1.60 (1.61)	1.27 (1.51)	1.44 (1.56)	1.47 (1.57)	1.33 (1.53)	1.41 (1.55)
	SE±		0.03	0.05	0.04	0.04	0.05	0.06	0.03	0.05	0.04
	CD a 5%		NS	NS	NS	NS	NS	NS	0.09	0.14	0.11

* Os valores entre parênteses são valores transformados em raiz quadrada.

Tabela 61. Efeito de diferentes insecticidas no escaravelho da joaninha da couve-flor (7 DAS, 15 DAS e 21 DAS) após a primeira pulverização

Tr. No.	Tratamento	Dose (ml ou g/ha)	N.º de escaravelhos (adultos e larvas) / planta								
			7 DAS			15 DAS			21 DAS		
			2015-16	2016-17	Agrupado	2015-16	2016-17	Agrupado	2015-16	2016-17	Agrupado
T₁	Acetamipride 20 % SP	75 g	0.93 (1.39)	0.80 (1.34)	0.86 (1.36)	0.73 (1.32)	0.67 (1.29)	0.70 (1.30)	0.47 (1.21)	0.53 (1.24)	0.50 (1.22)
T₂	Buprofezina 25 % SC	1000 ml	1.40 (1.55)	1.27 (1.51)	1.33 (1.53)	1.00 (1.41)	1.13 (1.46)	1.07 (1.44)	0.87 (1.36)	0.80 (1.34)	0.84 (1.36)
T₃	Clotianidina 50 % WDP	50 g	1.07 (1.44)	0.80 (1.34)	0.93 (1.39)	0.73 (1.31)	0.73 (1.31)	0.73 (1.31)	0.67 (1.29)	0.53 (1.24)	0.60 (1.26)
T₄	Cianantraniliprole 10,26 % DO	600 ml	1.33 (1.53)	1.13 (1.46)	1.23 (1.49)	0.93 (1.39)	1.07 (1.44)	1.00 (1.41)	0.80 (1.34)	0.87 (1.37)	0.84 (1.36)
T₅	Dinotefurão 20 % SG	150 g	1.07 (1.43)	0.87 (1.36)	0.97 (1.40)	0.67 (1.29)	0.73 (1.31)	0.70 (1.30)	0.47 (1.21)	0.53 (1.24)	0.50 (1.22)
T₆	Fipronil 5 % SC	1000 ml	0.80 (1.34)	0.33 (1.15)	0.56 (1.25)	0.60 (1.26)	0.20 (1.10)	0.40 (1.18)	0.33 (1.15)	0.13 (1.06)	0.23 (1.11)
T₇	Flonicamida 50 % WG	150 g	1.33 (1.53)	1.13 (1.46)	1.23 (1.49)	1.00 (1.41)	1.07 (1.44)	1.04 (1.43)	0.87 (1.36)	0.87 (1.36)	0.87 (1.37)
T₈	Imidaclopride 17,8 % SL	125 ml	0.93 (1.39)	0.40 (1.18)	0.67 (1.29)	0.67 (1.29)	0.27 (1.13)	0.47 (1.21)	0.33 (1.15)	0.20 (1.09)	0.27 (1.13)
T₉	Tiametoxame 25 % WG	100g	1.27 (1.51)	0.93 (1.39)	1.10 (1.45)	0.80 (1.34)	0.87 (1.36)	0.84 (1.36)	0.67 (1.29)	0.73 (1.31)	0.70 (1.30)
T₁₀	Controlo (pulverização de água)	—	1.53 (1.59)	1.47 (1.57)	1.50 (1.58)	1.13 (1.46)	1.20 (1.48)	1.17 (1.47)	0.93 (1.39)	0.87 (1.37)	0.90 (1.38)
	SE±		0.04	0.04	0.03	0.03	0.05	0.04	0.04	0.05	0.04
	CD a 5%		0.13	0.13	0.10	0.10	0.16	0.11	0.12	0.14	0.12

* Os valores entre parênteses são valores transformados em raiz quadrada.

Quadro 62. Efeito de diferentes insecticidas no escaravelho da joaninha da couve-flor (1 DAS, 3 DAS e 7 DAS) após a segunda pulverização

Tr. No.	Tratamento	Dose (ml ou g/ha)	N.º de escaravelhos (adultos e larvas) / planta								
			1DAS			3DAS			7 DAS		
			2015-16	2016-17	Agrupado	2015-16	2016-17	Agrupado	2015-16	2016-17	Agrupado
T₁	Clorantraniliprole 18,5 % SC	50 ml	0.80 (1.34)	0.53 (1.24)	0.67 (1.29)	0.73 (1.31)	0.47 (1.21)	0.60 (1.26)	0.73 (1.32)	0.53 (1.24)	0.63 (1.28)
T₂	Fipronil 5 % SC	1000 ml	0.33 (1.15)	0.13 (1.06)	0.23 (1.11)	0.27 (1.12)	0.27 (1.13)	0.27 (1.12)	0.20 (1.09)	0.13 (1.06)	0.17 (1.08)
T₃	Tiodicarbe 75 % WP	1000g	0.33 (1.15)	0.40 (1.18)	0.37 (1.17)	0.40 (1.18)	0.33 (1.15)	0.37 (1.17)	0.27 (1.12)	0.20 (1.09)	0.24 (1.11)
T₄	Benzoato de emamectina 5 % SG	150 g	0.67 (1.29)	0.67 (1.29)	0.67 (1.29)	0.53 (1.23)	0.53 (1.24)	0.53 (1.24)	0.53 (1.23)	0.47 (1.21)	0.50 (1.22)
T₅	Novaluron 10 % CE	750 ml	0.73 (1.31)	0.53 (1.24)	0.63 (1.28)	0.67 (1.29)	0.47 (1.21)	0.57 (1.25)	0.53 (1.23)	0.53 (1.24)	0.53 (1.24)
T₆	Flubendiamida 20 % GT	50 g	0.80 (1.34)	0.47 (1.21)	0.63 (1.28)	0.73 (1.31)	0.60 (1.26)	0.66 (1.29)	0.67 (1.29)	0.40 (1.18)	0.53 (1.24)
T₇	Clorfenapir 10 % SC	750	0.33	0.20	0.26	0.27	0.33	0.30	0.33	0.27	0.30

Tr. No.	Tratamento	Dose									
		ml	(1.15)	(1.09)	(1.12)	(1.12)	(1.15)	(1.14)	(1.15)	(1.13)	(1.14)
T8	Diafentiurão 50 % WP	600 g	0.73 (1.32)	0.67 (1.29)	0.70 (1.30)	0.73 (1.31)	0.53 (1.24)	0.63 (1.28)	0.60 (1.26)	0.53 (1.24)	0.57 (1.25)
T9	Cianantraniliprole 10,26 % DO	600 ml	0.87 (1.36)	0.67 (1.29)	0.77 (1.33)	0.80 (1.34)	0.73 (1.32)	0.77 (1.33)	0.73 (1.31)	0.80 (1.34)	0.77 (1.33)
T10	Controlo (pulverização de água)	—	0.93 (1.39)	0.87 (1.36)	0.90 (1.38)	0.93 (1.39)	0.93 (1.39)	0.93 (1.39)	1.07 (1.44)	0.93 (1.39)	1.00 (1.41)
	SE±		0.04	0.04	0.03	0.05	0.03	0.04	0.05	0.03	0.03
	CD a 5%		0.13	0.14	0.09	0.16	0.10	0.12	0.16	0.09	0.10

* Os valores entre parênteses são valores transformados em raiz quadrada.

Tabela 63. Efeito de diferentes insecticidas sobre a joaninha da couve-flor (15 DAS e 21 DAS) após a segunda pulverização

Tr. No.	Tratamento	Dose (ml ou g / ha)	N.º de escaravelhos (adultos e larvas) / planta					
			15 DAS			21 DAS		
			2015-16	2016-17	Agrupado	2015-16	2016-17	Agrupado
T1	Clorantraniliprole 18,5 % SC	50 ml	0,33 (l.15)	0.33 (1.15)	0.33 (1.15)	0.13 (1.06)	0.13 (1.06)	0.13 (1.06)
T2	Fipronil 5 % SC	I000 ml	0.13 (1.06)	0.07 (1.03)	0.10 (1.05)	0.00 (1.00)	0.00 (1.00)	0.00 (1.00)
T3	Tiodicarbe 75 % WP	I000g	0.27 (1.13)	0.13 (1.06)	0.20 (1.09)	0.07 (1.03)	0.00 (1.00)	0.04 (1.02)
T4	Benzoato de emamectina 5 % SG	150 g	0.33 (1.15)	0.27 (1.13)	0.30 (1.14)	0.13 (1.06)	0.07 (1.03)	0.10 (1.05)
T5	Novaluron 10 % CE	750 ml	0.40 (1.18)	0.40 (1.18)	0.40 (1.18)	0.13 (1.06)	0.13 (1.06)	0.13 (1.06)
T6	Flubendiamida 20 % GT	50 g	0.27 (1.12)	0.33 (1.15)	0.30 (1.14)	0.13 (1.06)	0.13 (1.06)	0.13 (1.06)
T7	Clorfenapir 10 % SC	750 ml	0.20 (1.09)	0.13 (1.06)	0.17 (1.08)	0.07 (1.03)	0.00 (1.00)	0.04 (1.02)
T8	Diafentiurão 50 % WP	600 g	0.33 (1.15)	0.47 (1.21)	0.40 (1.18)	0.13 (1.06)	0.13 (1.06)	0.13 (1.06)
T9	Cianantraniliprole 10,26 % DO	600 ml	0.40 (1.18)	0.53 (1.24)	0.47 (1.21)	0.20 (1.09)	0.13 (1.06)	0.17 (1.08)
T10	Controlo (pulverização de água)	—	0.47 (1.21)	0.60 (1.26)	0.54 (1.24)	0.20 (1.09)	0.20 (1.09)	0.20 (1.09)
	SE±		0.04	0.04	0.03	0.04	0.03	0.05
	CD a 5%		NS	0.11	0.09	NS	NS	NS

* Os valores entre parênteses são valores transformados em raiz quadrada.

Ciantraniliprole 10,16 % DO (1,23/planta). Seguiram-se o tiametoxame 25 % WG, o dinotefurão 20 % SG, a clotianidina 50 % WDP, o acetamipride 20 % SP, o imidaclopride 17,8 % SL e o fipronil 5 % SC.

4.7.2.1.5 Quinze dias após a pulverização

Os dados do besouro joaninha durante 2015-16 revelaram que o controle não tratado (1,13 / planta) registrou a maior população e a par com buprofezina 25 % SC (1,00 / planta), flonicamida 50 % WG (1,00 / planta) e Cyantraniliprole 10,16 % OD (1,33 / planta). Seguiram-se o tiametoxame a 25 % WG, a clotianidina a 50 % WDP, o acetamipride a 20 % SP, o dinotefurão a 20 % SG, o imidaclopride a 17,8 % SL e o fipronil a 5 % SC.

Durante 2016-17, verificou-se que o controlo não tratado (1,20/planta) registou a população máxima, a par da buprofezina 25 % SC (1,13/planta), flonicamida 50 % WG (1,07/planta), ciantraniliprole 10,16 % OD (1,07/planta) e tiametoxame 25 % WG (0,87/planta). Seguiram-se a clotianidina 50 % WDP, o dinotefurão 20 % SG e o acetamipride 20 % SP. A população mais baixa foi registada no fipronil 5 % SC, que estava a par do imidaclopride 17,8 % SL.

Os dados agrupados de dois anos indicaram que a população máxima de joaninhas foi observada na testemunha não tratada (1,17/planta), que estava a par com buprofezina 25 % SC (1,07/planta), flonicamida 50 % WG (1,04/planta), ciantraniliprole 10,16 % OD (1,00/planta) e tiametoxame 25 % WG (0,84/planta). Os tratamentos seguintes foram clotianidina 50 % WDP, dinotefurano 20 % SG e acetamipride 20 % SP. A população mínima foi registada no fipronil 5% SC (0,40/planta) e no imidaclopride 17,8% SL (0,47/planta), que foram iguais a todos os outros tratamentos.

4.7.2.1.6 Vinte e um dias após a pulverização

Durante 2015-16, a maior população de besouros joaninha foi observada no controlo não tratado (0,93/planta). No entanto, foi igual ao buprofezin 25 % SC (0,87/planta), flonicamid 50 % WG (0,87/planta), Cyantraniliprole 10,16 % OD (0,80/planta), thiamethoxam 25 % WG (0,67/planta) e clothianidin 50 % WDP (0,67/planta). As parcelas tratadas com fipronil 5 % SC (0,33/planta) registaram a população mais baixa, que foi igual à dos restantes insecticidas.

Os dados sobre o besouro joaninha durante 2016-17 revelaram que todos os tratamentos foram iguais entre si, exceto o fipronil 5 % SC e o imidaclopride 17,8 % SL.

Os dados agrupados de dois anos mostraram que a testemunha não tratada (0,90/planta) registou a população máxima, seguida do flonicamide 50% WG (0,87/planta), buprofezina 25% SC (0,84/planta), ciantraniliprole 10,16% OD (0,84/planta), tiametoxame 25% WG (0,70/planta) e clotianidina 50% WDP (0,60/planta). Seguiram-se o dinotefurão a 20 % SG, o acetamipride a 20 % SP, o imidaclopride a 17,8 % SL e o fipronil a 5 % SC.

4.7.2.2 Segunda pulverização pulverização

Os dados relativos ao escaravelho joaninha após a segunda pulverização aos 1 DAS, 3 DAS e 7 DAS são apresentados no quadro 62, enquanto aos 15 DAS e 21 DAS são apresentados no quadro 63.

4.7.2.2.1 Um dia após a pulverização

Durante 2015-16, a população máxima foi observada no controlo não tratado (0,93/planta), que foi igual ao ciantraniliprole 10,26 % OD, Aubendiamide 20 % WG, Chlorantraniliprole 18,5 % SC, diafentiuron 50 % WP, novaluron 10 % EC e emamectin benzoate 5 % SG. A população mínima foi registada com fipronil 5 % SC, tiodicarbe 75 % WP e clorfenapir 10 % SC.

Em 2016-17, o controlo sem tratamento registou a população máxima de joaninhas. Entre os insecticidas, o ciantraniliprole 10,26 % 0D, o diafentiurão 50 % WP e o benzoato de emamectina 5 % SG (0,67/planta) registaram a população máxima. Seguiram-se a aubendiamida 20 % WG, o clorantraniliprole 18,5 % SC, o novalurão 10 % EC, o clorfenapir 10 % SC e o fipronil 5 % SC.

Os dados agrupados de dois anos revelaram que o controlo não tratado registou a população mais elevada, a par do ciantraniliprole 10,26 % 0D, do diafentiurão 50 % WP, do benzoato de emamectina 5 % SG e do clorantraniliprole 18,5 % SC. Seguiram-se-lhes a aubendiamida (20 % WG) e o novalurão (10 % EC). Os insecticidas mais tóxicos foram o fipronil 5 % SC, o clorfenapir 10 % SC e o tiodicarbe 75 % WP.

4.7.2.2.2 Três dias após a pulverização

Durante 2015-16, o controlo não tratado registou a população mais elevada e, a par, o ciantraniliprole 10,26% 0D, o diafentiurão 50% WP, o clorantraniliprole 18,5% SC, o novalurão 10% EC, a Aubendiamida 20% WG e o benzoato de emamectina 5% SG. A população mais baixa foi registada com fipronil 5 % SC e clorfenapir 10 % SC. Seguiram-se o tiodicarbe 75 % WP, o clorfenapir 10 % SC e o fipronil 5 % SC.

Durante 2016-17, o controlo não tratado (0,93/planta) registou a maior população de joaninhas, que foi igual ao ciantraniliprole 10,26 % OD

(0,73/planta). Seguiram-se a flubendiamida 20 % WG, o benzoato de emamectina 5 % SG, o diafentiurão 50 % WP, o clorantraniliprole 18,5 % SC, o novalurão 10 % EC, o tiodicarbe 75 % WP, o clorfenapir 10 % SC e o fipronil 5 % SC.

Os dados agregados de dois anos indicaram que a população máxima foi observada no controlo não tratado e foi igual à do ciantraniliprole 10,26 % OD, da flubendiamida 20 % WG e do diafentiurão 50 % WP. Seguiram-se o clorantraniliprole 18,5 % SC, o novalurão 10 % EC, o benzoato de emamectina 5 % SG, o tiodicarbe 75 % WP, o clorfenapir 10 % SC e o fipronil 5 % SC.

4.7.2.2.3 Sete dias após a pulverização

Os dados sobre o escaravelho joaninha durante 2015-16 revelaram que o controlo não tratado (1,07/planta) registou a população máxima, que estava a par com o clorantraniliprole 18,5 % SC, o ciantraniliprole 10,26 % OD e a flubendiamida 20 % WG. A população mais baixa foi observada no fipronil 5 % SC (0,20/planta), que foi igual aos restantes tratamentos.

Em 2016-17, a população mais elevada foi observada no controlo não tratado (0,93/planta), a par do ciantraniliprole 10,26 % OD (0,80/planta). Seguiram-se o diafentiuron 50% WP, o clorantraniliprole 18,5% SC, o novaluron 10% EC, o benzoato de emamectina 5% SG e a flubendiamida 20% WG. Os insecticidas mais tóxicos foram o tiodicarbe 75 % WP, o clorfenapir 10 % SC e o fipronil 5 % SC.

Os dados agrupados de dois anos indicaram que a população máxima de joaninhas foi observada no controlo não tratado (1,00/planta), que estava a par do ciantraniliprole 10,26 % OD (0,77/planta). Seguiram-se o clorantraniliprole 18,5 % SC, o diafentiurão 50 % WP, a aubendiamida 20 % WG, o novalurão 10 % EC e o benzoato de emamectina 5 % SG. A população mais baixa foi registada no fipronil 5 % SC (0,17/planta), que foi igual ao clorfenapir 10 % SC e ao tiodicarbe 75 % WP.

4.7.2.2.4 Quinze dias após a pulverização

Em 2015-16, não se registaram diferenças significativas entre os tratamentos. A população variou de 0,13 a 0,47/planta nos diferentes tratamentos.

Em 2016-17, a população mais elevada foi observada no controlo não tratado e foi equiparada a ciantraniliprole 10,26 % OD, diafentiurão 50 % WP, novalurão 10 % EC, Aubendiamida 20 % WG e clorantraniliprole 18,5 % SC. Seguiram-se o benzoato de emamectina 5 % SG, o clorfenapir 10 % SC, o tiodicarbe 75 % WP e o fipronil 5 % SC.

Os dados agregados de dois anos revelaram que o controlo não tratado registou uma população máxima, que foi igual à do ciantraniliprole 10,26 % OD, diafentiurão 50 % WP, novalurão 10 % EC, clorantraniliprole 18,5 % SC, Aubendiamida 20 % WG e benzoato de emamectina 5 % SG. Seguiram-se o tiodicarbe 75 % WP, o clorfenapir 10 % SC e o fipronil

5 % SC.

4.7.2.2.5 Vinte e um dias após a pulverização

Os dados do escaravelho joaninha durante 2015-16, 2016-17 e agrupados de dois anos revelaram que não houve diferenças significativas entre os tratamentos. Isto pode dever-se a uma população muito baixa no final da estação.

4.7.3 Afídeos mumificados devido a parasitismo

As observações sobre o efeito dos diferentes insecticidas na parasitagem do pulgão da couve-flor um dia antes da pulverização (pré-contagem), 1 DAS e 3 DAS são apresentadas no quadro 64.

4.7.3.1 Pré-contagem

Houve diferenças não significativas entre os tratamentos em um dia antes da pulverização durante 2015-16, 2016-17 e agrupados de dois anos. A parasitização de pulgões variou de 6,00 a 6,40/planta, 5,20 a 5,40/planta e 5,66 a 5,90/planta durante 2015-16, 2016-17 e agrupamento de dois anos, respetivamente.

4.7.3.2 Um dia após a pulverização

Em um dia após a pulverização, também houve diferenças não significativas entre os tratamentos durante 2015-16, 2016-17 e agrupados de dois anos. A parasitagem de pulgões variou de 6,00 a 6,53/planta, 5,20 a 5,60/planta e 5,66 a 6,06/planta durante 2015-16, 2016-17 e agrupamento de dois anos, respetivamente.

4.7.3.3 Três dias após a pulverização

Durante 2015-16, as parcelas não tratadas (8,40/planta) registaram pulgões parasitados significativamente mais elevados entre todos os tratamentos, exceto a buprofezina 25 % SC (7,20/planta), que foi igual entre si. Os próximos melhores tratamentos foram flonicamid 50 % WG e cyantraniliprole 10,16 % OD. Estes foram seguidos por thiamethoxam 25 % WG, clothianidin 50 % WDP, dinotefuran 20 % SG e acetamiprid 20 % SP. A parasitagem mais baixa foi registada nas parcelas tratadas com fipronil 5 % SC (3,27/planta), que foi igual à do imidaclopride 17,8 % SL (3,47/planta).

Durante 2016-17, a menor parasitização de pulgões foi observada em fipronil 5 % SC (3,60/planta), que estava a par com imidacloprid 17,8 % SL, acetamiprid 20 % SP, dinotefuran 20 % SG, clothianidin 50 % WDP e thiamethoxam 25 % WG. A parasitagem mais elevada foi observada na testemunha não tratada (6,73/planta), a par da buprofezina 25 % SC (5,80/planta). Os tratamentos seguintes foram flonicamid 50 % WG (5,53/planta) e cyantraniliprole 10,16 % OD (5,33/planta).

A partir dos dados agrupados de dois anos, observou-se que as parcelas tratadas com buprofezina 25 % SC (6,50/planta) registaram o máximo de parasitismo de pulgões entre todos os insecticidas, exceto flonicamida 50 % WG (6,13/planta), que foram iguais entre si. Seguiram-se o ciantraniliprole 10,16 % OD, o tiametoxame 25 % WG, a clotianidina 50 % WDP, o dinotefurano 20 % SG e o acetamipride 20 % SP. A parasitagem mínima foi registada nas parcelas pulverizadas com fipronil 5 % SC (3,43/planta) e a par com imidaclopride 17,8 % SL (3,63/planta). A parasitagem significativamente mais elevada foi registada na testemunha não tratada (7,56/planta) entre todos os tratamentos.

Os dados sobre o efeito de diferentes insecticidas na parasitagem do afídeo na couve-flor aos 7 DAS, 15 DAS e 21 DAS são apresentados no quadro 65.

4.7.3.4   Sete dias após a pulverização

Durante 2015-16, entre todos os insecticidas, a parasitação máxima de pulgões foi observada nas parcelas tratadas com buprofezina 25 % SC (9,00/planta), que estava a par com flonicamida 50 % WG (7,87/planta) e ciantraniliprole 10,16 % OD (7,76/planta). Estes foram seguidos por thiamethoxam 25 % WG, dinotefuran 20 % SG e Clothianidin 50 % WDP. A parasitagem mais baixa foi observada no fipronil 5 % SC (1,93/planta), que estava a par do imidaclopride 17,8 % SL (1,93/planta) e do acetamipride 20 % SP (2,47/planta). A testemunha não tratada (12,87/planta) registou uma parasitagem de afídeos significativamente mais elevada entre todos os tratamentos.

Durante 2016-17, houve diferenças significativas entre os tratamentos e o controlo não tratado (7,60/planta) registou a maior parasitização de pulgões. No entanto, foi igual ao buprofezin 25 % SC (6,93 / planta), flonicamid 50 % WG (6,07 / planta) e cyantraniliprole 10,16 % OD (5,93 / planta). A parasitagem mínima foi registada com fipronil 5 % SC (2,20/planta), que foi igual aos restantes tratamentos.

Os dados agrupados de dois anos revelaram que a testemunha não tratada (10,23/planta) registou um número significativamente mais elevado de afídeos parasitados do que qualquer outro tratamento. Entre os tratamentos insecticidas, o máximo de pulgões parasitados foi observado nas parcelas tratadas com buprofezina 25 % SC (7,96/planta), que estavam a par com flonicamida 50 % WG (6,97/planta) e ciantraniliprole 10,16 % OD (6,80/planta). Estes foram seguidos por clothianidin 50% WDP, dinotefuran 20% SG e thiamethoxam 25% WG. A parasitagem de pulgões foi mínima nas parcelas pulverizadas com fipronil 5 % SC (2,06/planta), que foi igual ao imidaclopride 17,8 % SL (2,13/planta) e acetamipride 20 % SP (2,50/planta).

4.7.3.5 Quinze dias após a pulverização

Os dados sobre a parasitização de pulgões aos 15 DAS durante 2015-16 indicaram que a buprofezina 25 % SC (11,80/planta) registou um número significativamente mais elevado de pulgões

Tabela 64. Efeito de diferentes insecticidas na parasitagem do afídeo na couve-flor (Precount, 1 DAS e 3 DAS)

| Tr. No. | Tratamento | Dose (ml ou g/ha) | N | | | o. de pulgões mumificados / folha | | | | | |
| | | | Pré-contagem | | | 1DAS | | | 3DAS | | |
			2015-16	2016-17	Agrupado	2015-16	2016-17	Agrupado	2015-16	2016-17	Agrupado
T₁	Acetamipride 20 % SP	75 g	6.13 (2.67)*	5.20 (2.49)	5.66 (2.58)	6.13 (2.67)	5.20 (2.49)	5.66 (2.58)	4.00 (2.23)	4.00 (2.23)	4.00 (2.23)
T₂	Buprofezina 25 % SC	1000ml	6.07 (2.66)	5.27 (2.50)	5.67 (2.58)	6.20 (2.68)	5.33 (2.52)	5.76 (2.60)	7.20 (2.86)	5.80 (2.61)	6.50 (2.73)
T₃	Clotianidina 50 % WDP	50 g	6.20 (2.68)	5.20 (2.49)	5.70 (2.58)	6.20 (2.68)	5.20 (2.49)	5.70 (2.58)	5.27 (2.50)	4.40 (2.32)	4.83 (2.41)
T₄	Cianantraniliprole 10,26 % DO	600 ml	6.27 (2.70)	5.33 (2.51)	5.80 (2.60)	6.27 (2.70)	5.47 (2.54)	5.87 (2.62)	6.13 (2.67)	5.33 (2.51)	5.73 (2.59)
T₅	Dinotefurão 20 % SG	150 g	6.40 (2.72)	5.40 (2.53)	5.90 (2.62)	6.40 (2.72)	5.40 (2.53)	5.90 (2.62)	5.07 (2.46)	4.07 (2.25)	4.57 (2.35)
T₆	Fipronil 5 % SC	1000ml	6.27 (2.69)	5.40 (2.53)	5.83 (2.61)	6.27 (2.69)	5.40 (2.53)	5.83 (2.61)	3.27 (2.06)	3.60 (2.14)	3.43 (2.10)
T₇	Flonicamida 50 % WG	150 g	6.07 (2.66)	5.27 (2.50)	5.67 (2.58)	6.20 (2.68)	5.33 (2.52)	5.76 (2.60)	6.73 (2.78)	5.53 (2.55)	6.13 (2.67)
T₈	Imidaclopride 17,8 % SL	125 ml	6.00 (2.65)	5.33 (2.51)	5.66 (2.58)	6.00 (2.65)	5.33 (2.51)	5.66 (2.58)	3.47 (2.11)	3.80 (2.19)	3.63 (2.15)
T₉	Tiametoxame 25 % WG	100g	6.20 (2.68)	5.20 (2.49)	5.70 (2.59)	6.20 (2.68)	5.20 (2.49)	5.70 (2.59)	5.53 (2.55)	4.27 (2.29)	4.90 (2.42)
T₁₀	Controlo (pulverização de água)	—	6.20 (2.68)	5.20 (2.49)	5.70 (2.58)	6.53 (2.74)	5.60 (2.57)	6.06 (2.65)	8.40 (3.06)	6.73 (2.78)	7.56 (2.92)
	SE±		0.03	0.07	0.04	0.03	0.07	0.04	0.05	0.06	0.04

									0.14	0.19	0.12
CD a 5%		NS	NS	NS	NS	NS	NS	0.14	0.19	0.12

* Os valores entre parênteses são valores transformados em raiz quadrada.

Tabela 65. Efeito de diferentes insecticidas na parasitagem do afídeo na couve-flor (7 DAS, 15 DAS e 21 DAS)

Tr. No.	Tratamento	Dose (ml ou g/ha)	N.º de pulgões mumificados / folha								
			7 DAS			15 DAS			21 DAS		
			2015-16	2016-17	Agrupado	2015-16	2016-17	Agrupado	2015-16	2016-17	Agrupado
T_1	Acetamipride 20 % SP	75 g	2.47 (1.86)*	2.53 (1.88)	2.50 (1.87)	3.33 (2.08)	3.47 (2.11)	3.40 (2.09)	5.20 (2.49)	5.20 (2.49)	5.20 (2.49)
T_2	Buprofezina 25 % SC	1000 ml	9.00 (3.16)	6.93 (2.82)	7.96 (2.99)	11.80 (3.58)	9.00 (3.16)	10.40 (3.37)	15.47 (4.06)	10.93 (3.45)	13.20 (3.76)
T_3	Clotianidina 50 % WDP	50 g	3.93 (2.22)	3.67 (2.16)	3.80 (2.19)	4.93 (2.43)	5.07 (2.46)	5.00 (2.45)	6.53 (2.74)	6.13 (2.67)	6.33 (2.71)
T_4	Cianantraniliprole 10,26 % DO	600 ml	7.67 (2.94)	5.93 (2.63)	6.80 (2.79)	9.60 (3.25)	6.87 (2.80)	8.23 (3.03)	11.80 (3.58)	8.00 (3.00)	9.90 (3.29)
T_5	Dinotefurão 20 % SG	150 g	4.00 (2.23)	3.20 (2.05)	3.60 (2.14)	5.33 (2.51)	5.33 (2.51)	5.33 (2.51)	7.00 (2.83)	6.00 (2.64)	6.50 (2.74)
T_6	Fipronil 5 % SC	1000 ml	1.93 (1.70)	2.20 (1.79)	2.06 (1.75)	2.93 (1.98)	3.40 (2.10)	3.16 (2.04)	4.40 (2.32)	4.80 (2.41)	4.60 (2.36)
T_7	Flonicamida 50 % WG	150 g	7.87 (2.98)	6.07 (2.66)	6.97 (2.82)	10.07 (3.32)	7.13 (2.85)	8.60 (3.09)	13.27 (3.77)	8.40 (3.06)	10.83 (3.42)
T_8	Imidaclopride 17,8 % SL	125 ml	1.93 (1.71)	2.33 (1.82)	2.13 (1.77)	2.93 (1.98)	3.67 (2.16)	3.30 (2.07)	4.27 (2.29)	4.93 (2.43)	4.60 (2.36)
T_9	Tiametoxame 25 % WG	100g	4.07 (2.25)	3.13 (2.03)	3.60 (2.14)	5.67 (2.58)	5.27 (2.50)	5.47 (2.54)	7.67 (2.94)	6.20 (2.68)	6.93 (2.81)
T_{10}	Controlo (pulverização de água)	—	12.87 (3.72)	7.60 (2.88)	10.23 (3.30)	18.40 (4.40)	12.60 (3.69)	15.50 (4.04)	23.07 (4.90)	15.53 (4.06)	19.30 (4.48)
	SE±		0.08	0.13	0.08	0.07	0.04	0.04	0.06	0.03	0.03
	CD a 5%		0.25	0.40	0.24	0.22	0.13	0.13	0.18	0.08	0.10

* Os valores entre parênteses são valores transformados em raiz quadrada.

parasitismo entre todos os tratamentos insecticidas. Seguiram-se o flonicamid 50 % WG, o cyantraniliprole 10,16 % OD, o thiamethoxam 25 % WG, o dinotefuran 20 % SG e a clothianidin 50 % WDP. A parasitagem mais baixa foi observada no fipronil 5 % SC (2,93/planta) e no imidaclopride 17,8 % SL (2,93/planta), que foi igual ao acetamipride 20 % SP (3,33/planta). No entanto, a parasitagem significativamente mais elevada foi observada no controlo não tratado (18,40/planta).

Durante 2016-17, a parasitagem de pulgões variou de 3,40 a 12,60/planta em vários tratamentos. Fipronil 5% SC (3,40/planta) foi mais tóxico para os parasitóides de pulgões, pois registrou a menor parasitização e a par com acetamipride 20% SP (3,47/planta) e imidaclopride 17,8% SL (3,67/planta). A testemunha não tratada (12,60/planta) registou uma parasitagem significativamente mais elevada do que todos os tratamentos. No entanto, entre os tratamentos insecticidas, a parasitagem máxima foi observada nas parcelas tratadas com buprofezina 25 % SC (9,00/planta). Os próximos melhores tratamentos foram flonicamid 50 % WG e cyantraniliprole 10,16 % OD. Seguiram-se o tiametoxame a 25% WG, o dinotefurão a 20% SG e a clotianidina a 50% WDP.

Os dados agrupados de dois anos mostraram que havia diferenças significativas entre os tratamentos. A maior parasitagem de pulgões foi observada na testemunha não tratada (15,50/planta). No entanto, entre os tratamentos insecticidas, a buprofezina 25 % SC (10,40/planta) registou uma parasitagem significativamente máxima. Os próximos melhores tratamentos foram flonicamid 50 % WG e cyantraniliprole 10,16 % OD. Estes foram seguidos por thiamethoxam 25 % WG, dinotefuran 20 % SG e clothianidin 50 % WDP. A parasitagem mais baixa foi observada no fipronil 5% SC (3,16/planta), que foi igual ao imidaclopride 17,8% SL e ao acetamipride 20% SP.

4.7.3.6 Vinte e um dias após a pulverização

A parasitização de pulgões variou de 4,27 a 23,07/planta em vários tratamentos durante 2015-16. As parcelas tratadas com imidaclopride 17,8 % SL (4,27/planta) registaram a parasitagem mais baixa e a par com fipronil 5 % SC (4,40/planta). A testemunha não tratada (23,07/planta) registou a parasitagem mais elevada de todos os tratamentos. Entre os insecticidas, a parasitagem máxima foi observada na buprofezina 25 % SC (15,47/planta). Seguiram-se o flonicamid 50 % WG, o cyantraniliprole 10,16 % OD, o thiamethoxam 25 % WG, o dinotefuran 20 % SG, o clothianidin 50 % WDP e o acetamiprid 20 % SP.

Durante 2016-17, as parcelas tratadas com buprofezina 25 % SC (10,93/planta) registaram uma parasitagem máxima de pulgões entre os tratamentos insecticidas. Foi seguido por flonicamid 50 % WG, cyantraniliprole 10,16 % OD, thiamethoxam 25 % WG, clothianidin 50 % WDP e dinotefuran 20 % SG. A parasitagem mais baixa foi observada nas parcelas tratadas com fipronil 5 % SC (4,80/planta), que foi igual ao imidaclopride 17,8 % SL e acetamipride 20 % SP. A parasitagem significativamente mais alta foi observada na parcela não tratada (15,53/planta).

Os dados agrupados de dois anos indicaram que a parasitagem de pulgões variou de 4,60 a 19,30/planta em diferentes tratamentos. A testemunha não tratada (19,30/planta) registou uma parasitagem estatisticamente significativa mais elevada. No entanto, entre os insecticidas, a buprofezina 25 % SC (13,20/planta) registou uma parasitagem significativamente máxima. Foi seguido por flonicamid 50 % WG, Cyantraniliprole 10.16 % 0D, thiamethoxam 25 % WG, dinotefuran 20 % SG, Clothianidin 50 % WDP e acetamiprid 20 % SP. As parcelas tratadas com fipronil 5 % SC (4,60/planta) e imidaclopride 17,8 % SL (4,60/planta) registaram a menor parasitagem de afídeos.

Muthukumar *et al.,* (2007) revelaram que o spinosad, o biolep, o benzoato de emamectina e o óleo de neem se revelaram mais seguros para os inimigos naturais no ecossistema da couve-flor. Chayopas *et al.,* (2011) descobriram que a flubendiamida (Takumi 20% WDG) à taxa de 6 g/20 litro de água e Bt (Xentari WDG) à taxa de 4 g/litro de água eram inofensivos para adultos de *C. plutellae* com 6,7 e 10% de mortalidade, respetivamente. Kikuchi *et al.,* (2013) relataram que nove pesticidas eram inofensivos contra o parasitoide nativo *Cotesia vestalis* (acetamipride, benzoato de emamectina, piridalil, clorfluazurão, teflubenzurão, *BTkurstaki, BT-aizawai,* clorantraniliprole e flubendiamida: 0 a 20%), enquanto cinco foram prejudiciais (permetrina, clotianidina, cartape, tolfenpirade e fipronil: 53,3 a 100%). Chandi e Kaur (2016) registaram a maior população de inimigos naturais, principalmente coccinelídeos, nas parcelas pulverizadas com flonicamida. Ameta e Bunker (2007) relataram que o rendimento comercial de repolho registado com flubendiamida (50 ml ha^1) foi significativamente maior do que o resto dos tratamentos. Não causou efeitos adversos na população de inimigos naturais e fitotoxicidade na couve.

As conclusões do presente inquérito estão mais ou menos de acordo com os investigadores acima referidos.

4.8 Economia da gestão dos principais insectos pragas da couve-flor

4.8.1 Rendimento

Os dados sobre o efeito de diferentes insecticidas no rendimento da coalhada da couve-flor são apresentados no quadro 66.

Durante 2015-16, o rendimento foi significativamente maior no tratamento T4 (ciantraniliprole 10,16% OD seguido por benzoato de emamectina 5% SG) (18,15 t/ha). O próximo melhor tratamento foi T6 (fipronil 5 % SC seguido por flubendiamida 20 % WG) que estava a par com T1 (acetamipride 20 % SP seguido por clorantraniliprole 18,5 % SC) e T9 (tiametoxame 25 % WG seguido por ciantraniliprole 10,26 % OD). Seguiram-se T5 (dinotefurão 20 % SG seguido de novalurão 10 % CE), T7 (flonicamida 50 % WG seguido de clorfenapir 10 % SC), T3 (clotianidina 50 % WDP seguido de tiodicarbe 75 % WP), T2 (buprofezina 25 % SC seguido de fipronil 5 % SC) e T8 (imidaclopride 17,8 % SL seguido de diafentiurão 50 % WP). O controle não tratado observou um rendimento mínimo (10,11 t/ha).

Durante 2016-17, houve diferenças significativas entre os tratamentos. O tratamento T4 (ciantraniliprole 10,16 % OD seguido de benzoato de emamectina 5 % SG) (18,52 t/ha) registou um rendimento significativamente mais elevado, exceto T6 (fipronil 5 % SC seguido de flubendiamida 20 % WG) (17,74 t/ha), que foram iguais entre si. O próximo melhor tratamento foi o T9 (thiamethoxam 25 % WG seguido de cyantraniliprole 10.26 % OD) e foi igual ao T1 (acetamiprid 20 % SP seguido de chlorantraniliprole 18.5 % SC) e T5 (dinotefuran 20 % SG seguido de novaluron 10 % EC). Entre os tratamentos insecticidas, o rendimento foi mais baixo no T8 (imidaclopride 17,8 % SL seguido de diafentiurão 50 % WP), que foi de

Tabela 66. Efeito de diferentes insecticidas no rendimento da coalhada da couve-flor

Tr. Não.	Tratamento		Rendimento da coalhada (t/ha)		
	Primeira pulverização	Segunda pulverização	2015 16	2016 17	Agrupado
T1	Acetamipride 20 % SP @ 75 g/ha	Clorantraniliprolo 18,5 % SC @ 50 ml/ha	16.23	16.12	16.18
T2	Buprofezina 25 % SC @ i000 ml/ha	Fipronil 5 % SC @ 1000 ml/ha	13.26	13.93	13.60
T3	Clotianidina 50 % WDP a 50 g/ha	Thiodicarb 75 % WP @ 1000 g/ha	13.41	13.85	13.63
T4	Ciantraniliprole 10,26 % OD @ 600 ml/ha	Benzoato de emamectina 5 % SG a 150 g/ha	18.15	18.52	18.34
T5	Dinotefurão 20 % SG a 150 g/ha	Novaluron 10% CE a 750 ml/ha	15.22	15.70	15.46
T6	Fipronil 5 % SC @ 1000 ml/ha	Flubendiamida 20 % WG @50 g/ha	16.72	17.74	17.23
T7	Flonicamid 50 % WG a 150 g/ha	Clorfenapir 10 % SC a 750 ml/ha	14.70	14.19	14.45
T8	Imidaclopride 17,8 % SL a 125 ml/ha	Diafentiurão 50 % WP @ 600 g/ha	12.26	12.81	12.54
T9	Tiametoxame 25 % WG @ 100 g/ha	Ciantraniliprole 10,26 % OD @ 600 ml/ha	16.11	16.78	16.45
T10	Controlo (pulverização de água)	Controlo (pulverização de água)	10.11	11.07	10.59
		SE±	0.42	0.40	0.40

		CD a 5%	1.26	1.20	1.21

Tabela 67.   Economias de gestão de pragas da couve-flor com os novos insecticidas (rendimento, custo de gestão e rendimento líquido)

Tr. No.	Tratamento		Rendimento da coalhada (t/ha)			Custo de gestão (Rs/ha		rementaçã o	Rendimento líquido (Rs/ha)		
	Primeira pulverização	Segunda pulverização	2015 - 16	2016 - 17	Agrupado	2015 - 16	2016 - 17	Agrupado	2015 - 16	2016 - 17	Agrupado
T₁	Acetamipride 20 % SP @ 75 g/ha	Clorantraniliprol e 18,5 % SC @ 50 ml/ha	16.23	16.12	16.18	1590	1590	1590	81150	80600	80875
T₂	Buprofezina 25 % SC a 1000 ml/ha	Fipronil 5 % SC @ 1000 ml/ha	13.26	13.93	13.60	3432	3432	3432	66300	69650	67975
T₃	Clotianidina 50 % WDP a 50 g/ha	Thiodicarb 75 % WP @ 1000 g/ha	13.41	13.85	13.63	4798	4798	4798	67050	69250	68150
T₄	Ciantraniliprol e 10,26 % OD @ 600 ml/ha	Benzoato de emamectina 5 % SG a 150 g/ha	18.15	18.52	18.34	8625	8625	8625	90750	92600	91675
T₅	Dinotefurano 20 % SG@ 150g/ha	Novaluron 10 % CE a 750 ml/ha	15.22	15.70	15.46	4893	4893	4893	76100	78500	77300
T₆	Fipronil 5 % SC @ 1000 ml/ha	Flubendiamida 20 % WG @ 50 g/ha	16.72	17.74	17.23	2314	2314	2314	83600	88700	86150
T₇	Flonicamid 50 % WG a 150 g/ha	Clorfenapir 10 % SC a 750 ml/ha	14.70	14.19	14.45	4342	4342	4342	73500	70950	72225
T₈	Imidaclopride 17,8 % SL a 125 ml/ha	Diafentiurão 50 % WP @ 600 g/ha	12.26	12.81	12.54	3367	3367	3367	61300	64050	62675
T₉	Tiametoxame 25 % WG a 100 g/ha	Ciantraniliprole 10,26 % OD @ 600 ml/ha	16.11	16.78	16.45	7545	7545	7545	80550	83900	82225
T₁₀	Controlo (Água pulverização)	Controlo (Água pulverização)	10.11	11.07	10.59	--	--	--	--	--	--

Quadro 68. Economias de gestão dos parasitas da couve-flor com os novos insecticidas (aumento do rendimento em relação ao controlo, lucro adicional devido ao aumento do rendimento e das pulverizações)

Tr. Não.	Tratamento		Aumento do controlo do yie (t/ ha)			Aumento do lucro adicional no rendiment o			Lucro adicional devido a pulverizações (Rs./ha)		
					id sobre ta)		devido a Rs./ha)				
	Primeira pulverização	Segunda pulverização	2015 - 16	2016 - 17	Agrupado	2015 - 16	2016 - 17	Agrupado	2015 - 16	2016 - 17	Agrupado
T₁	Acetamipride 20 % SP @ 75 g/ha	Clorantraniliprol e 18,5 % SC @ 50 ml/ha	6.12	5.05	5.59	30600	25250	27925	29010	23660	26335
T₂	Buprofezina 25 % SC @	Fipronil 5 % SC @ 1000 ml/ha	3.15	2.86	3.01	15750	14300	15025	12318	10868	11593

	1000 ml/ha									
T₃	Clotianidina 50 % WDP a 50 g/ha	Thiodicarb 75 % WP @ 1000 g/ha	3.30	2.78	3.04	16500	13900	15200	11702	9102	10402
T₄	Ciantraniliprole 10,26 % OD @ 600 ml/ha	Benzoato de emamectina 5 % SG a 150 g/ha	8.04	7.45	7.75	40200	37250	38725	31575	28625	30100
T₅	Dinotefurano 20 % SG a 150g/ha	Novaluron 10 % CE a 750 ml/ha	5.11	4.63	4.87	25550	23150	24350	20657	18257	19457
T₆	Fipronil 5 % SC @ 1000 ml/ha	Flubendiamida 20 % WG @ 50 g/ha	6.61	6.67	6.64	33050	33350	33200	30736	31036	30886
T₇	Flonicamid 50 % WG a 150 g/ha	Clorfenapir 10 % SC a 750 ml/ha	4.59	3.12	3.86	22950	15600	19275	18608	11258	14933
T₈	Imidaclopride 17,8 % SL a 125 ml/ha	Diafentiurão 50 % WP @ 600 g/ha	2.15	1.74	1.95	10750	8700	9725	7383	5333	6358
T₉	Tiametoxame 25 % WG a 100 g/ha	Ciantraniliprole 10,26 % OD @ 600 ml/ha	6.00	5.71	5.86	30000	28550	29275	22455	21005	21730
T₁₀	Controlo (Água pulverização)	Controlo (Água pulverização)	-	-	-	-	-	-	-	-	-

Tabela 69. ICBR da gestão das pragas da couve-flor com os novos insecticidas

Tr. Não.	Tratamento		Rácio ICBR		
	Primeira pulverização	Segunda pulverização	2015-16	2016-17	Agrupado
T₁	Acetamipride 20 % SP @ 75 g/ha	Clorantraniliprole 18,5 % SC @ 50 ml/ha	1 : 18.25	1 : 14.88	1 : 16.56
T₂	Buprofezina 25 % SC a 1000 ml/ha	Fipronil 5 % SC @ 1000 ml/ha	1 : 3.59	1 : 3.17	1 : 3.38
T₃	Clotianidina 50 % WDP a 50 g/ha	Thiodicarb 75 % WP @ 1000 g/ha	1 : 2.44	1 : 1.90	1 : 2.17
T₄	Ciantraniliprole 10,26 % OD @ 600 ml/ha	Benzoato de emamectina 5 % SG a 150 g/ha	1 : 3.66	1 : 3.32	1 : 3.49
T₅	Dinotefurão 20 % SG a 150 g/ha	Novaluron 10%EC@750 ml/ha	1 : 4.22	1 : 3.73	1 : 3.98
T₆	Fipronil 5 % SC @ 1000 ml/ha	Flubendiamida 20 % WG @ 50 g/ha	1 : 13.28	1 : 13.41	1 : 13.35
T₇	Flonicamid 50%WG@150 g/ha	Clorfenapir 10 % SC a 750 ml/ha	1 : 4.29	1 : 2.59	1 : 3.44
T₈	Imidaclopride 17,8 % SL a 125 ml/ha	Diafentiurão 50 % WP @ 600 g/ha	1 : 2.19	1 : 1.58	1 : 1.89
T₉	Tiametoxame 25 % WG a 100 g/ha	Ciantraniliprole 10,26 % OD @ 600 ml/ha	1 : 2.98	1 : 2.78	1 : 2.88
T₁₀	Controlo (pulverização de água)	Controlo (pulverização de água)	-	-	-

par com T2 (buprofezin 25 % SC seguido de fipronil 5 % SC) e T3 (clothianidin 50 % WDP seguido de thiodicarb 75 % WP). O controle não tratado (11,07 t/ha) registrou um rendimento significativamente menor entre todos os tratamentos.

Os dados agrupados de dois anos revelaram que o rendimento variou de 10,59 a 18,34 t/ha em diferentes tratamentos. O maior rendimento foi registrado no tratamento T4 (ciantraniliprole 10,16% OD seguido por benzoato de emamectina 5% SG) (18,34 t/ha) que foi igual ao T6 (fipronil 5% SC seguido por Aubendiamida 20% WG) (17,23 t/ha). Os próximos melhores tratamentos foram T9 (thiamethoxam 25 % WG seguido por cyantraniliprole 10.26 % OD), T1 (acetamiprid 20

% SP seguido por chlorantraniliprole 18.5 % SC) e T5 (dinotefuran 20 % SG seguido por novaluron 10 % EC) que foram iguais entre si. Seguiram-se T7 (aonicamida 50 % WG seguida de clorfenapir 10 % SC), T2 (buprofezina 25 % SC seguida de fipronil 5 % SC), T3 (clotianidina 50 % WDP seguida de tiodicarbe 75 % WP) e T8 (imidaclopride 17,8 % SL seguido de diafentiurão 50 % WP).

4.8.2 Custo da gestão das pragas

O custo do manejo de pragas foi calculado considerando o custo do inseticida, encargos trabalhistas e encargos da bomba de pulverização (Anexo II) e apresentado na Tabela 67. Todos estes valores foram considerados semelhantes para ambos os anos (2015-16 e 2016-17). O custo do manejo de pragas por diferentes inseticidas variou de Rs. 1590/- a Rs. 8625/- por ha. O custo mais alto foi do tratamento T4 (ciantraniliprole 10,16% OD seguido por benzoato de emamectina 5% SG) seguido por T9 (tiametoxam 25% WG seguido por ciantraniliprole 10,26% OD), T5 (dinotefurano

20 % SG seguido de novalurão 10 % CE), T3 (clotianidina 50 % WDP seguido de tiodicarbe 75 % WP), T7 (aonicamida 50 % WG seguido de clorfenapir 10 % SC), T2 (buprofezina 25 % SC seguido de fipronil 5 % SC), T5 (imidaclopride 17.8 % SL seguido de diafentiurão 50 % WP), T6 (fipronil 5 % SC seguido de Aubendiamida 20 % WG) e T1 (acetamipride 20 % SP seguido de clorantraniliprole 18,5 % SC).

4.8.3 Aumento do rendimento em relação ao controlo

Os dados apresentados na Tabela 68 revelaram que, durante 2015-16, o aumento do rendimento em relação ao controle foi maior no tratamento T4 (ciantraniliprole 10,16% OD seguido por benzoato de emamectina 5% SG) (8,04 t/ha). Os tratamentos seguintes por ordem decrescente foram T6 (fipronil 5 % SC seguido de Aubendiamida 20 % WG), T1 (acetamipride 20 % SP seguido de clorantraniliprole 18,5 % SC), T9 (tiametoxame 25 % WG seguido de ciantraniliprole 10.26 % DO), T5 (dinotefurão a 20 % SG seguido de novalurão a 10 % CE), T7 (flonicamide a 50 % SG seguido de clorfenapir a 10 % SC), T3 (clotianidina a 50 % WDP seguido de tiodicarbe a 75 % WP), T2

(buprofezina 25 % SC seguido de fipronil 5 % SC) e T8 (imidaclopride 17,8 % SL seguido de diafentiuron 50 % WP) (2,15 t/ha).

Durante 2016-17, a tendência de aumento do rendimento em relação ao controle em ordem crescente foi T8 (imidaclopride 17,8 % SL seguido por diafentiuron 50 % WP) (1.74 t/ha), T3 (clotianidina 50 % WDP seguido de tiodicarbe 75 % WP), T2 (buprofezina 25 % SC seguido de fipronil 5 % SC), T7 (flonicamida 50 % WG seguido de clorfenapir 10 % SC), T5 (dinotefurão 20 % SG seguido de novalurão 10 % EC), T1 (acetamipride 20 % SP seguido de clorantraniliprole 18.5 % SC), T9 (tiametoxame 25 % WG seguido de Ciantraniliprole 10,26 % OD), T6 Cfipronil 5 % SC seguido de Aubendiamida 20 % WG) e T4 Ccyantraniliprole 10,16 % OD seguido de benzoato de emamectina 5 % SG) (7,45 t/ha).

Os dados agrupados de dois anos revelaram uma tendência semelhante à de 2015-16.

4.8.4 Rácio custo-benefício incremental (ICBR)

Os dados sobre o ICBR do manejo de pragas na couve-flor durante a estação *rabi* são apresentados na Tabela 69.

Durante 2015-16, o ICBR do manejo de pragas na couve-flor variou de 1: 2,19 a 1: 18,25. O maior ICBR foi observado em T_1 (acetamipride 20% SP seguido por clorantraniliprole 18,5% SC) seguido por T6 (fipronil 5% SC seguido por Aubendiamida 20% WG), T7 (Aonicamida 50% WG seguido por clorfenapir 10% SC), T5 (dinotefurano 20% SG seguido por novaluron 10% EC), T4 Ccyantraniliprole 10.16 % SG seguido de benzoato de emamectina 5 % SG), T_2 (buprofezina 25 % SC seguido de fipronil 5 % SC), T9 (tiametoxame 25 % WG seguido de ciantraniliprolo 10,26 % OD), T3 (clotianidina 50 % WDP seguido de tiodicarbe 75 % WP) e T8 (imidaclopride 17,8 % SL seguido de diafentiurão 50 % WP).

Em 2016-17, o tratamento T_1 (acetamipride 20 % SP seguido de clorantraniliprole 18,5 % SC) registou o ICBR máximo. Seguiram-se os tratamentos T6 (fipronil 5 % SC seguido de Aubendiamida 20 % WG), T5 (dinotefurão 20 % SG seguido de novalurão 10 % EC), T4 (ciantraniliprolo 10,16 % OD seguido de benzoato de emamectina 5 % SG), T_2 (buprofezina 25 % SC seguido de fipronil 5 % SC), T9 (tiametoxame 25 % WG seguido de ciantraniliprolo 10.26 % DO), T7 (flonicamide 50 % GT seguido de clorfenapir 10 % SC), T_3 (clotianidina 50 % WDP seguido de tiodicarbe 75 % WP) e T_5 (imidaclopride 17,8 % SL seguido de diafentiurão 50 % WP).

Os dados agrupados de dois anos indicaram que o ICBR variou de 1: 1,89 a 1: 16,56. O maior ICBR foi observado em T_1 (acetamipride 20 % SP seguido por clorantraniliprole 18,5 % SC) seguido por T_6 (fipronil 5 % SC seguido por Aubendiamide 20 % WG), T5 (dinotefuran 20 % SG seguido por novaluron 10 % EC), T4 (cyantraniliprole 10.16 % DO seguido de benzoato de emamectina 5 % SG), T7 (flonicamida 50 % ES seguido de clorfenapir 10 % SC), T_2 (buprofezina 25 % SC seguido de fipronil 5 % SC), T9 (tiametoxame 25 % ES seguido de ciantraniliprolo 10.26 % DO), T3 (clotianidina 50 % PDM seguido de tiodicarbe 75 % PD) e T_5 (imidaclopride 17,8 % SL seguido de diafentiurão 50 % PD).

A literatura sobre o efeito dos novos insecticidas no rendimento e na economia da gestão das pragas da couve-flor é escassa e difícil de discutir. No entanto, as presentes conclusões são aqui discutidas com os poucos resultados de trabalhadores anteriores, como Ameta e Bunker (2007), que referiram que o rendimento comercial da couve registado com Aubendiamida (50 ml ha^{-1}) foi significativamente superior ao dos restantes tratamentos. Não causou efeitos adversos na população de inimigos naturais e fitotoxicidade na couve. Gadhiya *et al.*, (2014) realizaram uma experiência na Universidade Agrícola de Anand, Anand, durante o verão de 2011, para estudar a avaliação de insecticidas para a gestão de *Helicoverpa armigera* (Hubner) Hardwick e *Spodoptera Htura* (Fabricius) que infestam o amendoim. O rácio custo-benefício mais elevado, 1: 3,3, foi observado no tratamento com clorantraniliprole (0,006%) seguido do tratamento com indoxacarbe. Rabari *et al,*

(2016) revelou que o maior rendimento de repolho foi registado no tratamento de spinosad 45 SC (353,26 q/ha) e foi a par com benzoato de emamectina 5 SG (334,58 q/ha) e indoxacarb 14,5 SC (327,30 q/ha). Stanikzi *etal.,* (2016) revelou que o maior rendimento foi registado em spinosad 45 SC (187,60 q/ha), seguido por indoxocarb 14,5 SC (178,25 q/ha), cipermetrina 10 EC (175,48 q/ha) e benzoato de emamectina 5 SG (173,75 q/ha) em comparação com a verificação não tratada (80,24 q/ha).

Os resultados das presentes investigações vão ao encontro dos resultados dos investigadores acima referidos.

4.9 Monitorização da resistência a insecticidas no afídeo *B. brassicae* da couve-flor

4.9.1 Acetamipride

Os dados sobre a toxicidade do acetamipride contra o afídeo variaram de 0,0008 a 0,0120 por cento (Quadro 70). O rácio de resistência em comparação com a população não tratada variou de 1,63 a 15,00 vezes em diferentes distritos de Marathwada. O fator de resistência mais elevado foi observado na população de Jalna (15,00 vezes), seguida de Nanded (10,00 vezes), Latur (2,63 vezes), Aurangabad (2,50 vezes) e Parbhani (1,63 vezes).

4.9.2 Tiametoxame

Os dados sobre a toxicidade do tiametoxame contra o pulgão da couve-flor são apresentados no quadro 71. O valor LC50 do tiametoxame contra o pulgão variou de 0,0030 a 0,0092 por cento em vários distritos de Marathwada. A população de pulgões mostrou um nível muito baixo de resistência ao tiametoxame. O fator de resistência variou de 1,67 a 3,07 vezes. A população de pulgões de Jalna mostrou um pouco mais de resistência em comparação com outros distritos.

Quadro 70. Toxicidade relativa do acetamipride contra o afídeo *B. brassicae* em campos tratados e não tratados com inseticida

Local (campo não tratado / tratado)	LC50 (%)	Limite fiducial (%)	LC90 (%)	Valor do qui-quadrado	df	RF
Campo de departamento (não tratado)	0.0008	0.0002-0.0026	0.2132	0.678	4	- -
Parbhani (tratado)	0.0013	0.0003-0.0039	0.2190	0.635	4	1.63
Nanded (tratado)	0.0080	0.0029-0.0221	0.7634	0.466	4	10.00
Latur (tratado)	0.0021	0.0006-0.0067	0.6083	0.412	4	2.63
Aurangabad (tratado)	0.0020	0.0006-0.0059	0.3725	0.651	4	2.50
Jalna (tratado)	0.0120	0.0042-0.0347	1.4835	0.971	4	15.00

Quadro 71. Toxicidade relativa do tiametoxame contra o afídeo *B. brassicae* em campos tratados e não tratados com inseticida

Local (campo não tratado / tratado)	LC50 (%)	Limite fiducial (%)	LC90 (%)	Valor do qui-quadrado	df	RF
Campo de departamento (não tratado)	0.0030	0.0009-0.0087	0.4907	0.437	4	^B^B
Parbhani (tratado)	0.0050	0.0017-0.0140	0.58800	0.563	4	1.67
Nanded (tratado)	0.0063	0.0020-0.0186	1.05426	0.590	4	2.10
Latur (tratado)	0.0057	0.0019-0.1590	0.6510	0.658	4	1.90
Aurangabad (tratado)	0.0080	0.0026- 0.0237	1.2510	0.559	4	2.67
Jalna (tratado)	0.0092	0.0032-0.0259	1.0701	0.769	4	3.07

4.9.3 Imidaclopride

Os dados apresentados no Quadro 72 sobre a toxicidade do imidaclopride contra o afídeo revelaram que a magnitude da variação nos valores LC50 foi de 0,0031 a 0,2748 por cento em diferentes distritos. A população de afídeos mostrou um nível de resistência moderado a elevado ao imidaclopride. O fator de resistência variou de 12,90 a 88,65 vezes. A população de Jalna (88,65 vezes) apresentou a resistência mais elevada, seguida de Naded (71,39 vezes), Aurangabad (36,71 vezes), Parbhani (15,77 vezes) e Latur (12,90 vezes).

Quadro 72. Toxicidade relativa do imidaclopride contra o afídeo *B. brassicae* em campos tratados e não tratados com inseticida

Local (campo não tratado / tratado)	LC50 (%)	Limite fiducial (%)	LC90(%)	Valor do qui-quadrado	df	RF
Campo de departamento (não tratado)	0.0031	0.0011-0.0084	0.2916	0.522	4	- -
Parbhani (tratado)	0.0489	0.0175-0.1538	6.1165	0.491	4	15.77
Nanded (tratado)	0.2213	0.0709- 1.0209	46.4349	0.686	4	71.39
Latur (tratado)	0.0400	0.0128-0.1437	10.2980	0.901	4	12.90
Aurangabad (tratado)	0.1138	0.0368- 0.4696	26.5757	0.643	4	36.71
Jalna (tratado)	0.2748	0.0899- 1.2514	46.1849	0.727	4	88.65

4.9.4 Clotianidina

Os dados apresentados no quadro 73 indicam que a toxicidade (valores LC50) da clotianidina contra o afídeo da couve-flor se situa entre 0,0027 e 0,0064 por cento em diferentes populações. O fator de resistência variou de 1,30 a 2,37 vezes. Em geral, a população de afídeos mostrou um nível de resistência muito baixo à clotianidina.

Quadro 73. Toxicidade relativa da clotianidina contra o afídeo *B. brassicae* em campos tratados e não tratados com inseticida

Local (campo não tratado / tratado)	LC50 (%)	Limite fiducial (%)	LC90 (%)	Valor do qui-quadrado	df	RF
Campo de departamento (não tratado)	0.0027	0.0009-0.0072	0.2123	0.930	4	^B ^B
Parbhani (tratado)	0.0035	0.0012-0.0094	0.3273	0.414	4	1.30
Nanded (tratado)	0.0052	0.0019-0.0138	0.4218	0.947	4	1.93
Latur (tratado)	0.0037	0.0012-0.0106	0.5236	0.461	4	1.37
Aurangabad (tratado)	0.0049	0.0018-0.0132	0.4126	0.595	4	1.81
Jalna (tratado)	0.0064	0.0022-0.0178	0.7117	0.662	4	2.37

4.9.5 Dinotefurão

Os dados sobre a toxicidade relativa do dinotefurão contra o afídeo da couve-flor são apresentados no quadro 74. A magnitude da variação dos valores LC50 foi de 0,0037 a 0,0066 por cento. A resitência do pulgão ao dinotefurão foi muito baixa. O fator de resistência variou de 1,11 a 1,78 vezes em diferentes populações.

Quadro 74. Toxicidade relativa do dinotefurão contra o afídeo *B. brassicae* em campos tratados e não tratados com inseticida

Local (Campo não tratado / Campo tratado)	LC50 (%)	Limite fiducial (%)	LC90 (%)	Valor do qui-quadrado	df	RF
Campo de departamento (não tratado)	0.0037	0.0012-0.0101	0.3915	0.761	4	^B ^B
Parbhani (tratado)	0.0065	0.0020-0.0192	1.1250	0.459	4	1.76
Nanded (tratado)	0.0041	0.0012-0.0118	0.6653	0.753	4	1.11
Latur (tratado)	0.0058	0.0017-0.0175	1.2040	0.503	4	1.57
Aurangabad (tratado)	0.0051	0.0016- 0.0146	0.6923	0.373	4	1.38
Jalna (tratado)	0.0066	0.0020-0.0196	1.1773	0.416	4	1.78

4.9.6 Buprofezina

Os dados apresentados no Quadro 75 indicam que os valores LC50 variaram entre 0,0069 e 0,0145 por cento em diferentes populações de afídeos. A população de todos os cinco distritos mostrou um nível de resistência muito baixo. O fator de resistência variou de 1,26 a 2,10 vezes.

Quadro 75. Toxicidade relativa da buprofezina contra o afídeo *B. brassicae* em campos tratados e não tratados com inseticida

Local (campo não tratado / tratado)	LC50 (%)	Limite fiducial (%)	LC90 (%)	Valor do qui-quadrado	df	RF

	0.0069	0.0021-0.0213	1.5041	0.787	4	^B ^B
Campo de departamento (não tratado)						
Parbhani (tratado)	0.0088	0.0027-0.0276	2.01681	1.126	4	1.28
Nanded (tratado)	0.0087	0.0028-0.0267	1.7198	0.139	4	1.26
Latur (tratado)	0.0111	0.0037-0.0334	1.7775	0.137	4	1.61
Aurangabad (tratado)	0.0114	0.0041-0.0320	1.1985	0.330	4	1.65
Jalna (tratado)	0.0145	0.0050-0.0430	2.0256	0.287	4	2.10

4.9.7 Diafentiurão

A toxicidade (valores LC_{50}) do diafentiuron contra o pulgão da couve-flor estava na faixa de 0,0058 a 0,0087 por cento na população de diferentes distritos. O fator de resistência variou de 1,14 a 1,50 vezes, o que indica que a população mostrou um nível de resistência muito baixo (Quadro 76).

4.9.8 Flonicamida

Os valores LC_{50} do flonicamid contra o afídeo da couve-flor variaram entre 0,0010 e 0,0014 por cento (Quadro 77). Os resultados mostraram que todas as populações de campo de vários distritos eram susceptíveis ao flonicamide. O fator de resistência variou de 1,10 a 1,40 vezes.

Quadro 76. Toxicidade relativa do diafentiurão contra o afídeo *B. brassicae* em campos tratados e não tratados com inseticida

Local (campo não tratado / tratado)	LC_{50} (%)	Limite fiducial (%)	LC_{90} (%)	Valor do qui-quadrado	df	RF
Campo de departamento (não tratado)	0.0058	0.0017-0.0175	1.2040	0.503	4	^B ^B
Parbhani (tratado)	0.0066	0.0020-0.0196	1.1773	0.416	4	1.14
Nanded (tratado)	0.0077	0.0026- 0.0220	1.00073	0.820	4	1.33
Latur (tratado)	0.0087	0.0028-0.0250	1.2268	0.715	4	1.50
Aurangabad (tratado)	0.0069	0.0023-0.0191	0.7812	0.658	4	1.19
Jalna (tratado)	0.0061	0.0021-0.0168	0.6327	0.825	4	1.05

Quadro 77. Toxicidade relativa do flonicamide contra o afídeo *B. brassicae* em campos tratados e não tratados com inseticida

Local (campo não tratado / tratado)	LC_{50} (%)	Limite fiducial (%)	LC_{90} (%)	Valor do qui-quadrado	df	RF
Campo de departamento (não tratado)	0.0010	0.0003- 0.0028	0.1576	0.449	4	^B ^B

Parbhani (tratado)	0.0014	0.0004-0.0044	0.4459	0.736	4	1.40
Nanded (tratado)	0.0012	0.0003- 0.0038	0.2989	0.478	4	1.20
Latur (tratado)	0.0011	0.0003- 0.0032	0.1571	0.461	4	1.10
Aurangabad (tratado)	0.0012	0.0004- 0.0036	0.2221	0.242	4	1.20
Jalna (tratado)	0.0012	0.0003-0.0039	0.4037	0.672	4	1.20

4.9.9 Cianantraniliprolo

Os dados sobre a toxicidade relativa do ciantraniliprole contra o pulgão da couve-flor apresentados no Quadro 78 revelam que a magnitude da variação nos valores de LC_{50} foi de 0,0044 a 0,0080 por cento. O fator de resistência variou de 1,30 a 1,82 vezes, o que indica que a maior parte da população de afídeos era suscetível ao ciantraniliprole.

Quadro 78. Toxicidade relativa do ciantraniliprole contra o afídeo *B. brassicae* em campos tratados e não tratados com inseticida

Local (campo não tratado / tratado)	LC_{50} (%)	Limite fiducial (%)	LC_{90} (%)	Valor do qui-quadrado	df	RF
Campo de departamento (não tratado)	0.0044	0.0016- 0.0109	0.1915	0.768	4	^B ^B
Parbhani (tratado)	0.0080	0.0032-0.1900	0.3036	0.494	4	1.82
Nanded (tratado)	0.0063	0.0026- 0.0151	0.1979	0.795	4	1.43
Latur (tratado)	0.0057	0.0023-0.0135	0.1722	0.835	4	1.30
Aurangabad (tratado)	0.0063	0.0026- 0.0151	0.1979	0.795	4	1.43
Jalna (tratado)	0.0080	0.0032-0.0197	0.3036	0.494	4	1.82

4.9.10 Fipronil

A toxicidade (valores LC_{50}) do fipronil contra o pulgão da couve-flor variou de 0,059 a 0,0296 por cento (Quadro 79). O fator de resistência variou de 1,61 a 5,05 vezes na população de vários distritos. A população de afídeos mostrou um baixo nível de resistência ao fipronil. A população de Jalna apresentou maior resistência (5,05 vezes), seguida de Aurangabad (3,51 vezes), Latur (3,08 vezes), Nanded (2,10 vezes) e Parbhani (1,61 vezes).

Quadro 79. Toxicidade relativa do fipronil contra o afídeo *B. brassicae* em campos tratados e não tratados com inseticida

Local (campo não tratado / tratado)	LC_{50} (%)	Limite fiducial (%)	LC_{90} (%)	Valor do qui-quadrado	df	RF
Campo de departamento (não tratado)	0.0059	0.0023-0.0148	0.2524	0.522	3	^B ^B

Parbhani (tratado)	0.0095	0.0040-0.0226	0.2689	0.728	3	1.61
Nanded (tratado)	0.0124	0.0049-0.0323	0.5735	0.833	3	2.10
Latur (tratado)	0.0182	0.0071-0.0496	0.9653	0.873	3	3.08
Aurangabad (tratado)	0.0207	0.0081-0.0563	1.0548	0.995	3	3.51
Jalna (tratado)	0.0296	0.0123-0.0762	1.0330	0.860	3	5.02

4.9.11 Acefato

Os valores LC_{50} do acefato contra o pulgão da couve-flor variaram de 0,0894 a 0,3770 por cento. O fator de resistência variou de 1,85 a 4,22 vezes na população de vários distritos. O rácio de resistência foi comparativamente mais elevado na população de Jalna (4,22 vezes), seguida de Aurangabad (3,40 vezes), Parbhani (2,45 vezes), Latur (2,38 vezes) e Nanded (1,85 vezes) (quadro 80).

4.9.12 Dimetoato

Os dados sobre a toxicidade relativa do dimetoato contra o afídeo da couve-flor são apresentados no Quadro 81. A toxicidade (valores LC_{50}) variou de 0,0012 a 0,0170 por cento. O rácio de resistência variou de 3,17 a 14,17 vezes, o que indica que a população é moderadamente resistente ao dimetoato. A população de Jalna registou o rácio de resistência mais elevado (14,17 vezes), seguida de Aurangabad (9,42 vezes), Latur (5,83), Nanded (5,08 vezes) e Parbhani (3,17 vezes).

Quadro 80. Toxicidade relativa do acepahte contra o afídeo *B. brassicae* em campos tratados e não tratados com inseticida

Local (campo não tratado / tratado)	LC_{50} (%)	Limite fiducial (%)	LC_{90} (%)	Valor do qui-quadrado	df	RF
Campo de departamento (não tratado)	0.0894	0.0338-0.2290	4.4494	0.596	3	^B^B
Parbhani (tratado)	0.2192	0.0879-0.5585	9.1567	0.981	3	2.45
Nanded (tratado)	0.1657	0.0565-0.5006	17.2819	0.648	3	1.85
Latur (tratado)	0.2131	0.0718-0.6846	26.0282	0.432	3	2.38
Aurangabad (tratado)	0.3037	0.1148-0.8876	20.3633	0.458	3	3.40
Jalna (tratado)	0.3770	0.1605-0.9487	11.7909	0.437	3	4.22

Quadro 81. Toxicidade relativa do dimetoato contra o afídeo *B. brassicae* em campos tratados e não tratados com inseticida

Local (campo não tratado / tratado)	LC_{50} (%)	Limite fiducial (%)	LC_{90} (%)	Valor do qui-quadrado	df	RF

Campo de departamento (não tratado)	0.0012	0.0004-0.0034	0.1144	0.026	3	^B ^B
Parbhani (tratado)	0.0038	0.0015-0.0098	1.5444	0.186	3	3.17
Nanded (tratado)	0.0061	0.0023-0.0171	0.3465	0.634	3	5.08
Latur (tratado)	0.0070	0.0027-0.0207	0.4717	0.919	3	5.83
Aurangabad (tratado)	0.0113	0.0046-0.0312	0.4730	0.656	3	9.42
Jalna (tratado)	0.0170	0.0066-0.0535	0.9507	0.665	3	14.17

Uma vez que não existe uma revisão sobre a resistência dos pulgões à inseticida na couve-flor, os presentes resultados são discutidos com outras espécies de pulgões em diferentes culturas.

Nale *et al.*, (2016) relataram que os valores de LC$_{50}$ de imidaclopride 17,80% SL, tiametoxame 25% WG, acetamipride 20% SP e dimetoato 30% EC foram mais elevados no caso de pulgões recolhidos no campo do agricultor (tratado com inseticida) do que no campo não tratado. O fator de resistência (RF) do acetamipride, do imidaclopride, do tiametoxame e do dimetoato foi de 85,06, 137,80, 13,50 e 44,17 vezes, respetivamente. Kumar *et al.* (2008) estudaram a resistência de *A. gossypii* a 5 insecticidas comummente utilizados no algodão (monocrotofos, acefato, dimetoato, fosfamidão e triazofos), em Andhra Pradesh. Os valores LC50 e LC90 aumentaram 121,50-, 20,00-, 9,61-, 7,96- e 2,38-, e 7,68-, 3,84-, 1,66-, 0,60- e 0,46- vezes, respetivamente. Uma comparação dos valores LC90 com as concentrações recomendadas dos insecticidas também revelou que a população de afídeos no distrito de Guntur desenvolveu resistência a todos os insecticidas. Mehdi e Seyed (2013) registaram que os valores LC50 e os limites de confiança para o tiametoxame eram de 169,05 ppm (92,61-342,51). Mohammad Rouhani *et al.*, (2013) também avaliaram em laboratório o efeito do imidaclopride e do tiametoxame na mortalidade de *A. punicae*. O valor LC50 para imidaclopride e tiametoxam foi de 0,24 µl/ml e 0,31mg/ml, respetivamente. Omkar *et al.*, (2013) estudaram a toxicidade real dos insecticidas *viz.*, acetamipride, imidaclopride, malatião e tiametoxame para adultos apteros de *Myzus persicae*. Os valores LC50 destes insecticidas foram calculados em 17, 4,5, 362,2 e 4,1 ppm, respetivamente. Com base nos valores LC50, verificou-se que o tiametoxame era o insecticida mais tóxico, com um valor LC50 de 4,1 ppm, seguido de perto pelo imidaclopride, com um valor LC50 de 4,5 ppm. O malatião foi considerado o menos tóxico, com um valor LC50 de 362,2 ppm.

As presentes constatações estão em consonância com as dos investigadores acima referidos no que respeita ao desenvolvimento de resistência aos insecticidas. Isto pode dever-se à elevada pressão de seleção dos insecticidas.

CAPÍTULO V

RESUMO E CONCLUSÃO

A couve-flor é o legume de inverno mais popular cultivado em toda a Índia. As pragas de insectos são um dos principais factores de redução do rendimento da couve-flor, que é atacada por várias espécies de pragas. As investigações foram realizadas para estudar a ocorrência sazonal e a gestão das principais pragas de insectos da couve-flor e para monitorizar a resistência da população de afídeos aos insecticidas utilizados para o controlo dos afídeos. Estes resultados são resumidos a seguir.

5.1 Incidência sazonal dos principais insectos pragas da couve-flor

O afídeo *B. brassicae* começou durante 48th MW (26 Nov.-2 Dez.) e 50th MW (10-16 Dez.) e atingiu o seu pico de atividade durante 52nd MW (24-31D Dez.) e 1st MW (1-7 Jan.) em 2015-16 e 2016-17, respetivamente.

A incidência da traça-das-crucíferas *P. Xylostella* teve início em 52nd MW (2431 Dez.) durante ambos os anos. O pico de atividade foi observado durante 4th MW (22-28 Jan.) em 2015-16 e durante 3rd MW (15-21 Jan.) em 2016-17.

A larva de *C. binotalis* foi observada pela primeira vez durante 49th MW (3-9 Dez.) e atingiu o pico durante 2nd MW (8-14 Jan.) em 2015-16, enquanto em 2016-17, foi observada pela primeira vez durante 51st MW (17-23 Dez.) e o pico foi observado em 3rd MW (15-21Jan.).

O início e o pico de atividade da lagarta comedora de folhas do tabaco *5. Htura* foram observados durante 51st MW (17-23 Dez.) e 2nd MW (8-14 Jan.) em 2015-16 e durante 49th MW (3-9 Dez.) e 1st MW (1-7 Jan.) em 2016-17, respetivamente.

A larva do semilúvio verde *T. ni* foi observada pela primeira vez durante 51st MW (15-23 Dez.) em 2015-16 e 1st MW (1-7 Jan.) em 2016-17. O pico foi atingido em 3rd MW (15-21 Dez.) em ambos os anos.

A atividade da larva da traça-das-areias foi iniciada durante 52nd MW (24-31 Dez.) em 2015-16 e durante 50th MW (10-16 Dez.) em 2016-17. O pico de atividade foi observado em 3rd MW (15-21 Jan.) em ambos os anos.

A incidência da broca da cabeça foi muito baixa em ambos os anos. Foi iniciada em 50th MW e 52nd MW em 2015-16 e 2016-17, respetivamente.

5.2 Ocorrência sazonal de inimigos naturais de insectos pragas da couve-flor

Os ovos da mosca syrphid foram observados pela primeira vez em 49th MW (3-9 Dez.) e 50th MW (10-16 Dez.) durante 2015-16 e 2016-17, respetivamente, enquanto o pico foi observado em 52nd

(24-31 Dez.) em ambos os anos.

As larvas da mosca syrphid foram detectadas pela primeira vez em 50th MW (10-16 Dez.) em 201516 e em 51st MW (17-23 Dez.) em 2016-17. O pico de atividade foi observado durante o 1º MW (1-7 Jan.) e 52nd MW (24-31 Dez.) em 2015-16 e 2016-17, respetivamente.

A população de besouros joaninha foi observada pela primeira vez em 50th MW e atingiu o pico em 1st MW durante ambos os anos.

Os pulgões mumificados foram observados pela primeira vez em 50th MW durante ambos os anos. O pico foi registado em 52nd MW em 2015-16 e em 1st MW em 2016-17.

A parasitização de larvas de lepidópteros variou de 5,00 a 35,00 por cento durante 2015-16, enquanto 5,00 a 30,00 por cento em 2016-17. A maior parasitização foi observada nas larvas coletadas durante 3rd MW durante ambos os anos. **5.3 Correlação e regressão entre os parâmetros meteorológicos e as principais pragas de insectos da couve-flor**

A população de pulgões apresentou uma correlação negativa significativa com a temperatura mínima durante 2015-16 e não significativa com outros parâmetros climáticos. Em 2016-17, todos os parâmetros meteorológicos apresentaram uma correlação não significativa com o pulgão. O valor R^2 indicou que os parâmetros meteorológicos contribuíram com 67,2 por cento em 2015-16 e 44,0 por cento em 2016-17 da variação total da população de pulgões na couve-flor.

A correlação entre a traça-das-crucíferas e a humidade relativa matinal foi negativamente significativa durante 2015-16 e todos os parâmetros meteorológicos mostraram uma correlação não significativa com a DBM durante 2016-17. O coeficiente de determinação foi de 77,0 e 82,0 por cento em 2015-16 e 2016-17, respetivamente.

A correlação do inseto com a temperatura máxima foi negativamente significativa em 2015-16 e positivamente significativa com a humidade relativa nocturna em 2016-17. Os parâmetros meteorológicos contribuíram para 88,5 e 71,5 por cento da variação total na população de insectos da folha.

A lagarta comedora de folhas do tabaco correlacionou-se de forma negativa significativa apenas com a temperatura máxima durante 2016-17. Os valores de R^2 para 2015-16 e 2016-17 foram de 95,8 e 51,4 por cento, respetivamente.

A correlação do semilobre com a temperatura máxima foi significativamente negativa em 2015-16 e, em 2016-17, positivamente significativa com a humidade relativa vespertina e negativamente significativa com a luz solar intensa. O coeficiente de determinação foi de 94,2 e 73,4 por cento em 2015-16 e 2016-17, respetivamente.

A correlação da temperatura máxima com a larva da traça-do-tussock foi negativamente significativa em ambos os anos. Os valores de R^2 para 2015-16 e 2016-17 foram de 95,3 e 84,0 por cento, respetivamente.

Em 2015-16, a correlação da broca da cabeça com a humidade relativa matinal e a humidade relativa vespertina foi negativamente significativa e positivamente significativa com a evaporação. Em 2016-17, a correlação da broca da cabeça com a humidade relativa matinal (r=-0,586*) foi negativamente significativa. O coeficiente de determinação foi de 90,5 e 59,3 por cento em 2015-16 e 2016-17, respetivamente.

5.4 Correlação e regressão dos inimigos naturais do afídeo da couve-flor com os parâmetros climáticos e o afídeo

A correlação entre o ovo da mosca syrphid e a temperatura mínima durante 2015-16 foi negativamente significativa, enquanto que positivamente significativa com o pulgão.

Durante 2016-17, os ovos da mosca do pulgão foram correlacionados de forma negativamente significativa com a temperatura mínima e positivamente significativa com a população de pulgões. O coeficiente de determinação (R^2) entre os ovos da mosca-sírfida e os parâmetros meteorológicos e o pulgão foi altamente significativo, mostrando a importância destes parâmetros na influência da abundância de ovos da mosca-sírfida.

A correlação negativamente significativa da larva da mosca do syrphid foi observada com a temperatura mínima e positivamente significativa com o pulgão durante 2015-16. A correlação com a população de pulgões foi positivamente significativa em 2016-17. Os parâmetros meteorológicos e o afídeo contribuíram para 97,4% em 2015-16 e 79,7% em 2016-17 da variação total da população de larvas de mosca-sírfida na couve-flor.

A correlação do escaravelho com o afídeo foi positivamente significativa durante 2015-16 e a temperatura máxima e mínima correlacionou-se negativamente significativa durante 2016-17. O elevado valor do coeficiente de determinação (R^2 = 99,7 e 77,7 por cento durante 2015-16 e 2016-17, respetivamente) mostrou que estes são os factores críticos para a manutenção da população do escaravelho da joaninha na couve-flor.

A população de pulgões mumificados correlacionou-se de forma negativa com a temperatura mínima e de forma positiva com a população de pulgões durante 2015-16. Durante 2016-17, a população de pulgões mumificados correlacionou-se de forma positivamente significativa com o pulgão. O coeficiente de determinação foi de 93,8 e 96,4 por cento em 2015-16 e 2016-17, respetivamente.

5.5 Gestão do afídeo *Brevicoryne brassicae* na couve-flor com novos insecticidas

O ciantraniliprole 10,16 % OD, a buprofezina 25 % SC e o aonicamide 50 % WG revelaram-se os insecticidas mais eficazes contra o afídeo da couve-flor. Seguiram-se-lhes o fipronil 5 % SC, o dinotefurão 20 % SG, a clotianidina 50 % WDP, o acetamipride 20 % SP, o tiametoxame 25 % WG e o imidaclopride 17,8 SL.

5.6 Gestão dos insectos lepidópteros pragas da couve-flor com os novos insecticidas

Para o controlo dos insectos ipidópteros que infestam a couve-flor, como a traça-das-crucíferas, a lagarta-das-folhas, a lagarta-do-cartucho, a lagarta-dos-tabuleiros e a broca-da-cabeça, os insecticidas mais eficazes foram o ciantraniliprole 10,16 % DO, o benzoato de emamectina 5 % SG, o clorantraniliprole 18,5 % SC e a aubendiamida 20 % WG. Seguiram-se o novalurão 10 % CE, o tiodicarbe 75 % WP, o clorfenapir 10 % SC, o fipronil 5 % SC e o diafentiurão 50 % WP.

5.7 Efeito de diferentes insecticidas nos inimigos naturais dos insectos pragas da couve-flor

De entre os insecticidas utilizados na primeira pulverização, a buprofezina a 25 % SC e o aonicamide a 50 % WG e o ciantraniliprole a 10,16 % OD foram os insecticidas mais seguros para os inimigos naturais dos insectos pragas da couve-flor. Seguiram-se-lhes o tiametoxame (25 % WG), o dinotefurão (20 % SG), a clotianidina (50 % WDP) e o acetamipride (20 % SP). Os insecticidas mais tóxicos foram o fipronil 5 % SC e o imidaclopride 17,8 SL.

De entre os insecticidas utilizados na segunda pulverização, os insecticidas mais seguros para os inimigos naturais foram o ciantraniliprole 10,16 % OD, o clorantraniliprole 18,5 % SC, a aubendiamida 20 % WG, o novalurão 10 % EC, o diafentiurão 50 % WP e o benzoato de emamectina 5 % SG. Os insecticidas mais tóxicos foram o tiodicarbe 75 % WP, o clorfenapir 10 % SC e o fipronil 5 % SC.

5.8 Economia da gestão dos principais insectos pragas da couve-flor

O maior rendimento foi registado no tratamento T4 (Cyantraniliprole 10,16 % OD seguido de benzoato de emamectina 5 % SG) (18,34 t/ha) que foi a par com T6 (fipronil 5 % SC seguido de Aubendiamide 20 % WG) (17,23 t/ha). Os próximos melhores tratamentos foram T9 (thiamethoxam 25 % WG seguido por Cyantraniliprole 10.26 % OD), T1 (acetamiprid 20 % SP seguido por Chlorantraniliprole 18.5 % SC) e T5 (dinotefuran 20 % SG seguido por novaluron 10 % EC) que foram iguais entre si. Seguiram-se T7 (Aonicamida 50 % WG seguido de clorfenapir 10 % SC), T2 (buprofezina 25 % SC seguido de fipronil 5 % SC) e T3 (clotianidina 50 % WDP seguido de tiodicarbe 75 % WP) e T8 (imidaclopride 17,8 % SL seguido de diafentiurão 50 % WP).

O custo do manejo de pragas por diferentes inseticidas variou de Rs. 1590/- a Rs. 8625/- por ha. O custo mais alto foi do tratamento T4 (ciantraniliprole 10,16% OD seguido por benzoato de emamectina 5% SG) seguido por T9 (tiametoxam 25 % WG seguido por ciantraniliprole 10.26 % DO), T5 (dinotefurão a 20 % SG seguido de novalurão a 10 % CE), T3 (clotianidina a 50 % WDP seguido de tiodicarbe a 75 % WP), T7 (aonicamida a 50 % WG seguido de clorfenapir a 10 % SC), T2 (buprofezina a 25 % SC seguido de fipronil a 5 % SC), T8 (imidaclopride a 17.8 % SL seguido de diafentiurão 50 % WP), T6 (fipronil 5 % SC seguido de Aubendiamida 20 % WG) e T1 (acetamipride 20 % SP seguido de clorantraniliprole 18,5 % SC).

O ICBR mais elevado foi observado em T1 (acetamipride 20 % SP seguido de clorantraniliprole 18,5 % SC) seguido de T6 (fipronil 5 % SC seguido de Aubendiamida 20 % WG), T5 (dinotefurão 20 % SG seguido de novalurão 10 % EC),

T4 (ciantraniliprolo 10,16 % DO seguido de benzoato de emamectina 5 % SG), T7 (aonicamida 50 % WG seguido de clorfenapir 10 % SC), T2 (buprofezina 25 % SC seguido de fipronil 5 % SC), T9 (tiametoxame 25 % WG seguido de ciantraniliprolo 10.26 % DO), T3 (clotianidina 50 % PDM seguido de tiodicarbe 75 % PD) e Ts (imidaclopride 17,8 % SL seguido de diafentiurão 50 % PD).

5.9 Monitorização da resistência a insecticidas no afídeo *B. brassicae* da couve-flor

O fator de resistência variou de 1,63 a 15,00, 1,67 a 3,07, 12,90 a 88,65, 1,30 a 2,37, 1,11 a 1,78, 1,26 a 2,10, 1,14 a 1,50, 1,10 a 1,40, 1,30 a 1,82, 1,61 a 5,05, 1,85 a 4,22 e 3.17 a 14,17 vezes mais do que o acetamipride, o tiametoxame, o imidaclopride, a clotianidina, o dinotefurão, a buprofezina, o diafentiurão, o aonicamide, o ciantraniliprole, o fipronil, o acefato e o dimetoato, respetivamente. O fator de resistência mais elevado foi registado para o imidaclopride, o que pode dever-se à utilização repetida e indiscriminada deste inseticida.

CONCLUSÃO

Os resultados da incidência sazonal revelaram que a incidência de afídeos, traça-das-crucíferas e broca-das-folhas foi elevada; enquanto a incidência da lagarta comedora de folhas do tabaco, do semilouco, da traça-das-galhas e da broca-da-cabeça foi média a baixa. Os parâmetros meteorológicos como a temperatura, a humidade, a evaporação, a luz solar intensa e a velocidade do vento desempenham um papel importante na abundância das pragas acima referidas.

Entre os inimigos naturais, a mosca-sírfida, os escaravelhos coccinelídeos e os parasitóides de afídeos foram observados com frequência. Os parasitóides de larvas de lepidópteros incluíam principalmente braconídeos e moscas taquenídeas.

O ciantraniliprole 10,16 % 0D, a buprofezina 25 % SC e o flonicamide 50 % WG revelaram-se os insecticidas mais eficazes contra o afídeo da couve-flor. Para a gestão dos insectos lepidópteros que atacam a couve-flor, como a traça-das-crucíferas, a lagarta-das-folhas, a lagarta-do-cartucho, a lagarta-das-espigas, a lagarta-das-espigas e a broca-da-cabeça, os insecticidas mais eficazes foram o ciantraniliprole 10,16 % 0D, o benzoato de emamectina 5 % SG, o clorantraniliprole 18,5 % SC e a aubendiamida 20 % WG.

Literatura citada

Abbott, S. W. 1925. Um método para calcular a eficácia de um inseticida. Jornal de Entomologia Económica, 18: 265-267.

Afiunizadeh, M.; Karimzadeh, J. e Shojai, M. 2011. Parasitismo de ocorrência natural da traça-das-crucíferas no centro do Irão. In eds. Srinivasan, R.; Shelton, A. M. e Collins, H. L. 2011. Actas do Sexto Workshop Internacional sobre a Gestão da Traça-das-crucíferas e outras pragas de insectos das crucíferas, 21-25 de março de 2011, Universidade de Kasetsart, Nakhon Pathom, Tailândia. AVRDC - The World Vegetable Center, Taiwan, Publicação n.º 11-755, pp: 93-96.

Aggarwal Meenakshi; Masarrat Haseeb e Uzma Manzoor. 2014. Biologia e incidência sazonal do pulgão, *Brevicoryne brassicae,* na couve. Anais de Ciências da Proteção das Plantas, 22 (2J: 275-277.

Ahmad Tufail e Ansari Mohd Shafiq. 2010. Estudos sobre a abundância sazonal da traça-das-crucíferas *Piuteila Xylostella* (Lepidoptera: YponomeutidaeJ na cultura da couve-flor. Journal of Plant Protection Research, 50(3J : 280-287.

Ahmad Mushtaq e Akhtar Shamim. 2013. Desenvolvimento de resistência a insecticidas em populações de campo de *Brevicoryne brassicae* (Hemiptera: AphididaeJ no Paquistão. Journal of Economic Entomology, 106(2J : 954-958.

Ali, Arshad e Rana, K. S. 2012. Estudos sobre a dinâmica populacional de besouros joaninhas na couve-flor em alguns distritos de Uttar Pradesh, Índia. Revista Mundial de Ciências Aplicadas e Investigação, 2(1J : 16-20.

Ameta, O. P. e Bunker, G. K. 2007. Eficácia da flubendiamida 480 SC contra a traça-das-crucíferas, *Plutella Xylostella* (L.) em repolho e seu efeito sobre os inimigos naturais em condições de campo. Pestologia, 30 (6): 21-24.

Ankersmith, G. W. 1953. Resistência ao DDT em *Plutella Xylostella* Curt. Em Java. Boletim de Investigação Entomológica, 44 : 421-425.

Anónimo. 2016. www.irac-online.org/methods/aphids-adult nymphs.

Anónimo. 2017. http://www.ncpahindia.com/cauliflower.php

Armes, Jr. N. J.; Wightman, J. A.; Jadhav, D. R. e Ranga Rao, G. V. 1997. Status of insecticide resistance in *Spodoptera Htra* in Andhra Pradesh, India. Pesticide Science, 50 : 240-248.

Arora, R. K.; Kalra, V. K. e Rohilla, H. R. 2003. Toxicidade de alguns novos insecticidas convencionais para DBM *P. Xylostella (L)* . Indain Journal of Entomology, 65 (1): 43-48.

Atwal, A. S. 1976. Agricultural pests of India and South East Asia, Kalyani Publishers, New Delhi, India, pp. 310-311.

Ayyar, T.V.K. 1940. Hand book of Economic Entomology for South India. Government Press, Madras pp: 528.

Badjena, T. e Mandal, S. M. A. 2005. Incidência sazonal dos principais insectos pragas e predadores na couve-flor. Annals of Plant Protection Sciences, 13 (2) : 465529.

Bana, J. K.; Jat, B. L. e Bajya, D. R. 2012. Incidência sazonal das principais pragas de insetos de repolho e seus inimigos naturais. Indian Journal of Entomology, 74 (3): 236-240.

Bashir Ahmad; Ahmad-Ur-Rahman Saljoqi; Muhammad Saeed; Farman Ullah e Imtiaz Ali Khan. 2015. Dinâmica populacional de *Plutella Xylostella* (L.) em couve-flor e sua correlação com parâmetros climáticos em Peshawar, Paquistão. Journal ofEntomology and Zoology Studies, 3 (1) : 144-148.

Bhaskar, H. e Viraktamath, C. A. 2002. Diversidade e abundância de coccinelídeos afidófagos em campos de couve. InsectEnvironment, 8 (1) : 31

Bhatia R. e Verma, A. K., 1995. Incidência sazonal das principais pragas de insectos da couve de verão em Himachal Pradesh. Annals of Agricultural Research, 16(3) : 278-281.

Bhati, Dheeraj e Srivastava, Meera. 2016. Um estudo sobre a entomofauna registada na cultura da couve-flor num agro-ecossistema perto de Bikaner, Rajastão, Índia. Revista Internacional de Microbiologia Atual e Ciências Aplicadas, 5(4): 539-545.

Bhushan, V. Shashi; Babu, V. Ramesh; Dharmareddy, K. e Umamaheswari, T. 2010. Eficácia de certos insecticidas contra *Spodoptera Htura* (Fab.) na batata. Karnataka Journal ofAgricultural Sciences, 23(1) : 195-196.

Boyd, Michael L. e Lentz, Gary L. 1994. Incidência sazonal de afídeos e do afídeo parasitoide *Diaeretiella rapae* (M[1] Intosh) (Hymenoptera: Aphidiidae]) em colza no Tennessee. Environmental Entomology, 23 (2]: 349-353.

Cesar Augusto Marchioroa e Luis Amilton Foerster. 2016. Fatores bióticos são mais importantes que fatores abióticos na regulação da abundância de *Plutella xylostella* L., no sul do Brasil. Revista Brasileira de Entomologia, 60 : 328333.

Chandi Ravinder Singh e Anureet Kaur. 2016. Gerir a ameaça dos pulgões no aipo. Revista Internacional de Investigação Avançada em Ciências Biológicas, 2(10): 16-20.

Chandra, S. e Kushawa, K. S. 1987. Impacto da resistência ambiental no complexo de pulgões de culturas crucíferas nas condições agro-climáticas de Udaipur II componentes bióticos. Indian Journal of Entomology, 49 (1] : 86-113.

Chandramohan, N. 1994. Incidência sazonal da traça-das-costas, *Plutella xylostella* L. e seus parasitóides em Nilgiris. Journal of Biololgical Control, 8 (2] : 77-80.

Chaudhari, N. M.; Ghosh, S. H. e Senapati, S. K. 2001. Incidência de pragas de insectos da couve em relação às condições climáticas prevalecentes na região de Terai. Indian Journal ofEntomology, 63 (4] : 421-428.

Chauhan, S. K.; Raju, S.V.S.; Meena, B. M.; Nagar, R.; Kirar, V. S. e Meena, S. C. 2014. Bioeficácia de novos insecticidas moleculares contra a traça-das-crucíferas (*Plutella Xylostella* L.) na couve-flor. Agricultura para o Desenvolvimento Sustentável, 2(1):22-26.

Chayopas, P.; Aekamnuay, J.; Sukhonthapirom na patharoung, S.; Nunart, U.; Punyawattoe, P.; Sahaya, S. e Tiantad, I. 2011. Gestão do controlo da traça-das-crucíferas, *Plutella Xylostella*

(Linnaeus) na couve chinesa. In eds. Srinivasan, R.; Shelton, A. M. e Collins, H. L. 2011. Actas do Sexto Workshop Internacional sobre a gestão da traça-das-crucíferas e outras pragas de insectos das crucíferas, 21-25 de março de 2011, Universidade de Kasetsart,
Nakhon Pathom, Tailândia. AVRDC - The World Vegetable Center, Publicação nº 11-755. AVRDC - Centro Mundial de Vegetação, Taiwan. pp : 266-269.

Chelliah, S. e Srinivasan, K. 1986. Bioecology and Management of Diamondback moth in India. In *Diamondback moth Management*, (ed. Talekar, N. S. and Griggs, T. D.) Proceedings of Ist International Workshop 1985, AVRDC, Taiwan, pp : 63-76.

Cho, Sun-Ran; Koo, Hyun-Na; Yoon, Changmann e Kim, Gil-Ha. 2011. Efeitos subletais de flonicamida e tiametoxame no pulgão verde do pêssego, *Myzus persicae* e análise do comportamento alimentar. Jornal da Sociedade Coreana de Química Biológica Aplicada, 54(6) : 889-898.

Cobblah, MillicentA.; Afreh-Nuamah, K.; Wilson, D. e Osae, M. Y. 2012. Parasitismo de populações de *Plutella Xylostella* (L.J (Lepidoptera: Plutellidae] em repolho *Brassica oleracea* var. *capitata* (L.J por *Cotesia plutellae* (Kurdjumov] (Hymenoptera: Braconidae] em Gana. Jornal de Ecologia Aplicada da África Ocidental, 20 (1J : 37-45.

Dalve, S. K.; Raghvani, K. L.; Jishi, M. D.; Ranaware, S. S.; Dabhade, P. L.; Ghadge, S. M. e Chatar, V.P. 2009. Dinâmica populacional da traça-das-crucíferas, *Plutella Xylostella* (Linnaeus], na couve. Ciências Asiáticas, 4(1 & 2J : 35-36.

David, L. Kerns e Tony, Tellez. 1999. Eficácia dos insecticidas contra a traça-das-crucíferas em couves no condado de Yuma. University of Arizona College of Agriculture 1999, Vegetable Report, índice em http://ag.arizona.edu/pubs/crops/az1143/

Devi, N. I. e Raj, D. E., 1991. Abundância sazonal da traça-das-crucíferas, *Plutella maculipennis* Curtis, na zona de Palampur. Himachal Journal of Agricultural Research, 17(1-2J : 17-20.

Deivendran, A.; Yadav, G. S. e Rohilla, H. R. e 2007. Eficácia de alguns insecticidas contra *Plutella Xylostella* (L.J.) na couve-flor. Jornal de Ciência dos Insectos, 20 (1J: 102-105.

Dewanda, Puja e Khan Sabiha. 2016. Estudo de campo da dinâmica populacional das principais pragas de insectos e dos seus inimigos naturais na couve-flor do distrito de Ajmer.
International Journal ofAgriculture Sciences, 8(53J : 2642-2645.

Diaz, B. B.; Rossa, R. A.; Cortero, H. G. C. e Martinez, N. B. 2004. Identificação e flutuação populacional de pragas da couve (*Brassica oieracea* cv. *capitata*) e seus inimigos naturais em Acatzingo, Puebla, México. *Agrociencia*, 38 : 239-48.

Dotasara, S. K.; Agrawal, N.; Singh Narendra e Swami Dinesh. 2017. Eficácia de alguns insecticidas mais recentes contra o pulgão da mostarda *Lipaphis erysimi* Kalt. na couve-flor. Journal of Entomology and Zoology Studies, 5(2): 654-656.

Finney, D. J. 1971. Probit analysis, 3rd Edition, Cambridge University Press, Cambridge, Reino Unido.

Fletcher, T. B. 1914. Some South Indian insects. Superintendente, Imprensa do Governo, Madras PP: 565.

Gadhiya, H. A.; Borad, P. K. e Bhut, J. B. 2014. Eficácia dos insecticidas sintéticos contra *Heiicoverpa armigera* (Hubner) Hardwick e *Spodoptera iitura* (Fabricius) que infestam o amendoim. The Bioscan - An International Quarterly Journal of Life Sciences, 9(1) : 23-26.

Garg, P.K.; Singh, S.P. e Hameed, S.F. 1987. Dissipação de resíduos de endosulfan no pulgão da mostarda. Journal of Entomological Research, 11: 158-160.

Gomez, K. K. e Gomez, A. A. 1984. Statistical Procedures for Agricultural Research.
John Wiley and Sons, Nova Iorque, pp: 67-81.

Gore Lal; Sundar Pal; Singh, D. K.; Singh, A. K. e Dwivedi, R. K. 2014. Ocorrência sazonal de pragas de insetos na mostarda e sua correlação com fatores abióticos. Anais das Ciências da Proteção das Plantas, 22(2): 332- 334.

Goud Raja C. R.; Rao Koteswara S. R. e Chiranjeevi. 2006. Influência dos parâmetros climáticos na formação da população da traça-das-crucíferas, *Plutella Xylostella* (L.) que infesta a couve. Pest Management in Horticultural Ecosystems, 12(2) : 103-106.

Henderson, C. F. e Tilton, E. W. 1955. Testes com acaricidas contra o ácaro castanho do trigo. Journal of Economic Entomology,48 : 157-161.

Jhansi K. e Subbaratnam G. V. 2005. Assessment of insecticide resistance in the cotton aphid, *Aphisgossypii* Glover, in Andhra Pradesh. Pest Management and Economic Zoology, 13(1): 61-70.

Jhonson, D. R. 1953. Resistência de *Plutellama clipennies* ao DDT em Java. Journal of Economic Entomology, 46 : 176.

Joseph, A.; Richard, K. J.; Rosshalliday, W.; Douglas, R. e Christine, S. J. 2002. Potência, espetro e atividade residual de quatro novos insecticidas em condições de estufa. Florida Entomologist, 85 (4): 552-562.

Kannan, M.; Vijayaraghavan, C.; Jayaprakash, S.A. e Uthamsamy, S. 2011. Estudos sobre a biologia e a toxicidade de novas moléculas insecticidas na lagarta da cabeça da couve, *Crocidolomia binotalis* (Zeller) (Lepidoptera: Pyralidae) na Índia.
In Eds. Srinivasan, R.; Shelton, A. M. e Collins, H. L. 2011. Actas do Sexto Workshop Internacional sobre a Gestão da Traça-das-crucíferas e outras pragas de insectos das crucíferas, 21-25 de março de 2011, Universidade de Kasetsart, Nakhon Pathom, Tailândia. AVRDC- The World Vegetable Center, Publicação n.º 11-755. AVRDC- The World Vegetable Center, Taiwan. pp : 31-37.

Khan Sameer; Husain Mazhar e Chander Subhash. 2015. Efeito de novos insecticidas e biopesticidas na população da lagarta do tabaco *Spodoptera Htura* em repolho. In Eds: Dhillon, M.K. e Gujar, G.T. 2015. Lembrança e Resumos. Simpósio Nacional sobre Gestão Integrada de Pragas para a Proteção Sustentável das Culturas, de 24 a 25 de fevereiro de 2015, organizado pela Divisão de Entomologia, ICAR-Instituto Indiano de Investigação Agrícola, Nova Deli, pp: 46.

Khedkar, A. A.; Bharpoda, T. M.; Patel, M. G. e Patel, C. K. 2012. Eficácia de diferentes insecticidas químicos contra o pulgão da mostarda *Lipaphis erysimi* (Kaltenbach) que infesta a mostarda. AGRES - An International e-Journal, 1(1) : 53-64.

Kikuchi, Y.; Yara, K.; Krikrathok, C. e Shimoda, T. 2013. Efeito dos insecticidas na sobrevivência da traça-das-crucíferas, *Piuteila Xylostella* (L.) e do parasitoide nativo *Cotesia vestalis* (Halliday). Relatório anual da Sociedade de Proteção das Plantas do Norte do Japão, 64:182-185.

Kumar, Dharmendra; Raju, S. V. S. e Nagrajan, C.2014. Ocorrência de insectos-praga e os seus inimigos naturais na couve-flor *Brassica oleracea* var. botrytis em Varanasi. Bioinfolet, 11(2A) : 323 - 325.

Kumar, P. S. S.; Madhumathi, T.; Rao, V.R., e Rao, V. S. 2008. Resistência a insecticidas no pulgão do algodão, *Aphis gossypii.* Indian Journal of Plant Protection, 36(2) : 224-227.

Laisvune Duchovskiene e Laimutis Raudonis. 2008. Abundância sazonal de *Brevicoryne brassicae* L. e *Diaeretiella rapae* (M'Intosh) em diferentes sistemas de cultivo de couve. EKologija, 54(4) : 260-264.

Lee, H. S. 1986. Ocorrência sazonal das pragas de insectos importantes em repolho no sul de Taiwan. Journal of Agricultural Research of China, 35(4) : 530-542.

Leibee, Gary L.; Jansson, Richard K.; Nuessly, Gregg e Taylor, James L.1995. Eficácia do benzoato de emamectina e do *Bacillus thuringiensis* no controlo das populações de traça-das-crucíferas (Lepidoptera: Plutellidae) em couves na Florida. The Florida Entomologist, 78(1) : 82-96.

Lingappa, S. K.; Basavanagoud, K. A.; Kulkarni, Rupa; Patil, S. e Kambrekar, D. N. 2006. Threat to vegetable production by diamondback moth and its management strategies. Disease Management of of Fruit and Vegetables, 1 : 357-396.

Liu, T. X.; Sparks, A. N. Jr; Chen, W.; Liang, G. M. e Brister, C. 2002. Toxicidade, persistência e eficácia do indoxacarb na lagarta da couve (Lepidoptera: Noctuidae]) na couve. Journal ofEconomic Entomology, 95(2): 360-367.

Malakrong, A.; Limohpasmanee, W.; Keawchoung, P.; Kodcharint, P. 1994. Estudos sobre a dinâmica populacional da traça-das-crucíferas no campo. Actas da 5ª conferência sobre ciência e tecnologia nuclear, Banguecoque (Tailândia); 21-23 de novembro de 1994, pp: 514.

Mandal, S. K. e Mandal, R. K. 2009. Comparative efficacy of Insecticides against *Plutella Xylostella* (L.) on Cauliflower. Anais das Ciências da Proteção das Plantas, 17 (2): 283-287.

Mandal, S. M. A. e Patnaik, N. C. 2008. Abundância interespecífica e incidência sazonal de afídeos e predadores afidófagos associados à couve. Journal of Biological Control, 22(1]: 195-198.

Matthew, H. 2007. Avaliação de chlorantraniliprole, Aubendiamide, indoxacarb, metaflumizone e pyridalyl para a traça-das-crucíferas, *Plutella Xylostealla*, (Linnaeus) no Havai. Proteção das culturas e gestão das pragas urbanas Sessão F2 e Fb.

Mehdi Taheri Sarhozaki e Seyed Ali Safavi. 2014. Efeitos sub-letais do tiametoxame nos parâmetros da tabela de vida do pulgão da couve, *Brevicoryne brassicae* (L.) (Hemiptera: Aphididae) em condições laboratoriais. Arquivos de Fitopatologia e Proteção das Plantas, 47 (4):

508-515.

Mishra, Abhishek e Singh, S.V. 2015. Incidência sazonal de algumas pragas de insectos associadas à couve (*Brassica oieracea* var. *capitata*). New Agriculturist, 26(1) : 79-83.

Mohammad Rouhani; Mohammad Amin Samih; Hamzeh Izadi e Elham Mohammadi. 2013. Toxicidade de novos insecticidas contra o pulgão da romã, *Aphis punicae*. Revista Internacional de Investigação em Ciências Aplicadas e Básicas, 4 (3):496-501.

Mohammad Younas; Mohammad Naeem; Abdur RaqibandShah Masud. 2004. Dinâmica populacional da borboleta da couve *(Pieris brassicae)* e dos pulgões da couve (*Brevicoryne brassicae*) em cinco cultivares de couve-flor em Peshawar. Asian Journal of Plant Sciences, 3(3) : 391-393.

Mohite, P. B e Patil, S. A. 2005. Avaliação de uma nova molécula, spinosad 2.5 SC, para a gestão da traça-das-crucíferas *Piuteila Xylostella* na couve-flor. Journal of Plant Protection Environment, 2 (2) :17-19.

More, D. G. e Mundhe, D. R. 2003. Dinâmica populacional de *Brevicoryne brassicae* L. e *Plutella Xylostella* na couve (*Brassica oieracea* Var. *capitata*). Actas do Seminário a nível estatal sobre a gestão de pragas na agricultura sustentável, pp: 95-96.

Moussa, M. A.; Nasr, E. L. A. e Hassan, A.S. 1960. Factores que afectam a longevidade e o potencial reprodutivo das traças do bicho-da-folha do algodão, *Prodenia litura* (Lepidoptera: Noctuidae). Bullettin Society Entomology Egypte, 44: 383-386.

Muthukumar, M.; Sharma, R. K. e Sinha, S. R. 20017. Eficácia de campo dos biopesticidas e novos insecticidas contra as principais pragas de insectos e o seu efeito nos inimigos naturais da couve-flor. Pesticide Research Journal. 19(2) : 190-196.

Nagarkatti, S. e Jayanth, K. P. 1982. Dinâmica populacional dos principais insectos pragas da couve e dos seus inimigos naturais no distrito de Bangalore (Índia). In Proc. Int. Conf. Plant Pro. Tropics. Sociedade de Proteção das Plantas da Malásia, Kulalampur, Malásia, pp: 325-347.

Nale, D.A.; Bhede, B.V. e Bharati, M.S. 2016. Resistência a insecticidas no pulgão da couve *Brevicoryne brassicae*. Jornal de Investigação Entomológica, 40 (2): 187189.

Nale, D.A.; Bhede, B.V.; Mane, G.V. e Bharati, M.S. 2016. Correlação de parâmetros climáticos com traça-das-costas (*Piuteila Xylostella*) e semilooper (*Trichoplusia ni*) no repolho. Journal ofEntomological Research, 40 (2): 145148.

Narsimhamurthy, B.; Arjunrao, P. e Krishnaiah, P. V. 1998. Ocorrência sazonal da lagarta do tabaco, *Spodoptera litura* Fab. e da lagarta da couve, *Crocidolomia binotalis* Zell. na couve-flor. Journal of Applied Zoololgical Research, 9(1 & 2) : 6-8.

Nauen, R. e Elbert, A. 2003. Monitorização europeia da resistência aos insecticidas em *Myzus persicae e Aphis gossypii* (Hemiptera: Aphididae), com especial referência ao imidaclopride. Bulletin OfEntomologicalResearch, 93(1) : 4754.

Nematollahi, M. R.; Fathipour, Y.; Talebi, A. A.; Karimzadeh, J. e Zalucki, M. P. 2014. Dinâmica sazonal mediada por parasitoides e hiperparasitoides do pulgão da couve (Hemiptera: Aphididae). Environmental Entomology, 43(6) : 15421551.

Nikam, T. A.; Chandele, A. G.; Gade, R. S. e Gaikwad, S. M. 2014. Eficácia dos insecticidas químicos contra a traça-das-crucíferas, *Plutella Xylostella* L. na couve em condições de campo. Tendências em Biociências, 7(12): 1196-1199.

Niranjankumar, B. V. e Regupathy, A. 2001. Situação da resistência aos insecticidas na lagarta do tabaco *Spodoptera Htura* (Fabricius) em Tamil Nadu. Pesticide Research Journal, 13 : 86-89.

Nukala Naveen Kumar; Acharya, M. F.; Srinivasulu, D. V. e Sudarshan, P. 2015. Bioeficácia de insecticidas modernos contra *Spodoptera litura* Fabricius no amendoim. Revista Internacional de Inovações e Investigação Agrícola, 4(3): 573-577.

Ojha, P. K.; Singh, I. P. e Pandey, N. K., 2004. Incidência sazonal de insectos-praga da couve-flor e aumento da população na Zona Agroclimática-1 de Bihar. Pestology, 28(3) : 16-18.

Oduor, G. I.; Lohr, B. e Seif, A. A. 1996. Sazonalidade das principais pragas da couve e incidência dos seus inimigos naturais no Quénia Central. Actas: The Management of Diamondback Moth and Other Crucifer Pests, Nairobi, Quénia. pp : 37-43.

Omkar, G.; Surjeet, K.; Nikhil, S. e Sharma, P. L. 2013. Avaliação de alguns novos insecticidas contra *Mysus persicae* (Sulzer), Departamento de Entomologia, C. S. K. H. P. Agricultural University, Palampur - 176 062 e Dr. Y. S. Parmar University of Horticulture and Forestry, Solan - 173 230, Himachal Pradesh, Índia, 8(3): 1119-1121.

Palande, P. R.; Pokharkar, D. S. e Nalawade, P. S. 2004. Seasonal incidence of cabbage pests in relation to weather (Incidência sazonal de pragas da couve em relação ao clima). Pest Management in Horticultural Ecosystem, 10(2) : 151-156.

Pal, Mandavi e Singh, Rajendra. 2012. História sazonal do pulgão da couve, *Brevicoryne brassicae* (Linn.) (Homoptera : Aphididae). Journal of Aphidology, 25 & 26: 69-74.

Panse, V. G. e Sukhatme, P. V. 1967. Statistical Method for Agricultural Workers (Método Estatístico para Trabalhadores Agrícolas). ICAR, Nova Deli, pp : 359.

Patait, D. D.; Shetgar, S. S.; Subhan, S.; Badgujar, A. G. e Dhurgude, S. S. 2008. Abundância sazonal de pragas de lepidópteros que infestam a couve em relação aos parâmetros climáticos. Indian Journal ofEntomology, 70(3): 255-258.

Patel, Lakshman Chandra; Konar, Amitava e Saha, Subendu Bikash. 2015. Incidência sazonal e eficácia inseticida contra a traça-das-crucíferas e o pulgão dos brócolos. Jornal Internacional de Agricultura Tropical, 33(4J: 24592465.

Patra, Sandeep; Das, B. C.; Sarkar, S. e Samanta, A. 2016. Eficácia de inseticidas mais recentes contra as principais pragas de lepidópteros do repolho. Investigação sobre culturas, 17 (1): 144-150.

Patra, S.; Dhote, V. W.; Alam, S. K. F.; Das, B. C.; Chatterjee, M. L. e Samanta, A. 2013. Dinâmica populacional das principais pragas de insetos e seus inimigos naturais no repolho sob a nova zona aluvial de Bengala Ocidental. O Jornal de Ciências da Proteção das Plantas, 5(1J : 42-49.

Pedigo, L.P. e Rice, M.E., 2006. Entomology and Pest Management. 5th Edition. Prentice Hall.

Pramanik, P. e Chatterjee, M. L. 2003. Eficácia de alguns novos insecticidas na gestão da traça-das-crucíferas, *Plutella Xylostella* (L.J em couve. Indian Journal of Plant Protection, 31 (2J: 42-44.

Rabari, P. H.; Dodia, D. A. e Patel, P. S. 2016. Eficácia de campo de novas moléculas de inseticida contra *Spodoptera Htura* Fabricius em repolho. The Bioscan - An International Quarterly journal ofLife Sciences, 11(1J : 173-175.

Raja, M.; William John e David, B. Vasantharaj. 2014. Dinâmica populacional das principais pragas de insetos do repolho em Tamil Nadu. Jornal Indiano de Entomologia, 76(1J : 01-07.

Rawat, R.R.; Rathor, Y.S. e Saxena, D.K. 1968. Bionómica de *Hellula undalis* Fab., a broca da couve (Pyralidae : LepidopteraJ em Jabalpur. Indian Journal of Entomology, 30 (3J : 235-237.

Reddy Anugu Anil; Shashi Vemuri e Ch. S. Rao. 2014. Bioeficácia de insecticidas contra *Plutella Xylostella* (L.J em repolho (*Brassica oleracea* Var. *capitataJ*. The International Journal of Science & Technoledge , 2(2J : 22-224.

Ruth Kahuthia-Gathu. 2013. Incidência sazonal de *Plutella Xylostella* (Lepidoptera: PlutellidaeJ e seus inimigos naturais associados nas principais áreas de cultivo de crucíferas do Quénia. Journal of Plant Breeding and Crop Science, 5 (5J : 73-79.

Sable, Y. R.; Sarkate, M.B.; Sarode, S.V.; Sangle, P.D. e Shinde, B.D. 2007. Eficácia de novas moléculas contra *Plutella Xylostella* Linn. Pest Management in Horticultural Ecosystems, 13(2J : 139-145.

Sable, Y. R.; Sarkate, M.B.; Sarode, S.V.; Sangle, P.D. e Shinde, B.D. 2008. Estudos sobre parasitóides associados ao pulgão da couve *Brevicoryne brassicae* e à traça-das-crucíferas, *Plutella Xylostella*, na couve-flor. Journal of Biopesticides, 1(2J:148-151.

Sachan, J. N. e Srivastava, B. P. 1972. Estudos sobre a incidência sazonal de pragas de insectos da couve. Indian Journal of Entomology, 34(2) : 123-129.

Sannaveerappanavar, V. T.; Kamla, N. V.; Shankaramurthy, M. e Chandrashekhara, K. 2003. Avaliação de campo de insecticidas contra a traça-das-crucíferas na couve. Simpósio nacional sobre áreas de fronteira da investigação entomológica, 57 de novembro de 2003, Nova Deli.

Sarfraz, R.M. e Cervantes, V.M. 2011. Monitorização das populações de *Trichoplusia ni* (Hubner) dentro e fora de estufas comerciais no oeste do Canadá. Nos eds.: Srinivasan, R.; Shelton, A. M. e Collins, H. L. 2011. Actas do Sexto Workshop Internacional sobre a gestão da traça-das-crucíferas e outras pragas de insectos das crucíferas, 21-25 de março de 2011, Universidade de Kasetsart, Nakhon Pathom, Tailândia. AVRDC-The World Vegetable Center, Publicação n.º 11-755. AVRDC-The World Vegetable Center, Taiwan. pp : 58-60.

SAS Institute Inc. 1997. SAS/STAT Versão 6.12. SAS Institute Inc, Cary, NC, EUA.

Seal, Dakshina R. 2008. Eficácia dos insecticidas biológicos no controlo da traça-das-crucíferas (Lepidoptera: Plutellidae) utilizando *Bacillus thuringiensis*, Azadirachtin e novos insecticidas na couve. Actas da Sociedade de Horticultura do Estado da Florida, 121: 252-259.

Seal, Dakshina R. e Sabines, Catherine M. 2013. Eficácia dos insecticidas biológicos no controlo da traça-das-crucíferas (Lepidoptera: Plutellidae] na couve. Actas da Sociedade de Horticultura do Estado da Florida, 126:118-122.

Senior, L. J. e Healey, M. A. 2011. Predadores em culturas de brássicas no início da estação no sudeste de Queensland (Austrália). In eds. Srinivasan, R.; Shelton, A. M. e Collins, H. L. 2011. Actas do Sexto Workshop Internacional sobre Gestão da Traça-das-Crucíferas e Outras Pragas de Insectos das Crucíferas, 21-25 de março de 2011, Universidade de Kasetsart, Nakhon Pathom, Tailândia. AVRDC - Centro Mundial de Vegetação, Publicação n.º 11-755. AVRDC - Centro Mundial de Vegetação, Taiwan. pp : 114-122.

Seyedebrahimi, S.S.; Talebi Jahrom, K.; Imani, S.; Hosseini Naveh, V. e Hesami, S. 2016. Resistência ao imidaclopride em diferentes populações de campo de *Aphis Gossypii* Glover (Hem: Aphididae] no sul do Irão. Jornal de Pesquisa Entomológica e Acaralógica, 48(1]: DOI: 10.4081/jear.2016.5361.

Shabistana, Nisar e Parvez, Qamar Rizvi. 2015. *Diaeretieiia rapae* (Mc'Intosh] como arma biológica para *Lipaphis erysimi* (Kaltenbach], *Brevicoryne brassicae* (Linn.] e *Myzus persicae* (Sulzer] infestando *Brassica* Crops para manter a sustentabilidade ambiental. In Eds.: Dhillon, M.K. e Gujar, G.T. 2015. Lembrança e Resumos. Simpósio Nacional sobre Gestão Integrada de Pragas para Proteção Sustentável das Culturas durante 24 - 25 de fevereiro de 2015, organizado pela Divisão de Entomologia, ICAR-Instituto de Investigação Agrícola Indiano, Nova Deli, pp: 61.

Shah Riaz; Shakeel Ahmed e Ashraf Poswal. 2013. Dinâmica populacional de pragas de insectos, parasitóides e predadores em agroecossistemas de couve e couve-flor. Journal of Entomological Research, 37 (2] : 129-137.

Shalini; Maurya, Veena e Sharma, Kamal. 2016. Incidência sazonal de *Brevicoryne brassicae* e *Plutella ylostella* em *Brassica oleracea* no distrito de Rohtak. Anais das Ciências da Proteção das Plantas, 24(2]: 319 - 323.

Sharma, A. S. R. e Misra, H. P., 2003. Bioeficácia de inseticidas contra o webber de folhas de crucíferas, *Crocidolomia binotalis* Zell. infestando repolho. Boletim de Proteção de Plantas Faridabad 55 (3/4]: 8-9.

Shivalingaswamy, T. M.; Akhilesh Kumar; Satpathy, S. e Rai, A.B. 2008. Eficácia do benzoato de emamectina na gestão de pragas vegetais. Horticultura Progressiva, 40(2] :193-197.

Shukla, A. e Kumar, A. 2004. Incidência sazonal da traça-das-crucíferas, *Plutella Xylostella* (L.J em relação a factores abióticos na couve. Boletim de Proteção das Plantas, 56 [3&4] :37-38.

Singh, S. V.; Yadav, N. K.; Shanker,K. e Malik, Y. P. 2010. Dinâmica populacional dos principais insectos pragas do repolho e da couve-flor nas planícies do Ganges. Indian Journal of Applied Entomology, 24(1] : 82-83.

Srivastava, K.P. e Butani, Dhamo K. 2009. Gestão de pragas em produtos hortícolas, Volume I, Studium Press (Índia) Pvt Ltd

Srivastava, R. M.; Shankara Shiva; Phartiyal Tanuja e Ajaykimar, K. M. 2016. Bioeficácia do acetamipride 20 % SP contra o pulgão *Brevicoryne* brassicae (L.) (Aphididae: Homoptera) em repolho. The Bioscan - An International Quarterly Journal of Life Sciences, 11(4): 2177-2180.

Stanikzi Rahimgul e Thakur Sasya. 2016. Eficácia de insecticidas químicos e botânicos na gestão da traça-das-crucíferas (*Piuteila Xylostella*) na couve (*Brassica oieracea* var.*capitata* L.). Revista Internacional de Investigação e Desenvolvimento Multidisciplinar, 3(6): 101-104.

Stanikzi Rahimgul; Thakur Sasya e Simon Sobita. 2016. Eficácia comparativa de insecticidas e extractos botânicos contra a traça-das-crucíferas (*Piuteiia Xyiosteiia*) na couve (*Brassica oieracea* var. *capitata* L.), Annals of Plant Protection Science, 24 (2): 283-285.

Singh, Rajendra. 2015. Sistemática, distribuição e gama de hospedeiros de *Diaeretieiia rapae* (Mcintosh) (Hymenoptera: Braconidae, Aphidiinae)

Sumaira Maqsood; Muhammad Afzal; Anjum Aqeel; Abu Bakar Muhammad Raz e Waqas Wakil. 2016. Influência dos factores meteorológicos na dinâmica populacional da lagarta-do-cartucho, *Spodoptera iitura* F., na couve-flor, *Brassica oieracea,* em Punjab. Jornal de Zoologia do Paquistão, 48(5), : 1311-1315.

Sunitha, Kurakula e Mohite, Pandurang B. 2016. Toxicidade relativa de novas moléculas de inseticidas contra a traça diamante, *Plutella Xylostella* L. infestando repolho. Jornal Indiano de Pesquisa Aplicada, 6(2J: 35-37.

Sutherland, D. W. S., Greene, G. L. 1984. Plantas hospedeiras cultivadas e silvestres. In: Lingren P. D. e Greene, G. L. (edsj. Suppression and Management of Cabbage Looper Populations (Supressão e Gestão de Populações de Loopers). Tech. Bull. No. 1684, Agricultural Research Service, U.S. Department of Agriculture.

Sweeden, M. B. e Mcleod, P. J. 1997. Persistência de aficidas em espinafres e mostarda verde. Journal of Economic Entomology, 90 : 195-198.

Talekar, N.S e Shelton, A.M., 1993. Biology, ecology and management on diamondback moth. Annual ReviewofEntomology, 38 (2J : 275-301.

Talekar, N. S.; Yang, J. C. e Lee, S. T. 1990. Compiladores de uma bibliografia anotada sobre a traça-das-crucíferas, Vol. 2. Centro Asiático de Investigação e Desenvolvimento de Produtos Hortícolas, Shanhus, Taiwan, pp : 199.

Umeda Kai e Fredman Chris. 2017. Avaliação de insecticidas para o controlo de afídeos na couve. Vegetable Report, Faculdade de Agricultura, Universidade do Arizona (Tucson, AZJ, pp: 140-141.

Uthamasamy, S.; Kannan, M.; Senguttuvan, K. e Jayaprakash, S. A. 2011. Status, potencial de danos e gestão da traça-das-crucíferas, *Plutella Xylostella* (L.J em Tamil Nadu, Índia. In eds. Srinivasan, R.; Shelton, A. M. e Collins, H.

L. 2011. Actas do Sexto Workshop Internacional sobre Gestão da Traça-das-Crucíferas e Outras Pragas de Insectos das Crucíferas, 21-25 de março de 2011, Universidade de Kasetsart, Nakhon Pathom, Tailândia. AVRDC - Centro Mundial de Vegetação, Publicação n.º 11-755. AVRDC - Centro Mundial de Vegetação, Taiwan. pp : 270-279.

Vaz, L. A. L.; Tavares, M. T. e Lomonaco, C. 2004. Diversidade e tamanho de Hymenoptera parasitóides de *Brevicoryne brassicae* L. e *Aphis nerii* Boyer de Fonscolombe (Hemiptera: Aphidae). Neotropical Entomology, 33 : 225-230.

Venkateswarlu V. Sharma R. K.; Chander S. e Singh S. D. 2011. Dinâmica populacional das principais pragas de insetos e seus inimigos naturais em repolho. Anais das Ciências da Proteção das Plantas, 19(2): 272-277.

Verma, A. M. e Sandhu, G. S. 1968. Controlo químico da traça-das-costas *Piuteila maculipennis*. Journal of Research PAU, 5 : 420-423.

Wagle, B. K. S.; Saravanan, L; Sudha, J. P. e Gupta, P. 2005. Incidência sazonal do pulgão da couve, *Brevicoryne brassicae* (L.) e dos seus inimigos naturais em relação aos parâmetros meteorológicos na couve. Conferência Nacional sobre Entomologia Aplicada, RCA, Udaipur, pp. 22-23.

Walker, G. P.; Davis, S. I.; MacDonald, F. H. e Herman, T. J. B. 2012. Atualização sobre a resistência aos insecticidas da traça-das-crucíferas (*Plutella Xylostella*) e a estratégia de gestão de insecticidas em brássicas hortícolas. Proteção das plantas da Nova Zelândia 65: 114-119.

Yadav, N. K. e Malik, Y. P. 2014. Eficácia de alguns novos insecticidas contra traça-das-crucíferas (*Plutella Xylostella* L.) da couve-flor e do repolho. Tendências em Biociências, 7(12) : 1180-1183.

Y adav, D. S.; Kamte, A. S. e Jadhav, R. S. 2012. Bioeficácia de cyantraniliprole, uma nova molécula contra *Scelodonta Strigicollis* Motschulsky e *Spodoptera Htura* Fabricius em uvas. Gestão de Pragas em Ecossistemas Hortícolas, 18 (2) : 128-134.

Y amada, H. 1981. História de vida sazonal da lagarta da couve *Hellula undalis* Fabricius. Boletim de Investigação de Culturas Vegetais e Ornamentais, Japão, pp: 131-141.

Y ong, Li; Zhifeng, Xu; Li, Shi; Guangmao, Shen e Lin, He. 2016. Monitorização da resistência aos insecticidas e estudo do mecanismo metabólico do pulgão verde do pêssego, *Myzus persicae* (Sulzer) (Hemiptera: Aphididae), em Chongqing, China. Pesticide Biochemistryand Physiology, 32: 21-28.

DEPARTAMENTO DE ENTOMOLOGIA AGRÍCOLA

Vasantrao naik Marathwada krishi vidyapeeth, PARBHANI

Título   : Gestão de pragas na couve-flor (*Brassica*

oieracea var. *botrytis*)

Nome do estudante   : Bhede B. V.

Reg. Não.   : 2014A/27PI

Nome do guia de investigação: Dr. B. B. Bhosle -

RESUMO DA INVESTIGAÇÃO

As investigações sobre a gestão de pragas na couve-flor (*Brassica oieracea* var. *botrytis*) foram realizadas para estudar a incidência sazonal e a gestão das principais pragas de insectos da couve-flor e para monitorizar a resistência aos insecticidas nos pulgões da couve-flor no Departamento de Entomologia Agrícola, Vasantrao Naik Marathwada Krishi Vidyapeeth, Parbhani, durante o *rabi* de 2015-16 e 2016-17. Para estudar a incidência sazonal, as plântulas de couve-flor foram transplantadas numa área de 100 m² e foram efectuadas observações semanais. Para estudar a gestão de pragas de insectos, a experiência foi desenhada em blocos aleatórios com dez tratamentos e três repetições. Para monitorizar a resistência aos insecticidas, foi realizado um bioensaio.

O pulgão *B. brassicae* começou durante 48th MW (26 Nov.-2 Dez.) e 50th MW (10-16 Dez.) e atingiu o seu pico de atividade durante 52nd MW (24-31D Dez.) e 1st MW (1-7 Jan.) em 2015-16 e 2016-17, respetivamente. A incidência da traça-das-crucíferas *P. Xyiosteila* teve início em 52nd MW (24-31 Dez.) em ambos os anos. O pico de atividade foi observado durante 4th MW (22-28 Jan.) em 2015-16 e durante 3rd MW (1521 Jan.) em 2016-17. A larva de *C. binotalis* foi observada pela primeira vez durante 49th MW (3-9 Dez.) e atingiu o pico durante 2nd MW (8-14 Jan.) em 2015-16, enquanto em 2016-17, foi observada pela primeira vez durante 51st MW (17-23 Dez.) e o pico foi observado em 3rd MW (15-21 Jan.). O início e o pico de atividade da lagarta comedora de folhas de tabaco *5. litara* foram observados durante 51st MW (17-23 Dez.) e 2nd MW (8-14 Jan.) em 2015-16 e durante 49th MW (3-9 Dez.) e 1º MW (1-7 Jan.) em 2016-17, respetivamente. A larva do semilúvio verde *T. ni* foi observada pela primeira vez durante 51st MW (15-23 Dez.) em 2015-16 e 1st MW (1-7 Jan.) em 2016-17. O pico foi atingido em

3rd MW (15-21 Dez.) em ambos os anos. A atividade da larva da traça-das-touceiras foi iniciada durante 52nd MW (24-31 Dez.) em 2015-16 e durante 50th MW (10-16 Dez.) em 201617. O pico de atividade foi observado em 3rd MW (15-21 Jan.) em ambos os anos. A incidência da broca da cabeça foi muito baixa em ambos os anos. Foi iniciada em 50th MW e 52nd MW em 2015-16 e 2016-17, respetivamente. Os ovos da mosca syrphid foram observados pela primeira vez em 49th MW (3-9 Dez.) e 50th MW (10-16 Dez.) durante 2015-16 e 201617, respetivamente, enquanto o pico foi observado em 52nd (24-31 Dez.) em ambos os anos. As larvas da mosca syrphid foram detectadas pela primeira vez em 50th MW (10-16 Dez.) em 2015-16 e em 51st MW (17-23 Dez.) em 2016-17. O pico de atividade foi observado durante 1st MW (17 Jan.) e 52nd MW (24-31 Dez.) em 2015-16 e 2016-17, respetivamente. A população de besouros joaninha foi notada pela primeira vez em 50th MW e atingiu o pico em 1st MW durante ambos os anos. Os pulgões mumificados foram observados pela primeira vez em 50th MW durante ambos os anos. O pico foi registado em 52nd MW em 2015-16 e em 1st MW em 2016-17. A parasitização de larvas de lepidópteros variou de 5,00 a 35,00 por cento durante 2015-16, enquanto 5,00 a 30,00 por cento em 2016-17. A maior parasitização foi observada nas larvas coletadas durante 3rd MW durante ambos os anos. Cyantraniliprole 10.16 % 0D, buprofezin 25 % SC e flonicamid 50 % WG provaram ser os insecticidas mais eficazes contra o pulgão da couve-flor. Para a gestão dos insectos lepidópteros que atacam a couve-flor, como a traça-das-crucíferas, a lagarta-das-folhas, a lagarta-do-cartucho, a lagarta-das-espigas, a lagarta-das-espigas e a broca-da-cabeça, os insecticidas mais eficazes foram o ciantraniliprole 10,16 % 0D, o benzoato de emamectina 5 % SG, o clorantraniliprole 18,5 % SC e a flubendiamida 20 % WG. Os pulgões da couve-flor desenvolveram resistência ao imidaclopride.

Anexo I

DADOS METEOROLÓGICOS

MW	Duração	Temperatura oC		Humidade (%)		EVP	BSS	W. V.
		Máximo.	Min.	AM	PM	(mm)	(Hrs.)	(Kmph)
2015								
48	26Nov.-02Dez.	32.94	17.01	79.00	32.57	5.50	8.70	2.80
49	03-09 Dez.	32.56	13.76	71.00	26.29	5.30	9.20	3.10
50	10-16 Dez.	33.79	17.74	72.00	31.43	5.60	8.90	3.40
51	17-23 Dez.	32.86	16.09	70.57	31.14	5.90	8.50	4.00
52	24-31 Dez.	30.29	8.48	74.25	23.00	5.20	9.60	3.90
2016								
1	01-07 Jan.	32.50	11.10	73.60	21.10	5.20	9.50	2.80
2	08-14Jan.	31.57	11.73	67.57	24.71	5.30	8.53	3.00
3	15-21 de janeiro.	30.66	13.93	63.71	27.57	5.31	8.16	3.99
4	22-28 Jan.	30.50	7.00	67.71	21.29	5.43	9.33	3.71
5	29 jan.-04 fev.	34.46	12.77	67.00	16.29	6.17	9.81	3.43
6	05-11 Fev.	34.77	15.71	68.00	18.29	7.01	9.44	4.11
7	12-18 Fev.	34.71	16.87	65.00	16.43	7.67	9.33	5.16
48	26Nov.-02Dez.	31.5	10.1	77	25	4.7	9.1	2.0
49	03-09 Dez.	30.0	11.9	74	36	4.6	9.1	3.4
50	10-16 Dez.	29.7	12.7	75	30	4.7	8.5	4.1
51	17-23 Dez.	29.6	8.8	75	24	4.6	9.8	2.1
52	24-31 Dez.	29.5	8.0	75	29	4.2	9.8	2.3
2017								
1	01-07Jan.	29.2	8.5	78	27	4.2	9.3	2.0
2	08-14Jan.	27.6	7.7	77	36	4.0	9.0	3.0
3	15-21 de janeiro.	28.9	11.5	75	37	4.2	7.0	2.8
4	22-28 Jan.	31.1	13.1	72	31	4.3	8.9	3.6
5	29 jan.-04 fev.	32.1	11.7	73	27	4.3	9.8	2.5
6	05-11 Fev.	29.8	10.5	75	32	4.2	8.8	2.8
7	12-18 Fev.	32.9	13.9	71	27	5.9	9.3	4.6

Anexo II

CUSTO DOS INSECTICIDAS E OUTROS ENCARGOS

N.º Sr.	Inseticida	Embalagem	Taxa (Rs.)
1	Acetamipride 20 % SP	250 g	532/-
2	Buprofezina 25% SC	250 ml	375/-
3	Clotianidina 50 % WDP	⁶g	103/-
4	Cianantraniliprole 10,26 % DO	90 ml	1013/-
5	Dinotefurão 20 % SG	50 g	450/-
6	Fipronil 5 % SC	250 ml	333/-
7	Flonicamida 50 % WG	30 g	306/-
8	Imidaclopride 17,8 % SL	50 ml	171/-
9	Tiametoxame 25 % WG	250 g	488/-
10	Clorantraniliprole 18,5 % SC	60 ml	997/-
11	Tiodicarbe 75 % WP	100 g	334/-
12	Benzoato de emamectina 5 % SG	50 g	425/-
13	Novaluron 10 % CE	250 ml	981/-
14	Flubendiamida 20 % WG	100 g	765/-
15	Clorfenapir 10 % SC	100 ml	295/-
16	Diafentiurão 50 % WP	250 g	975/-

- Encargos de mão de obra = Rs. 180/- por dia

- Custos do pulverizador = Rs. 120/- por dia

- Preço da coalhada = Rs. 5/- por Kg

Printed by Books on Demand GmbH, Norderstedt / Germany